모든 개념을 다 보는

해결의 법칙

수학
5·2

스케줄표

5_2

1일차 월 일
1. 수의 범위와 어림하기
10쪽 ~ 13쪽

2일차 월 일
1. 수의 범위와 어림하기
14쪽 ~ 17쪽

3일차 월 일
1. 수의 범위와 어림하기
18쪽 ~ 23쪽

4일차 월 일
1. 수의 범위와 어림하기
24쪽 ~ 27쪽

5일차 월 일
1. 수의 범위와 어림하기
28쪽 ~ 31쪽

6일차 월 일
2. 분수의 곱셈
34쪽 ~ 37쪽

7일차 월 일
2. 분수의 곱셈
38쪽 ~ 41쪽

8일차 월 일
2. 분수의 곱셈
42쪽 ~ 45쪽

9일차 월 일
2. 분수의 곱셈
46쪽 ~ 49쪽

10일차 월 일
2. 분수의 곱셈
50쪽 ~ 53쪽

11일차 월 일
2. 분수의 곱셈
54쪽 ~ 57쪽

12일차 월 일
2. 분수의 곱셈
58쪽 ~ 61쪽

13일차 월 일
3. 합동과 대칭
64쪽 ~ 69쪽

14일차 월 일
3. 합동과 대칭
70쪽 ~ 75쪽

15일차 월 일
3. 합동과 대칭
76쪽 ~ 81쪽

16일차 월 일
3. 합동과 대칭
82쪽 ~ 85쪽

17일차 월 일
4. 소수의 곱셈
88쪽 ~ 93쪽

18일차 월 일
4. 소수의 곱셈
94쪽 ~ 99쪽

19일차 월 일
4. 소수의 곱셈
100쪽 ~ 103쪽

20일차 월 일
4. 소수의 곱셈
104쪽 ~ 107쪽

21일차 월 일
4. 소수의 곱셈
108쪽 ~ 111쪽

22일차 월 일
5. 직육면체
114쪽 ~ 119쪽

23일차 월 일
5. 직육면체
120쪽 ~ 125쪽

24일차 월 일
5. 직육면체
126쪽 ~ 131쪽

25일차 월 일
5. 직육면체
132쪽 ~ 135쪽

26일차 월 일
6. 평균과 가능성
138쪽 ~ 143쪽

27일차 월 일
6. 평균과 가능성
144쪽 ~ 147쪽

28일차 월 일
6. 평균과 가능성
148쪽 ~ 151쪽

29일차 월 일
6. 평균과 가능성
152쪽 ~ 155쪽

30일차 월 일
6. 평균과 가능성
156쪽 ~ 159쪽

스케줄표 활용법

1 먼저 스케줄표에 공부할 날짜를 적습니다.
2 날짜에 따라 스케줄표에 제시한 부분을 공부합니다.
3 채점을 한 후 확인란에 부모님이나 선생님께 확인을 받습니다.

예 〉 **1일차** 월 일
1. 수의 범위와 어림하기
10쪽 ~ 13쪽

모든 개념을
다 보는
해결의 법칙

수학

5·2

개념 해결의 법칙만의
학습 관리

1 개념 파헤치기

교과서 개념을 만화로 쉽게 익히고
기본 문제 , 쌍둥이 문제 를 풀면서 개념을
제대로 이해했는지 확인할 수 있어요.

📹 개념 동영상 강의 제공

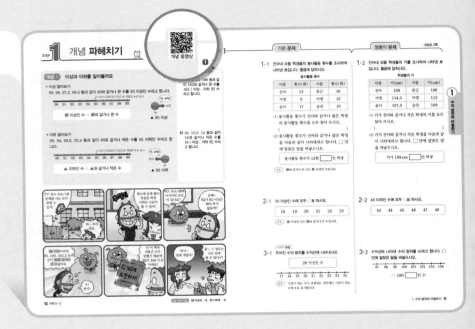

2 개념 확인하기

다양한 교과서, 익힘책 문제를 풀면서
앞에서 배운 개념을 완전히 내 것으로
만들어 보세요.

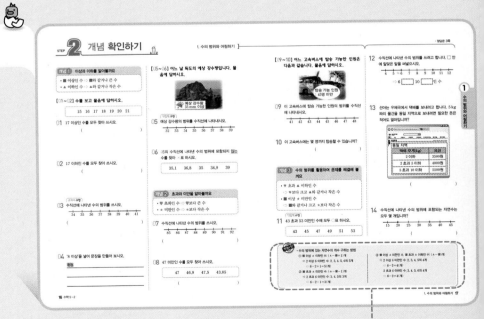

꼭 알아야 할 개념, 주의해야 할 내용 등을 아래에 해결의 창 으로
정리했어요. 해결의 창 을 통해 문제 해결 방법을 찾아보아요.

3 단원 마무리 평가

단원 마무리 평가를 풀면서 앞에서 공부한
내용을 정리해 보세요.

유사 문제 제공

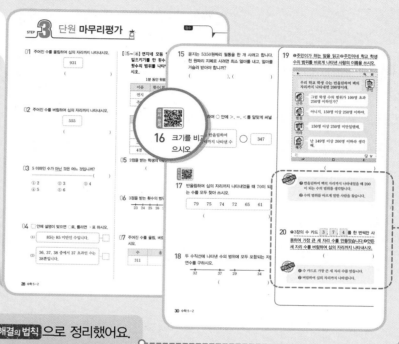

해결의 법칙

응용 문제를 단계별로 자세히 분석하여 해결의 법칙 으로 정리했어요.
해결의 법칙 을 통해 한 단계 더 나아간 응용 문제를 풀어 보세요.

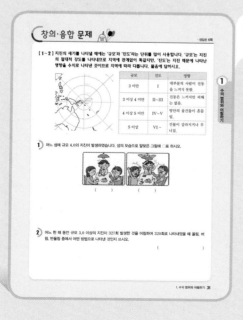

창의·융합 문제

단원 내용과 관련 있는 창의·융합 문제를
쉽게 접근할 수 있어요.

QR 활용법

개념 해결의 법칙

 모바일 코칭 시스템 : 모바일 동영상 강의 서비스

📹 개념 동영상 강의

개념에 대해 선생님의 더 자세한 설명을 듣고 싶을 때 찍어 보세요. 교재 내 QR 코드를 통해 개념 동영상 강의를 무료로 제공하고 있어요.

<<<

🙌 유사 문제

3단계에서 비슷한 유형의 문제를 더 풀어 보고 싶다면 QR 코드를 찍어 보세요. 추가로 제공되는 유사 문제를 풀면서 앞에서 공부한 내용을 정리할 수 있어요.

<<<

해결의 법칙
이럴 때 필요해요!

우리 아이에게
수학 개념을
탄탄하게 해 주고
싶을 때

>>>

교과서 개념, 한 권으로 끝낸다!

개념을 쉽게 설명한 교재로 개념 동영상을 확인
하면서 차근차근 실력을 쌓을 수 있어요. 교과서
내용을 충실히 익히면서 자신감을 가질 수 있어요.

개념이 어느 정도
갖춰진 우리 아이에게
공부 습관을
키워 주고 싶을 때

>>>

기초부터 심화까지 몽땅 잡는다!

다양한 유형의 문제를 풀어 보도록 지도해 주세요.
이렇게 차근차근 유형을 익히며 수학 수준을 높일
수 있어요.

개념이 탄탄한
우리 아이에게
응용 문제로
수학 실력을 길러
주고 싶을 때

>>>

응용 문제는 내게 맡겨라!

수준 높고 다양한 유형의 문제를 풀어 보면서
성취감을 높일 수 있어요.

개념 **해결의 법칙**
차례

1 수의 범위와 어림하기   **8**쪽

1. 이상과 이하를 알아볼까요
2. 초과와 미만을 알아볼까요
3. 수의 범위를 활용하여 문제를 해결해 볼까요
4. 올림을 알아볼까요
5. 버림을 알아볼까요
6. 반올림을 알아볼까요
7. 올림, 버림, 반올림을 활용하여 문제를 해결해 볼까요

2 분수의 곱셈   **32**쪽

1. (분수)×(자연수)를 알아볼까요(1)
2. (분수)×(자연수)를 알아볼까요(2)
3. (자연수)×(분수)를 알아볼까요(1)
4. (자연수)×(분수)를 알아볼까요(2)
5. 진분수의 곱셈을 알아볼까요(1)
6. 진분수의 곱셈을 알아볼까요(2)
7. 여러 가지 분수의 곱셈을 알아볼까요(1)
8. 여러 가지 분수의 곱셈을 알아볼까요(2)

3 합동과 대칭   **62**쪽

1. 도형의 합동을 알아볼까요
2. 합동인 도형의 성질을 알아볼까요
3. 선대칭도형과 그 성질을 알아볼까요(1)
4. 선대칭도형과 그 성질을 알아볼까요(2)
5. 점대칭도형과 그 성질을 알아볼까요(1)
6. 점대칭도형과 그 성질을 알아볼까요(2)

5_2

4 소수의 곱셈 86쪽

1. (소수)×(자연수)를 알아볼까요(1)
2. (소수)×(자연수)를 알아볼까요(2)
3. (자연수)×(소수)를 알아볼까요(1)
4. (자연수)×(소수)를 알아볼까요(2)
5. (소수)×(소수)를 알아볼까요(1)
6. (소수)×(소수)를 알아볼까요(2)
7. 곱의 소수점 위치는 어떻게 달라질까요

5 직육면체 112쪽

1. 직사각형 6개로 둘러싸인 도형을 알아볼까요
2. 정사각형 6개로 둘러싸인 도형을 알아볼까요
3. 직육면체의 성질을 알아볼까요
4. 직육면체의 겨냥도를 알아볼까요
5. 정육면체의 전개도를 알아볼까요
6. 직육면체의 전개도를 알아볼까요

6 평균과 가능성 136쪽

1. 평균을 알아볼까요
2. 평균을 구해 볼까요(1)
3. 평균을 구해 볼까요(2)
4. 평균을 어떻게 이용할까요
5. 일이 일어날 가능성을 말로 표현해 볼까요
6. 일이 일어날 가능성을 비교해 볼까요
7. 일이 일어날 가능성을 수로 표현해 볼까요

1 수의 범위와 어림하기

제1화 경로당에 수건을 기증한 보람찬 하루!

<table>
<tr><td>

이미 배운 내용

[3-2 들이와 무게]
• 물건의 들이(무게)를 어림하고 재어 보기
[4-1 큰 수]
• 수의 크기 비교하기

</td><td>

이번에 배울 내용

• 이상과 이하 알아보기
• 초과와 미만 알아보기
• 수의 범위 알아보기
• 올림, 버림, 반올림 알아보기
• 올림, 버림, 반올림 활용하기

</td><td>

앞으로 배울 내용

[6-2 소수의 나눗셈]
• 소수의 나눗셈의 몫을 반올림하여 나타내기

</td></tr>
</table>

정확히 알고 있구나!

반올림

반올림이라면? 구하려는 자리 바로 아래 자리의 숫자가 0, 1, 2, 3, 4이면 버리고 5, 6, 7, 8, 9이면 올리는 방법이죠.

1.63 kg ⇨ 2.00 kg

1.63은 소수 첫째 자리 숫자가 6이므로 반올림하여 2.00으로 나타내면 2 kg이 되는 거지.

집으로 출발!!

네 덕분에 빨리 봉사를 마칠 수 있었어.

아니에요! 다음에도 도와 드릴게요.

오~ 매일 게임만 하더니 봉사의 기쁨을 알게 됐구나!

게임처럼 즐거운 마음으로 임했다고나 할까.

수고했으니 내가 맛있는 햄버거를 사 줄게.

햄버거

야호~!! 맛있겠다!

보람찬 하루를 꿀잠으로 마무리 해야지!

이런~ 깜빡하고 지갑을 안 가지고 왔네!

햄버거는 다음 기회에 ......

히힝~!!

개념 동영상

개념 1 이상과 이하를 알아볼까요

- 이상 알아보기

95, 96, 97.2, 98.5 등과 같이 95와 같거나 큰 수를 95 **이상**인 수라고 합니다.

└ 95가 포함되어 있으므로 색칠한 ●로 표시

```
90  91  92  93  94  95  96  97  98  99
```

95 포함!

방향
95
▲ 95 이상

■ 이상인 수 ⇨ ■와 같거나 큰 수

- 이하 알아보기

95, 94, 93.6, 92.4 등과 같이 95와 같거나 작은 수를 95 **이하**인 수라고 합니다.

└ 95가 포함되어 있으므로 색칠한 ●로 표시

```
90  91  92  93  94  95  96  97  98  99
```

95 포함!
방향
95
▲ 95 이하

▲ 이하인 수 ⇨ ▲와 같거나 작은 수

개념 체크

❶ 162, 173.1, 180 등과 같이 162와 같거나 큰 수를 162 (이상 , 이하)인 수라고 합니다.

❷ 16, 15.9, 14 등과 같이 16과 같거나 작은 수를 16 (이상 , 이하)인 수라고 합니다.

· 정답은 2쪽

1-1 진아네 모둠 학생들의 봉사활동 횟수를 조사하여 나타낸 표입니다. 물음에 답하시오.

봉사활동 횟수

이름	횟수(회)	이름	횟수(회)
진아	12	문근	16
가영	9	미영	12
윤이	17	승찬	10

(1) 봉사활동 횟수가 진아와 같거나 많은 학생의 봉사활동 횟수를 모두 찾아 쓰시오.

(   )

(2) 봉사활동 횟수가 진아와 같거나 많은 학생을 다음과 같이 나타내려고 합니다. □ 안에 알맞은 말을 써넣으시오.

> 봉사활동 횟수가 12회 □ 인 학생

힌트 ■와 같거나 큰 수는 ■ 이상인 수입니다.

1-2 진아네 모둠 학생들의 키를 조사하여 나타낸 표입니다. 물음에 답하시오.

학생들의 키

이름	키(cm)	이름	키(cm)
진아	109	문근	106
가영	114.3	미영	112
윤이	107.5	승찬	109

(1) 키가 진아와 같거나 작은 학생의 키를 모두 찾아 쓰시오.

(   )

(2) 키가 진아와 같거나 작은 학생을 다음과 같이 나타내려고 합니다. □ 안에 알맞은 말을 써넣으시오.

> 키가 109 cm □ 인 학생

2-1 20 이상인 수에 모두 ○표 하시오.

> 18   19   20   21   22   23

힌트 ■ 이상인 수는 ■와 같거나 큰 수입니다.

2-2 46 이하인 수에 모두 ○표 하시오.

> 43   44   45   46   47   48

교과서 유형

3-1 주어진 수의 범위를 수직선에 나타내시오.

> 20 이상인 수

17   18   19   20   21   22   23   24   25

힌트 기준이 되는 수가 포함되는 경우에는 기준이 되는 수에 ●로 표시합니다.

3-2 수직선에 나타낸 수의 범위를 쓰려고 합니다. □ 안에 알맞은 말을 써넣으시오.

97   98   99   100   101   102   103   104

⇨ 100 □ 인 수

개념 2 초과와 미만을 알아볼까요

개념 동영상

- 초과 알아보기

95.1, 95.9, 96, 97.5, 98.3 등과 같이 95보다 큰 수를 95 초과인 수라고 합니다.

┌─ 95가 포함되지 않으므로 색칠하지 않은
└ ○로 표시

90 91 92 93 94 95 96 97 98 99

♥ 초과인 수 ⇨ ♥보다 큰 수

95는 포함 안 돼.
95 ⟶ 방향
▲ 95 초과

- 미만 알아보기

94.9, 94, 93.2, 92.5, 90.6 등과 같이 95보다 작은 수를 95 미만인 수라고 합니다.

┌─ 95가 포함되지 않으므로 색칠하지 않은
└ ○로 표시

90 91 92 93 94 95 96 97 98 99

★ 미만인 수 ⇨ ★보다 작은 수

95는 포함 안 돼.
방향 ⟵ 95
▲ 95 미만

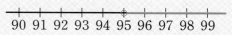

1-1 윤주네 모둠 학생들이 모은 붙임딱지 수를 조사하여 나타낸 표입니다. 물음에 답하시오.

붙임딱지 수

이름	개수(장)	이름	개수(장)
윤주	10	민하	15
강민	8	소희	11
현정	17	근우	10

(1) 붙임딱지 수가 윤주보다 많은 학생의 붙임딱지 수를 모두 찾아 쓰시오.

(   )

(2) 붙임딱지 수가 윤주보다 많은 학생을 다음과 같이 나타내려고 합니다. □ 안에 알맞은 말을 써넣으시오.

> 붙임딱지 수가 10장 □ 인 학생

힌트 ♥보다 큰 수는 ♥ 초과인 수입니다.

1-2 윤주네 모둠 학생들의 몸무게를 조사하여 나타낸 표입니다. 물음에 답하시오.

학생들의 몸무게

이름	몸무게(kg)	이름	몸무게(kg)
윤주	41	민하	40.6
강민	44.3	소희	42
현정	39.5	근우	41

(1) 몸무게가 윤주보다 적게 나가는 학생의 몸무게를 모두 찾아 쓰시오.

(   )

(2) 몸무게가 윤주보다 적게 나가는 학생을 다음과 같이 나타내려고 합니다. □ 안에 알맞은 말을 써넣으시오.

> 몸무게가 41 kg □ 인 학생

익힘책 유형

2-1 20 초과인 수에 모두 ○표 하시오.

> 18   19   20   21   22   23

힌트 ♥ 초과인 수는 ♥보다 큰 수입니다.

2-2 46 미만인 수에 모두 ○표 하시오.

> 43   44   45   46   47   48

3-1 주어진 수의 범위를 수직선에 나타내시오.

> 20 초과인 수

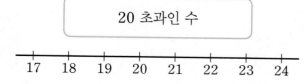

힌트 기준이 되는 수가 포함되지 않는 경우에는 기준이 되는 수에 ○로 표시합니다.

3-2 수직선에 나타낸 수의 범위를 쓰려고 합니다. □ 안에 알맞은 말을 써넣으시오.

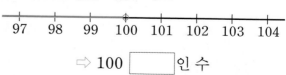

⇨ 100 □ 인 수

개념 **3** 수의 범위를 활용하여 문제를 해결해 볼까요

개념 동영상

개념 체크

• ■ 이상 ▲ 이하인 수
⇨ ■와 같거나 크고 ▲와 같거나 작은 수

포함이므로 ●로 표시

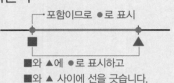

■와 ▲에 ●로 표시하고
■와 ▲ 사이에 선을 긋습니다.

• ♥ 초과 ▲ 이하인 수
⇨ ♥보다 크고 ▲와 같거나 작은 수

포함 안 되므로 ○로 표시

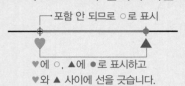

♥에 ○, ▲에 ●로 표시하고
♥와 ▲ 사이에 선을 긋습니다.

• ■ 이상 ★ 미만인 수
⇨ ■와 같거나 크고 ★보다 작은 수

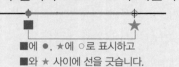

■에 ●, ★에 ○로 표시하고
■와 ★ 사이에 선을 긋습니다.

• ♥ 초과 ★ 미만인 수
⇨ ♥보다 크고 ★보다 작은 수

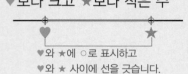

♥와 ★에 ○로 표시하고
♥와 ★ 사이에 선을 긋습니다.

이상과 이하에는 기준이 되는 수가 포함됩니다.

난 포함   난 포함 안 돼

초과와 미만에는 기준이 되는 수가 포함되지 않습니다.

개념 체크

❶

4 ──── 10

4 ⬚ 10 ⬚
인 수

❷

4 ──── 10

4 ⬚ 10 ⬚
인 수

개념 체크 정답 ❶ 이상, 미만 ❷ 초과, 이하

· 정답은 2쪽

1-1 8 이상 11 이하인 자연수를 모두 쓰시오.

(   )

힌트 ■ 이상 ▲ 이하인 수에는 ■와 ▲가 포함됩니다.

1-2 8 초과 11 미만인 자연수를 모두 쓰시오.

(   )

1
수의 범위와 어림하기

2-1 8 이상 11 이하인 수의 범위를 수직선에 바르게 나타낸 것에 ○표 하시오.

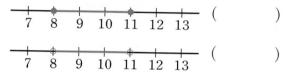
(   )
(   )

힌트 기준이 되는 수가 포함되는 경우에는 기준이 되는 수에 ●로 표시합니다.

2-2 8 초과 11 미만인 수의 범위를 수직선에 바르게 나타낸 것의 기호를 쓰시오.

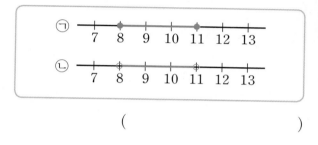

(   )

3-1 16 이상 20 미만인 수를 찾아 쓰시오.

| 20 | 34 | 16 | 15 | 7 |

(   )

힌트 ■ 이상 ★ 미만인 수에는 ■는 포함되고 ★은 포함되지 않습니다.

3-2 16 초과 20 이하인 수를 찾아 쓰시오.

| 20 | 34 | 16 | 15 | 7 |

(   )

교과서 유형

4-1 16 이상 20 미만인 수의 범위를 수직선에 나타내시오.

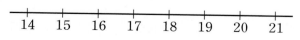

힌트 기준이 되는 수가 포함되는 경우에는 ●로, 포함되지 않는 경우에는 ○로 표시합니다.

4-2 16 초과 20 이하인 수의 범위를 수직선에 나타내시오.

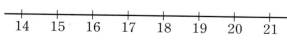

개념 1 이상과 이하를 알아볼까요

• ■ 이상인 수 ⇨ ■와 같거나 큰 수
• ▲ 이하인 수 ⇨ ▲와 같거나 작은 수

[01~02] 수를 보고 물음에 답하시오.

15 16 17 18 19 20 21

01 17 이상인 수를 모두 찾아 쓰시오.

( )

02 17 이하인 수를 모두 찾아 쓰시오.

( )

교과서 유형
03 수직선에 나타낸 수의 범위를 쓰시오.

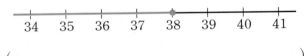

( )

04 '8 이상'을 넣어 문장을 만들어 보시오.

문장

_____

_____

[05~06] 어느 날 독도의 예상 강수량입니다. 물음에 답하시오.

예상 강수량
35 mm 이상

익힘책 유형
05 예상 강수량의 범위를 수직선에 나타내시오.

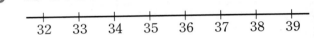

06 05의 수직선에 나타낸 수의 범위에 포함되지 <u>않는</u> 수를 찾아 ×표 하시오.

35.1	36.9	35	34.9	38

개념 2 초과와 미만을 알아볼까요

• ♥ 초과인 수 ⇨ ♥보다 큰 수
• ★ 미만인 수 ⇨ ★보다 작은 수

07 수직선에 나타낸 수의 범위를 쓰시오.

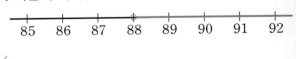

( )

08 47 미만인 수를 모두 찾아 쓰시오.

47	46.9	47.5	43.85

( )

[09~10] 어느 고속버스에 탑승 가능한 인원은 다음과 같습니다. 물음에 답하시오.

탑승 가능 인원
: 45명 미만

09 이 고속버스에 탑승 가능한 인원의 범위를 수직선에 나타내시오.

```
41   42   43   44   45   46   47   48
```

10 이 고속버스에는 몇 명까지 탑승할 수 있습니까?

(   )

개념 ③ 수의 범위를 활용하여 문제를 해결해 볼까요

- ♥ 초과 ▲ 이하인 수
  ⇨ ♥보다 크고 ▲와 같거나 작은 수
- ■ 이상 ★ 미만인 수
  ⇨ ■와 같거나 크고 ★보다 작은 수

익힘책 유형

11 43 초과 53 미만인 수에 모두 ○표 하시오.

| 43 | 45 | 47 | 49 | 51 | 53 |

12 수직선에 나타낸 수의 범위를 쓰려고 합니다. □ 안에 알맞은 말을 써넣으시오.

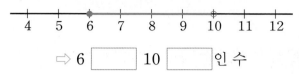

⇨ 6 [   ] 10 [   ] 인 수

13 선아는 우체국에서 택배를 보내려고 합니다. 5 kg짜리 물건을 동일 지역으로 보내려면 필요한 돈은 적어도 얼마입니까?

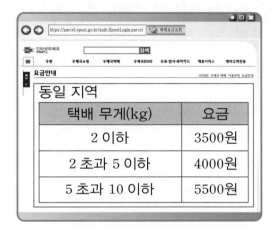

동일 지역

택배 무게(kg)	요금
2 이하	3500원
2 초과 5 이하	4000원
5 초과 10 이하	5500원

(   )

14 수직선에 나타낸 수의 범위에 포함되는 자연수는 모두 몇 개입니까?

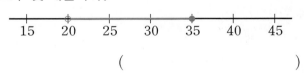

(   )

 해결의 창 • 수의 범위에 있는 자연수의 개수 구하는 방법

① ■ 이상 ▲ 이하인 수: (▲−■＋1)개
  예 2 이상 6 이하인 수: 2, 3, 4, 5, 6의 5개
  ⇨ 6−2＋1＝5(개)

② ■ 초과 ▲ 미만인 수: (▲−■−1)개
  예 2 초과 6 미만인 수: 3, 4, 5의 3개
  ⇨ 6−2−1＝3(개)

③ ■ 이상 ▲ 미만인 수, ■ 초과 ▲ 이하인 수: (▲−■)개
  예 2 이상 6 미만인 수: 2, 3, 4, 5의 4개
  ⇨ 6−2＝4(개)
  2 초과 6 이하인 수: 3, 4, 5, 6의 4개
  ⇨ 6−2＝4(개)

1
수의 범위와 어림하기

개념 동영상

개념 4 올림을 알아볼까요

> 구하려는 자리 아래 수를 올려서 나타내는 방법을 올림이라고 합니다.

- 503을 올림하여 십의 자리까지 나타내기

→ 십의 자리 아래에 0보다 큰 수가 있으면 올립니다.

십의 자리 아래 수를 올림

503 → 510

└ 십의 자리 아래는 일의 자리입니다.

일의 자리 숫자 3을 10으로 보고 510으로 나타낼 수 있습니다.

- 503을 올림하여 백의 자리까지 나타내기

→ 십의 자리 숫자가 0이어도 일의 자리에 0이 아닌 수가 있으면 올립니다.

백의 자리 아래 수를 올림

503 → 600

└ 백의 자리 아래는 십, 일의 자리입니다.

백의 자리 아래 수인 03을 100으로 보고 600으로 나타낼 수 있습니다.

참고 올림하여 '백의 자리까지' 나타내라는 말은 '백의 자리 아래 수'를 올리라는 뜻입니다.
└ 십의 자리와 일의 자리

개념 체크

❶ 구하려는 자리 아래 수를 올려서 나타내는 방법을 ☐☐(이)라고 합니다.

❷ 올림하여 십의 자리까지 나타내라는 말은 (일 , 십)의 자리 아래 수를 올림하라는 뜻입니다.

$503 \Rightarrow 503$
$\quad\quad\quad \downarrow 10$
$\Rightarrow 510$

$503 \Rightarrow 503$
$\quad\quad\quad \downarrow 100$
$\Rightarrow 600$

개념 체크 정답 ❶ 올림 ❷ 십에 ○표

1-1 학생 304명에게 마트 앱으로 공책을 사서 1권씩 나누어 주려고 합니다. 물음에 답하시오.

(1) 마트 앱에서는 10권씩 묶음으로 공책을 팝니다. 최소 몇 권을 사야 됩니까?

( )

(2) 304를 올림하여 십의 자리까지 나타내면 얼마입니까?

( )

(3) 위 (1)에서 사야 할 공책 수와 (2)에서 304를 올림하여 십의 자리까지 나타낸 수는 같습니까, 다릅니까?

( )

힌트 '최소'는 '가장 적게 잡아도'라는 뜻이므로 올림을 이용해야 합니다.

1-2 명수가 제과점에서 빵 3500원어치를 계산하려고 합니다. 물음에 답하시오.

(1) 천 원짜리 지폐로만 계산하려면 최소 얼마를 내야 합니까?

( )

(2) 3500을 올림하여 천의 자리까지 나타내면 얼마입니까?

( )

(3) 위 (1)에서 천 원짜리 지폐로만 낼 때의 값과 (2)에서 3500을 올림하여 천의 자리까지 나타낸 수는 같습니까, 다릅니까?

( )

2-1 2351을 올림하여 천의 자리까지 나타내시오.

( )

힌트 천의 자리 아래 수를 1000으로 보고 올림합니다.

2-2 1806을 올림하여 백의 자리까지 나타내시오.

( )

교과서 **유형**

3-1 올림하여 백의 자리까지 나타내면 3600이 되는 수에 모두 ○표 하시오.

| 3740 3605 3509 3631 3599 |

힌트 백의 자리 아래 수를 100으로 보고 올려서 나타낼 때 3600이 되는 수를 찾습니다.

3-2 올림하여 천의 자리까지 나타내면 5000이 되는 수를 모두 찾아 쓰시오.

| 4958 4015 5001 3989 4000 |

( )

개념 5 버림을 알아볼까요

개념 동영상

> 구하려는 자리 아래 수를 버려서 나타내는 방법을 버림이라고 합니다.

개념 체크

❶ 구하려는 자리 아래 수를 버려서 나타내는 방법을 ☐☐☐(이)라고 합니다.

❷ 버림하여 천의 자리까지 나타내라는 말은 (백 , 천)의 자리 아래 수를 버림하라는 뜻입니다.

- 503을 버림하여 십의 자리까지 나타내기

  십의 자리 아래에 있는 모든 수를 버립니다.

  [십의 자리 아래 수를 버림]

  503 ➡ 500

  └ 십의 자리 아래는 일의 자리입니다.

  일의 자리 숫자 3을 0으로 보고 500으로 나타낼 수 있습니다.

- 503을 버림하여 백의 자리까지 나타내기

  백의 자리 아래에 있는 모든 수를 버립니다.

  [백의 자리 아래 수를 버림]

  503 ➡ 500

  └ 백의 자리 아래는 십, 일의 자리입니다.

  백의 자리 아래 수인 03을 00으로 보고 500으로 나타낼 수 있습니다.

참고 버림하여 '백의 자리까지' 나타내라는 말은 '백의 자리 아래 수'를 버림하라는 뜻입니다.
└ 십의 자리와 일의 자리

$$503 \Rightarrow 503\underset{0}{}$$
$$\Rightarrow 500$$

개념 체크 정답 ❶ 버림 ❷ 천에 ◯표

1-1 무지개 과수원에서 수확한 사과는 863개입니다. 물음에 답하시오.

(1) 사과를 한 상자에 10개씩 포장한다면 포장할 수 있는 사과는 최대 몇 개입니까?

(　　　　　　　　　)

(2) 863을 버림하여 십의 자리까지 나타내면 얼마입니까?

(　　　　　　　　　)

(3) 위 (1)에서 포장할 수 있는 사과의 수와 (2)에서 863을 버림하여 십의 자리까지 나타낸 수는 같습니까, 다릅니까?

(　　　　　　　　　)

힌트 한 상자에 ■개씩 포장하면 ■개 미만을 넣은 상자는 포장할 수 없습니다.

1-2 동전으로만 16310원이 이웃돕기함에 들어 있습니다. 물음에 답하시오.

(1) 1000원짜리 지폐로 바꾼다면 최대 얼마까지 바꿀 수 있습니까?

(　　　　　　　　　)

(2) 16310을 버림하여 천의 자리까지 나타내면 얼마입니까?

(　　　　　　　　　)

(3) 위 (1)에서 1000원짜리 지폐로 바꿀 수 있는 금액과 (2)에서 16310을 버림하여 천의 자리까지 나타낸 수는 같습니까, 다릅니까?

(　　　　　　　　　)

2-1 2351을 버림하여 천의 자리까지 나타내시오.

(　　　　　　　　　)

힌트 천의 자리 아래 수를 0으로 보고 버림합니다.

2-2 1806을 버림하여 백의 자리까지 나타내시오.

(　　　　　　　　　)

교과서 유형

3-1 6.654를 버림하여 소수 첫째 자리까지 나타내면 얼마입니까?

(　　　　　　　　　)

힌트 소수 첫째 자리 아래 수를 0으로 보고 버림합니다.

3-2 6.654를 버림하여 소수 둘째 자리까지 나타내면 얼마입니까?

(　　　　　　　　　)

개념 6 반올림을 알아볼까요

구하려는 자리 바로 아래 자리의 숫자가 0, 1, 2, 3, 4이면 버리고, 5, 6, 7, 8, 9이면 올리는 방법을 반올림이라고 합니다.

• 503을 반올림하여 십의 자리까지 나타내기

→ 십의 자리까지 나타내야 하므로 일의 자리 숫자를 살펴봅니다.

일의 자리에서 반올림

503 ➡ 500

일의 자리 숫자가 3이므로 버림하여 500으로 나타낼 수 있습니다.

• 1.63을 반올림하여 일의 자리까지 나타내기

→ 반올림하여 일의 자리까지 나타내야 하므로 소수 첫째 자리 숫자를 살펴봅니다.

소수 첫째 자리에서 반올림

1.63 ➡ 2.00

소수 첫째 자리 숫자가 6이므로 올림하여 2로 나타낼 수 있습니다.

참고 반올림하여 '백의 자리까지' 나타내라는 말은 '십의 자리에서' 반올림하라는 뜻입니다.

개념 체크

1 구하려는 자리 바로 아래 자리의 숫자가 0, 1, 2, 3, 4이면 버리고, 5, 6, 7, 8, 9이면 올리는 방법을 ⬚ (이)라고 합니다.

2 반올림하여 ⬚의 자리까지 나타낸 것과 백의 자리에서 반올림한 것은 같습니다.

개념 체크 정답 1 반올림 2 천

교과서 유형

1-1 연두의 몸무게는 32.8 kg입니다. 물음에 답하시오.

(1) 연두의 몸무게를 수직선에 ↓로 나타내고 32 kg과 33 kg 중에서 어느 쪽에 더 가까운지 쓰시오.

( )

(2) 연두의 몸무게는 약 몇십몇 kg이라고 할 수 있습니까?

( )

(3) 연두의 몸무게를 반올림하여 일의 자리까지 나타내면 몇십몇 kg입니까?

( )

힌트 구하려는 자리 바로 아래 자리의 숫자가 5, 6, 7, 8, 9이면 올립니다.

1-2 연두의 키는 140.3 cm입니다. 물음에 답하시오.

(1) 연두의 키를 수직선에 ↓로 나타내고 140 cm와 141 cm 중에서 어느 쪽에 더 가까운지 쓰시오.

+——+——+——+——+——+——+——+——+——+
140   141

( )

(2) 연두의 키의 소수 첫째 자리 숫자를 쓰시오.

( )

(3) 연두의 키를 반올림하여 일의 자리까지 나타내면 몇 cm입니까?

( )

2-1 7205를 반올림하여 주어진 자리까지 나타내시오.

십의 자리	백의 자리

힌트 구하려는 자리 바로 아래 자리의 숫자가 0, 1, 2, 3, 4이면 버리고, 5, 6, 7, 8, 9이면 올립니다.

2-2 3284를 반올림하여 주어진 자리까지 나타내시오.

십의 자리	백의 자리

3-1 9.163을 반올림하여 일의 자리까지 나타내면 얼마입니까?

( )

힌트 소수 첫째 자리 숫자는 1입니다.

3-2 9.163을 반올림하여 소수 첫째 자리까지 나타내면 얼마입니까?

( )

개념 동영상

개념 7 올림, 버림, 반올림을 활용하여 문제를 해결해 볼까요

- 올림을 하는 경우

  구하려는 자리의 아래 수까지 포함해야 하는 경우에 올림을 활용합니다.

  예 끈 508 cm가 필요한데 1 m씩 판매할 경우
  ⇨ 508 cm를 올림하여 백의 자리까지 나타내어 600 cm, 즉 6 m를 사야
    합니다.

- 버림을 하는 경우

  구하려는 자리의 아래 수는 필요하지 않은 경우에 버림을 활용합니다.

  예 사과 465개를 100개씩 상자에 넣어서 팔 경우
  ⇨ 465개를 버림하여 백의 자리까지 나타내어 400개, 즉 4상자까지 팔 수
    있습니다.

- 반올림을 하는 경우

  어림한 수로 나타내야 하는 대부분의 경우에 반올림을 활용합니다.

  예 인구 5794명을 반올림하여 약 몇천 명으로 나타낼 경우
  ⇨ 5794명을 반올림하여 천의 자리까지 나타내면 6000명입니다.

개념 체크

❶ 천 원짜리 지폐로만 3750
원짜리 필통을 사려면 천
원짜리 지폐 ☐ 장을 내
야 합니다.

❷ 6370원을 100원짜리 동
전으로 모두 바꾸면
☐ 원까지 바꿀 수
있습니다.

❸ 42.5 kg인 서우의 몸무게
를 반올림하여 일의 자리
까지 나타내면 ☐ kg
입니다.

작년 여름에 5794명이 식중독에 걸렸다는구나!

5794명 이요? 진짜 많네요.

그럼 5794명을 반올림하여 천의 자리까지 나타내면 6000명이네요.

5794 ⇨ 6000

뒤적! 뒤적!

배탈약이 어디 있을 텐데……

아저씨, 저 다 나았어요.

너 약 먹기 싫지?

아… 아니야, 정말 다 나았다구.

네 뱃속은 안 그런 것 같은데?

꼬르륵!

개념 체크 정답 ❶ 4 ❷ 6300 ❸ 43

익힘책 유형

1-1 바나나 238개를 봉지에 모두 담으려고 합니다. 봉지 한 개에 10개씩 넣을 수 있을 때 물음에 답하시오.

(1) 봉지가 최소 몇 개 필요한지 알아보려면 어떻게 어림해야 하는지 ◯표 하시오.

(올림 , 버림 , 반올림)

(2) 봉지는 최소 몇 개 필요합니까?

(　　　　　)

(힌트) 바나나를 모두 담으려면 구하려는 자리의 아래 수까지 포함해야 합니다.

1-2 귤 1543개를 상자에 모두 담으려고 합니다. 상자 한 개에 100개씩 넣을 수 있을 때 물음에 답하시오.

(1) 상자가 최소 몇 개 필요한지 알아보려면 어떻게 어림해야 하는지 ◯표 하시오.

(올림 , 버림 , 반올림)

(2) 상자는 최소 몇 개 필요합니까?

(　　　　　)

2-1 공장에서 초콜릿을 4687개 만들었습니다. 한 상자에 100개씩 담아서 팔려고 할 때 물음에 답하시오.

(1) 팔 수 있는 초콜릿은 최대 몇 개인지 알아보려면 어떻게 어림해야 하는지 ◯표 하시오.

(올림 , 버림 , 반올림)

(2) 초콜릿은 최대 몇 개까지 팔 수 있습니까?

(　　　　　)

(힌트) 초콜릿을 100개씩 담아 팔면 100개 미만의 초콜릿은 팔 수 없습니다.

2-2 공장에서 과자를 835개 만들었습니다. 한 상자에 10개씩 담아서 팔려고 할 때 물음에 답하시오.

(1) 팔 수 있는 과자는 최대 몇 개인지 알아보려면 어떻게 어림해야 하는지 ◯표 하시오.

(올림 , 버림 , 반올림)

(2) 과자는 최대 몇 개까지 팔 수 있습니까?

(　　　　　)

3-1 나래네 모둠 학생들의 키를 조사하여 나타낸 표입니다. 각 학생들의 키는 몇 cm인지 반올림하여 일의 자리까지 나타내시오.

이름	키(cm)	반올림한 키(cm)
나래	152.4	
충재	160.8	
혜진	143.6	
현무	154.1	

(힌트) 반올림하여 일의 자리까지 나타내려면 소수 첫째 자리 숫자를 살펴보아야 합니다.

3-2 지우네 모둠 학생들의 몸무게를 조사하여 나타낸 표입니다. 각 학생들의 몸무게는 몇 kg인지 반올림하여 일의 자리까지 나타내시오.

이름	몸무게(kg)	반올림한 몸무게(kg)
지우	38.6	
소망	42.3	
다연	40.9	
정원	39.2	

개념 4 올림을 알아볼까요

• 올림: 구하려는 자리 아래 수를 올려서 나타내는 방법

올림하여 백의 자리까지 나타내면

$174 \Rightarrow 200$

01 수를 올림하여 백의 자리까지 나타내시오.

(1) 678   (2) 1123

( )   ( )

익힘책 유형

02 수를 올림하여 주어진 자리까지 나타내시오.

수	십의 자리	백의 자리
825		

03 올림하여 백의 자리까지 나타낸 수가 다른 하나를 찾아 기호를 쓰시오.

⊙ 200   ⓒ 195   ⓒ 201

( )

04 152명의 관광객이 버스에 모두 타려고 합니다. 버스 한 대에 10명까지 탈 수 있다면 버스는 최소 몇 대 필요합니까?

( )

개념 5 버림을 알아볼까요

• 버림: 구하려는 자리 아래 수를 버려서 나타내는 방법

버림하여 백의 자리까지 나타내면

$354 \Rightarrow 300$

05 수를 버림하여 백의 자리까지 나타내시오.

(1) 100   (2) 9293

( )   ( )

06 수를 버림하여 주어진 자리까지 나타내시오.

수	십의 자리	백의 자리
654		

교과서 유형

07 버림하여 십의 자리까지 나타내면 510이 되는 수를 모두 찾아 쓰시오.

510   500   520   519

( )

08 머리띠 1개를 꾸미는 데 리본 1 m가 필요합니다. 리본 386 cm로 머리띠를 최대 몇 개까지 꾸밀 수 있습니까?

(   )

개념 6 반올림을 알아볼까요

• 반올림: 구하려는 자리 바로 아래 자리의 숫자가 0, 1, 2, 3, 4이면 버리고, 5, 6, 7, 8, 9이면 올리는 방법

반올림하여 백의 자리까지 나타내면

$$728 \Rightarrow 700$$

---

09 수를 반올림하여 백의 자리까지 나타내시오.

(1) [338]   (2) [6081]

(   )   (   )

---

10 반올림하여 천의 자리까지 나타내었을 때 3000이 되는 수가 <u>아닌</u> 것은 어느 것입니까? ··· (   )

① 2575   ② 2680   ③ 2829
④ 3232   ⑤ 3599

[11~12] 2018년 12월을 기준으로 제주도의 내국인과 외국인의 수를 조사하여 나타낸 것입니다. 물음에 답하시오.

제주도 인구 현황
667191명
24841명
외국인   내국인

〈자료 참고: 제주특별자치도청 홈페이지〉

11 제주도 내국인의 수를 반올림하여 만의 자리까지 나타내시오.

(   )

12 제주도 외국인의 수를 반올림하여 천의 자리까지 나타내시오.

(   )

13 반올림하여 십의 자리까지 나타내면 620이 되는 자연수를 모두 쓰시오.

(   )

 해결의 창

• 적절한 방법으로 어림하기

⑩ 포장을 하는데 가 상자는 193 cm, 나 상자는 175 cm, 다 상자는 268 cm의 끈이 필요합니다. 세 상자를 모두 포장하려면 최소 몇 m의 끈이 필요합니까?

올림으로 어림하기	버림으로 어림하기
193+175+268=636 (cm)이므로 올림하여 백의 자리까지 나타내면 700 cm, 즉 7 m의 끈이 필요합니다. ○	193+175+268=636 (cm)이므로 버림하여 백의 자리까지 나타내면 600 cm, 즉 6 m의 끈이 필요합니다. ✕

01 주어진 수를 올림하여 십의 자리까지 나타내시오.

931

(   )

02 주어진 수를 버림하여 십의 자리까지 나타내시오.

555

(   )

03 5 이하인 수가 <u>아닌</u> 것은 어느 것입니까?
······················( )

① 2   ② 3   ③ 4
④ 5   ⑤ 6

04 ☐ 안에 설명이 맞으면 ○표, 틀리면 ×표 하시오.

(1) 85는 85 미만인 수입니다. ─☐

(2) 36, 37, 38 중에서 37 초과인 수는 38뿐입니다. ─☐

[05～06] 연지네 모둠 학생들이 1분 동안 윗몸 일으키기를 한 횟수와 점수별 윗몸 일으키기 횟수의 범위를 나타낸 표입니다. 물음에 답하시오.

1분 동안 윗몸 일으키기를 한 횟수

이름	횟수(회)	이름	횟수(회)
연지	24	형민	20
주영	18	근희	30

점수별 횟수

점수	횟수(회)
1점	20 미만
2점	20 이상 25 미만
3점	25 이상 30 미만
4점	30 이상

05 2점을 받는 학생의 이름을 모두 찾아 쓰시오.

(   )

06 3점을 받는 횟수의 범위를 수직선에 나타내시오.

23 24 25 26 27 28 29 30 31 32

07 주어진 수를 올림, 버림하여 백의 자리까지 나타내시오.

수	올림	버림
311		

08 근우의 키를 올림하여 십의 자리까지 나타내면 몇 cm입니까?

근우야. 네 키는 137.5 cm야.

올림하여 십의 자리까지 나타내 줘.

미라   근우

(   )

09 수직선에 나타낸 수의 범위를 쓰시오.

7   8   9   10   11   12   13

(   )

10 다음 교재의 평점을 반올림하여 소수 첫째 자리까지 나타내면 얼마입니까?

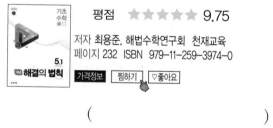

평점 ★★★★★ 9.75

저자 최용준, 해법수학연구회 천재교육
페이지 232 ISBN 979-11-259-3974-0

가격정보 찜하기 ♡좋아요

(   )

11 초과를 넣어 문장을 만들고 수직선에 수의 범위를 나타내시오.

문장

12 20 이상인 수에 모두 ○표, 20 이하인 수에 모두 △표 하시오.

17.8	20	$19\frac{4}{5}$
18	20.1	$22\frac{1}{9}$

유사문제

13 □ 안에 들어갈 수 있는 수 중에서 가장 큰 자연수를 구하시오.

166, 167, 168은 □ 이상인 수입니다.

(   )

유사문제

14 수직선에 나타낸 수의 범위에 포함되지 않는 수는 어느 것입니까? ·························( )

17   18   19   20   21   22   23

① 18   ② 18.9   ③ 19
④ 21.9   ⑤ 22

15 윤지는 5350원짜리 필통을 한 개 사려고 합니다. 천 원짜리 지폐로 사려면 최소 얼마를 내고, 얼마를 거슬러 받아야 합니까?

(   ), (   )

16 크기를 비교하여 ○ 안에 >, =, <를 알맞게 써넣으시오.

347을 반올림하여 백의 자리까지 나타낸 수	○	347

17 반올림하여 십의 자리까지 나타내었을 때 70이 되는 수를 모두 찾아 쓰시오.

79   75   74   72   65   61

(   )

18 두 수직선에 나타낸 수의 범위에 모두 포함되는 자연수를 구하시오.

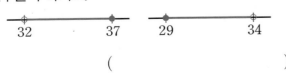

(   )

19 ❶주민이가 하는 말을 읽고 ❷주민이네 학교 학생 수의 범위를 바르게 나타낸 사람의 이름을 쓰시오.

주민: 우리 학교 학생 수는 반올림하여 백의 자리까지 나타내면 200명이래.

근우: 그럼 학생 수의 범위가 100명 초과 250명 이하인가?

현철: 아니지. 150명 이상 250명 이하야.

미라: 150명 이상 250명 미만일텐데.

혜주: 난 149명 이상 200명 이하라 생각해.

(   )

해결의 법칙

❶ 반올림하여 백의 자리까지 나타내었을 때 200이 되는 수의 범위를 생각합니다.

❷ 수의 범위를 바르게 말한 사람을 찾습니다.

20 ❶3장의 수 카드 [3], [7], [4]를 한 번씩만 사용하여 가장 큰 세 자리 수를 만들었습니다. ❷만든 세 자리 수를 버림하여 십의 자리까지 나타내시오.

(   )

해결의 법칙

❶ 수 카드로 가장 큰 세 자리 수를 만듭니다.

❷ 버림하여 십의 자리까지 나타냅니다.

[1~2] 지진의 세기를 나타낼 때에는 '규모'와 '진도'라는 단위를 많이 사용합니다. '규모'는 지진의 절대적 강도를 나타내므로 지역에 관계없이 똑같지만, '진도'는 지진 때문에 나타난 영향을 수치로 나타낸 것이므로 지역에 따라 다릅니다. 물음에 답하시오.

규모	진도	영향
3 미만	I	대부분의 사람이 진동을 느끼지 못함.
3 이상 4 미만	II~III	진동은 느끼지만 피해는 없음.
4 이상 5 미만	IV~V	방안의 물건들이 흔들림.
5 이상	VI ~	건물이 갈라지거나 무너짐.

1 어느 섬에 규모 4.0의 지진이 발생하였습니다. 섬의 모습으로 알맞은 그림에 ◯표 하시오.

(   )   (   )

2 어느 한 해 동안 규모 3.0 이상의 지진이 327회 발생한 것을 어림하여 320회로 나타내었을 때 올림, 버림, 반올림 중에서 어떤 방법으로 나타낸 것인지 쓰시오.

(   )

2 분수의 곱셈

제2화 **민주 아빠, 꿈속에서 부자가 되다?**

$$\frac{3}{5} \times 3 = \frac{3 \times 3}{5} = \frac{9}{5} = 1\frac{4}{5}$$

이미 배운 내용	이번에 배울 내용	앞으로 배울 내용
[5-1 분수의 덧셈과 뺄셈]	• (분수)×(자연수) 알아보기	[6-1 분수의 나눗셈]
• 분수의 덧셈	• (자연수)×(분수) 알아보기	• (자연수)÷(자연수) 알아보기
• 분수의 뺄셈	• (진분수)×(진분수) 알아보기	• (분수)÷(자연수) 알아보기
	• (분수)×(분수) 알아보기	[6-2 분수의 나눗셈]
		• (분수)÷(분수) 알아보기
		• (자연수)÷(분수) 알아보기

개념 동영상

개념 1 (분수)×(자연수)를 알아볼까요 (1)

• $\frac{5}{8} \times 2$의 계산

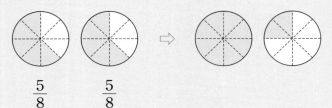

$$\frac{5}{8} \qquad \frac{5}{8}$$

방법 1 분자와 자연수를 곱한 뒤 약분하여 계산

$$\frac{5}{8} \times 2 = \frac{5 \times 2}{8} = \frac{\overset{5}{\cancel{10}}}{\underset{4}{\cancel{8}}} = \frac{5}{4} = 1\frac{1}{4}$$

(분자) × (자연수)

분모는 그대로

(진분수) × (자연수)는
분자와 자연수를
곱하여 계산할 수 있어.

방법 2 분모와 자연수를 약분한 뒤 계산

$$\frac{5}{\underset{4}{\cancel{8}}} \times \overset{1}{\cancel{2}} = \frac{5 \times 1}{4} = \frac{5}{4} = 1\frac{1}{4}$$

할아버지 댁 과수원까지 얼마나 더 가야 하나요?

내비게이션 안내로는 $\left(\frac{5}{8} \times 2\right)$ km만큼 가면 된다고 하는구나.

(진분수) × (자연수)는 진분수의 분자와 자연수를 곱하여 계산하면 되지요.

$$\frac{5}{8} \times 2 = \frac{5 \times 2}{8} = \frac{\overset{5}{\cancel{10}}}{\underset{4}{\cancel{8}}} = \frac{5}{4} = 1\frac{1}{4}$$

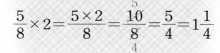

$1\frac{1}{4}$ km라면 곧 도착하겠네요.

그래.

길이 막혔어. 내비게이션 업그레이드 좀 할걸.

·정답은 7쪽

익힘책 유형

1-1 그림을 보고 □ 안에 알맞은 수를 써넣으시오.

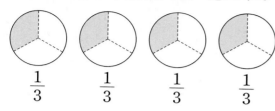

$$\frac{1}{3} \qquad \frac{1}{3} \qquad \frac{1}{3} \qquad \frac{1}{3}$$

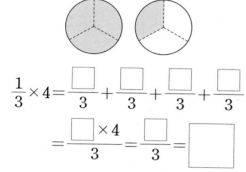

$$\frac{1}{3} \times 4 = \frac{\boxed{}}{3} + \frac{\boxed{}}{3} + \frac{\boxed{}}{3} + \frac{\boxed{}}{3}$$

$$= \frac{\boxed{} \times 4}{3} = \frac{\boxed{}}{3} = \boxed{}$$

힌트 $\frac{1}{3} \times 4$는 $\frac{1}{3}$을 4번 더한 것과 같습니다.

1-2 $\frac{1}{2} \times 3$을 계산하려고 합니다. 물음에 답하시오.

(1) $\frac{1}{2} \times 3$을 알맞게 색칠하시오.

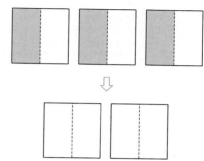

(2) $\frac{1}{2} \times 3$은 얼마입니까?

(   )

2-1 □ 안에 알맞은 수를 써넣으시오.

(1) $\frac{3}{8} \times 5 = \frac{3 \times \boxed{}}{8} = \frac{\boxed{}}{8} = \boxed{}$

(2) $\frac{3}{4} \times 13 = \frac{3 \times \boxed{}}{4} = \frac{\boxed{}}{4} = \boxed{}$

힌트 (진분수)×(자연수)는 분자와 자연수를 곱하여 계산합니다.

교과서 유형

2-2 계산을 하시오.

(1) $\frac{7}{15} \times 3$

(2) $\frac{4}{21} \times 14$

3-1 빈 곳에 알맞은 수를 써넣으시오.

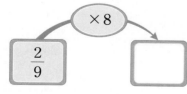

힌트 분자와 자연수를 곱하여 계산하고, 가분수를 대분수로 고칩니다.

3-2 빈 곳에 알맞은 수를 써넣으시오.

2

분수의 곱셈

개념 2 (분수)×(자연수)를 알아볼까요 (2)

개념 동영상

개념 체크

❶ (대분수)×(자연수)는 대분수를 (진분수 , 가분수)로 바꾸어 계산할 수 있습니다.

❷ (대분수)×(자연수)는 대분수를 [   ] 부분과 분수 부분으로 나누어 계산할 수 있습니다.

• $1\frac{1}{8} \times 2$의 계산

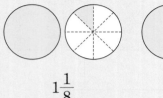

$1\frac{1}{8}$ $1\frac{1}{8}$

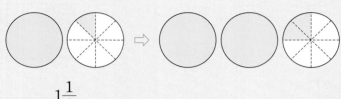

방법 1 대분수를 가분수로 바꾸어 계산

대분수 ⇨ 가분수

$$1\frac{1}{8} \times 2 = \frac{9}{8} \times \overset{1}{2} = \frac{9}{4} = 2\frac{1}{4}$$

가분수로 바꾸기

방법 2 대분수를 자연수 부분과 분수 부분으로 나누어 계산

대분수를 자연수 부분과 분수 부분으로 나누기

$$1\frac{1}{8} \times 2 = \left(1 + \frac{1}{8}\right) \times 2 = (1 \times 2) + \left(\frac{1}{8} \times \overset{1}{2}\right)$$

$$= 2 + \frac{1}{4} = 2\frac{1}{4}$$

자연수 부분   분수 부분

후아~ 길이 막혀서 한참을 돌아가게 됐네.

$\left(1\frac{1}{8} \times 2\right)$ L

아저씨! 자동차에 기름이 $\left(1\frac{1}{8} \times 2\right)$ L만큼 남았다고 경고등이 켜졌어요.

(대분수)×(자연수)는 대분수를 자연수 부분과 분수 부분으로 나누어 계산하면 돼. 계산하면 아직 기름이 $2\frac{1}{4}$ L 남았구나.

$$1\frac{1}{8} \times 2 = \left(1 + \frac{1}{8}\right) \times 2 = (1 \times 2) + \left(\frac{1}{8} \times \overset{1}{2}\right)$$

$$= 2 + \frac{1}{4} = 2\frac{1}{4}$$

걱정 안 해도 된다. 이 정도면 할아버지 댁 과수원까지는 충분히 갈 수 있어. 그럼 가 볼까?

충분히 갈 수 있다면서요!   미안~ 미안~

개념 체크 정답 ❶ 가분수에 ○표 ❷ 자연수

기본 문제

익힘책 유형

1-1 그림을 보고 □ 안에 알맞은 수를 써넣으시오.

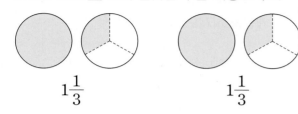

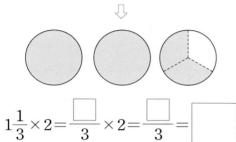

$$1\frac{1}{3} \times 2 = \frac{\square}{3} \times 2 = \frac{\square}{3} = \boxed{}$$

힌트 $1\frac{1}{3} \times 2$는 $1\frac{1}{3}$을 2번 더한 것과 같습니다.

1-2 $1\frac{1}{4} \times 3$을 계산하려고 합니다. 물음에 답하시오.

(1) $1\frac{1}{4} \times 3$을 알맞게 색칠하시오.

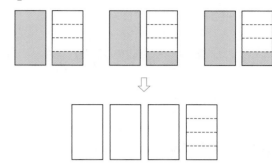

(2) $1\frac{1}{4} \times 3$은 얼마입니까?

( )

2-1 □ 안에 알맞은 수를 써넣으시오.

(1) $1\frac{3}{5} \times 4 = \frac{\square}{5} \times 4 = \frac{\square}{5} = \boxed{}$

(2) $1\frac{2}{5} \times 2 = \frac{\square}{5} \times 2 = \frac{\square}{5} = \boxed{}$

힌트 (대분수)×(자연수)는 대분수를 가분수로 바꾸어 계산할 수 있습니다.

교과서 유형

2-2 계산을 하시오.

(1) $3\frac{1}{4} \times 6$

(2) $5\frac{2}{3} \times 6$

3-1 □ 안에 알맞은 수를 써넣으시오.

힌트 (대분수)×(자연수)는 대분수를 가분수로 바꾸어 계산하거나 대분수를 자연수 부분과 분수 부분으로 나누어 계산할 수 있습니다.

3-2 빈 곳에 알맞은 수를 써넣으시오.

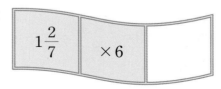

STEP  개념 확인하기

개념 1 (분수) × (자연수)를 알아볼까요 (1)

• (진분수) × (자연수)

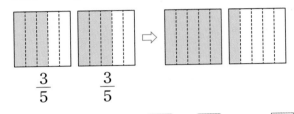

$$\frac{5}{8} \times 2 = \frac{5 \times 2}{8} = \frac{\overset{5}{\cancel{10}}}{\underset{4}{\cancel{8}}} = \frac{5}{4} = 1\frac{1}{4}$$

01 그림을 보고 □ 안에 알맞은 수를 써넣으시오.

$$\frac{3}{5} \qquad \frac{3}{5} \Rightarrow$$

$$\frac{3}{5} \times 2 = \frac{3}{5} + \frac{3}{5} = \frac{3 \times \square}{5} = \frac{\square}{\square} = \square\frac{\square}{\square}$$

익힘책 유형

02 $\frac{7}{9} \times 3$을 여러 가지 방법으로 계산한 것입니다. □ 안에 알맞은 수를 써넣으시오.

방법 1 $\dfrac{7}{9} \times 3 = \dfrac{7 \times 3}{9} = \dfrac{21}{9} = \dfrac{\square}{\square}$

$$= \square\frac{\square}{\square}$$

방법 2 $\dfrac{7}{9} \times 3 = \dfrac{7 \times \cancel{3}}{9} = \dfrac{\square}{\square} = \square\frac{\square}{\square}$

방법 3 $\dfrac{7}{9} \times \cancel{3} = \dfrac{\square}{\square} = \square\frac{\square}{\square}$

교과서 유형

03 계산을 하시오.

(1) $\dfrac{3}{4} \times 5$

(2) $\dfrac{11}{12} \times 18$

04 □ 안에 알맞은 수를 써넣으시오.

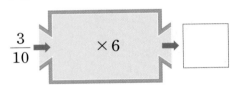

$$\frac{3}{10} \rightarrow \boxed{\times 6} \rightarrow \boxed{}$$

05 한 명이 피자 한 판의 $\dfrac{1}{4}$씩 먹으려고 합니다. 16명이 먹으려면 필요한 피자는 모두 몇 판입니까?
(단, 피자 한 판의 크기는 똑같습니다.)

(   )

06 곱이 가장 큰 것의 기호를 쓰시오.

┌─────────────────────────────────┐
│ ㉠ $\dfrac{5}{6} \times 8$ ㉡ $\dfrac{4}{9} \times 12$ ㉢ $\dfrac{7}{8} \times 10$ │
└─────────────────────────────────┘

(   )

개념 2 (분수)×(자연수)를 알아볼까요 (2)

• (대분수) × (자연수)

$$1\frac{1}{8}\times2=\frac{9}{8}\times\overset{1}{2}=\frac{9}{4}=2\frac{1}{4}$$

익힘책 유형

07 $1\frac{2}{5}\times2$를 여러 가지 방법으로 계산한 것입니다. 그림을 보고 □ 안에 알맞은 수를 써넣으시오.

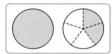 

방법 1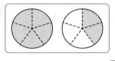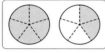

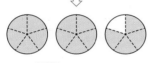

$$1\frac{2}{5}\times2=\frac{\square}{5}\times2=\frac{\square}{\square}=\square\frac{\square}{\square}$$

방법 2

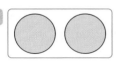

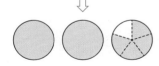

$$1\frac{2}{5}\times2=(1\times2)+\left(\frac{\square}{\square}\times2\right)$$

$$=\square+\frac{4}{\square}=\square\frac{\square}{\square}$$

교과서 유형

08 계산을 하시오.

(1) $3\frac{1}{3}\times2$

(2) $2\frac{3}{8}\times4$

09 빈 곳에 알맞은 수를 써넣으시오.

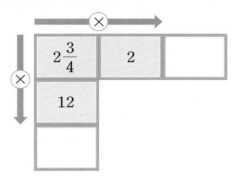

10 계산 결과를 비교하여 ○ 안에 >, =, <를 알맞게 써넣으시오.

$$3\frac{7}{12}\times6\quad\bigcirc\quad2\frac{4}{15}\times10$$

• (분수)×(자연수)의 계산 방법

잘못된 계산

$$1\frac{1}{6}\times\overset{2}{\cancel{3}}=1\frac{1}{2}\times1=1\frac{1}{2}$$

(가분수로 바꾸기 전에 약분을 하면 안됩니다.)

바른 계산

$$1\frac{1}{6}\times3=\frac{7}{\cancel{6}}\times\overset{1}{\cancel{3}}=\frac{7}{2}=3\frac{1}{2}$$

(가분수로 바꾸고 약분을 하여 계산합니다.)

개념 파헤치기

개념 동영상

개념 ③ (자연수)×(분수)를 알아볼까요 (1)

- $12 \times \dfrac{3}{4}$의 계산

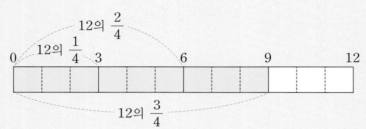

$12의 \dfrac{2}{4}$

$12의 \dfrac{1}{4}$

0   3   6   9   12

$12의 \dfrac{3}{4}$

방법 1 자연수와 분자를 곱한 뒤 약분하여 계산

(자연수)×(분자)

$$12 \times \frac{3}{4} = \frac{12 \times 3}{4} = \frac{\overset{9}{36}}{\underset{1}{4}} = 9$$

분모는 그대로

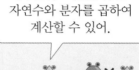
(자연수)×(진분수)는
자연수와 분자를 곱하여
계산할 수 있어.

방법 2 자연수와 분모를 약분한 뒤 계산

$$\overset{3}{12} \times \frac{3}{\underset{1}{4}} = 3 \times 3 = 9$$

개념 체크

❶ (자연수)×(진분수)는 자연수와 (분자 , 분모)를 곱한 뒤 약분하여 계산할 수 있습니다.

❷ (자연수)×(진분수)는 자연수와 분모를 약분한 뒤 계산할 수 있습니다.
(○ , ×)

얘들아~ 오랜만이구나. 먼 길 오느라 고생했다.

할아버지, 저희가 사과 따는 거 도와드릴게요.

고맙구나.

한 사람이 $\left(12 \times \dfrac{3}{4}\right)$ kg만큼 따면 되겠구나.

네~ 네~ 고생했죠. 그것도 엄청……

(자연수)×(진분수)는 자연수와 분자를 곱한 뒤 약분하여 계산하면 돼요. 계산하면 한 사람이 9 kg씩 따면 되겠네요.

$$12 \times \frac{3}{4} = \frac{12 \times 3}{4} = \frac{\overset{9}{36}}{\underset{1}{4}} = 9$$

이런~ 덜 익은 사과를 따면 어떻게 해!

개념 체크 정답 ❶ 분자에 ○표 ❷ ○에 ○표

기본 문제

교과서 유형

1-1 그림을 보고 □ 안에 알맞은 수를 써넣으시오.

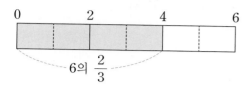

$$6 \times \frac{2}{3} = \frac{\boxed{} \times 2}{3} = \boxed{}$$

힌트 $6 \times \frac{2}{3}$는 6의 $\frac{2}{3}$입니다.

쌍둥이 문제

1-2 $8 \times \frac{1}{4}$을 계산하려고 합니다. 물음에 답하시오.

(1) $8 \times \frac{1}{4}$을 알맞게 색칠하시오.

(2) $8 \times \frac{1}{4}$은 얼마입니까?

(   )

익힘책 유형

2-1 □ 안에 알맞은 수를 써넣으시오.

(1) $2 \times \frac{2}{5} = \dfrac{\boxed{} \times 2}{5} = \boxed{}$

(2) $4 \times \frac{2}{7} = \dfrac{\boxed{} \times 2}{7} = \dfrac{\boxed{}}{7} = \boxed{}$

힌트 (자연수)×(진분수)는 자연수와 분자를 곱하여 계산합니다.

2-2 계산을 하시오.

(1) $6 \times \frac{3}{11}$

(2) $4 \times \frac{5}{12}$

3-1 왼쪽 식의 계산 결과를 오른쪽에서 찾아 선으로 이어 보시오.

$16 \times \frac{3}{4}$ ·   · 4

· 7

$18 \times \frac{2}{9}$ ·   · 12

힌트 (자연수)×(진분수)는 자연수와 분자를 곱하여 계산합니다.

3-2 위쪽 식의 계산 결과를 아래쪽에서 찾아 선으로 이어 보시오.

$12 \times \frac{5}{6}$ $18 \times \frac{4}{9}$

8   10   12

개념 동영상

개념 체크

개념 4 (자연수)×(분수)를 알아볼까요 (2)

• $6 \times 2\frac{2}{3}$의 계산

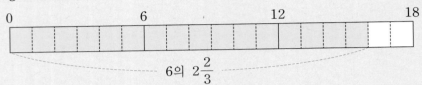

6의 $2\frac{2}{3}$

방법 1 대분수를 가분수로 바꾸어 계산

대분수 ➡ 가분수

$$6 \times 2\frac{2}{3} = \overset{2}{6} \times \frac{8}{\underset{1}{3}} = 2 \times 8 = 16$$

대분수 상태에서 약분하지 않도록 주의해!

방법 2 대분수를 자연수 부분과 분수 부분으로 나누어 계산

대분수를 자연수 부분과 분수 부분으로 나누기

$$6 \times 2\frac{2}{3} = 6 \times \left(2 + \frac{2}{3}\right)$$
$$= (6 \times 2) + \left(\overset{2}{6} \times \frac{2}{\underset{1}{3}}\right)$$
$$= 12 + 4 = 16$$

❶ (자연수)×(대분수)는 대분수를 (진분수 , 가분수)로 바꾸어 계산할 수 있습니다.

❷ (자연수)×(대분수)는 대분수를 [　　　] 부분과 분수 부분으로 나누어 계산할 수 있습니다.

딴 사과 중에 팔 수 없는 사과가

$\left(6 \times 2\frac{2}{3}\right)$ kg이에요.

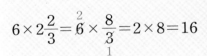

(자연수)×(대분수)는 대분수를 가분수로 바꾸어 계산하면 되지. 팔 수 없는 사과는 16 kg이나 되는구나.

$$6 \times 2\frac{2}{3} = \overset{2}{6} \times \frac{8}{\underset{1}{3}} = 2 \times 8 = 16$$

이 사과는 그냥 버려요?

아니야. 그대로 팔지 못할 뿐이지. 사과 맛은 좋으니까 사과잼을 만들면 돼.

사과잼이 눌어붙지 않게 부지런히 저어야 해.

헉헉! 힘들어요.

잼을 너무 많이 발라서 줄줄 흐르네.

내가 어떻게 만든 잼인데! 흘리지 말라고!

개념 체크 정답 ❶ 가분수에 ○표 ❷ 자연수

1-1 그림을 보고 □ 안에 알맞은 수를 써넣으시오.

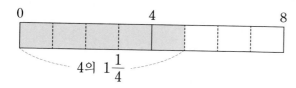

$$4 \times 1\frac{1}{4} = 4 \times \frac{\square}{4} = \square$$

힌트 $1\frac{1}{4}$을 가분수로 바꾸어 계산합니다.

1-2 $3 \times 2\frac{2}{3}$를 계산하려고 합니다. 물음에 답하시오.

(1) 3의 2배와 3의 $\frac{2}{3}$를 각각 색칠하시오.

3의 2배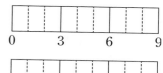

3의 $\frac{2}{3}$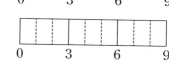

(2) $3 \times 2\frac{2}{3}$는 얼마입니까?

( )

2-1 □ 안에 알맞은 수를 써넣으시오.

(1) $3 \times 1\frac{4}{5} = 3 \times \frac{\square}{5} = \frac{\square}{5} = \square$

(2) $5 \times 1\frac{1}{2} = 5 \times \frac{\square}{2} = \frac{\square}{2} = \square$

힌트 (자연수)×(대분수)는 대분수를 가분수로 바꾸어 계산할 수 있습니다.

교과서 유형
2-2 계산을 하시오.

(1) $3 \times 5\frac{1}{6}$

(2) $12 \times 4\frac{1}{6}$

3-1 크기를 비교하여 ○ 안에 >, =, <를 알맞게 써넣으시오.

(1) $2 \times 3\frac{2}{5}$ ○ 7

(2) $10 \times 2\frac{1}{6}$ ○ 21

힌트 (자연수)×(대분수)는 대분수를 가분수로 바꾸어 계산하거나 대분수를 자연수 부분과 분수 부분으로 나누어 계산할 수 있습니다.

3-2 더 큰 쪽에 ○표 하시오.

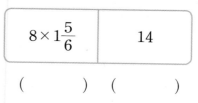

( ) ( )

2
분수의 곱셈

개념 3 (자연수) × (분수)를 알아볼까요 (1)

• (자연수) × (진분수)

(자연수) × (분자)

$$12 \times \frac{3}{4} = \frac{12 \times 3}{4} = \frac{\overset{9}{36}}{\underset{1}{4}} = 9$$

분모는 그대로

01 그림을 보고 알맞은 것에 ○표 하시오.

| 0 | 1 | 2 | 3 | 4 | 5 | 6 | 7 | 8 |

○ 8의 $\frac{1}{4}$은 2입니다.

○ $8 \times \frac{1}{2}$은 6입니다.

○ 8의 $\frac{7}{8}$은 8보다 큽니다.

○ $8 \times \frac{3}{4}$은 8보다 작습니다.

익힘책 유형

02 $6 \times \frac{7}{8}$을 여러 가지 방법으로 계산한 것입니다. □ 안에 알맞은 수를 써넣으시오.

방법 1 $6 \times \frac{7}{8} = \frac{6 \times 7}{8} = \frac{42}{8} = \frac{\square}{\square}$

$= \square \frac{\square}{\square}$

방법 2 $6 \times \frac{7}{8} = \frac{6 \times 7}{8} = \frac{\square}{\square} = \square \frac{\square}{\square}$

방법 3 $6 \times \frac{7}{8} = \frac{\square}{\square} = \square \frac{\square}{\square}$

교과서 유형

03 계산을 하시오.

(1) $2 \times \frac{4}{5}$

(2) $45 \times \frac{8}{9}$

04 왼쪽 식의 계산 결과를 오른쪽에서 찾아 선으로 이어 보시오.

$7 \times \frac{2}{3}$ •

$8 \times \frac{5}{12}$ •

• $3\frac{1}{3}$

• $4\frac{1}{3}$

• $4\frac{2}{3}$

05 사람 몸무게의 $\frac{7}{10}$은 물이라고 합니다. 민주의 몸에서 물의 무게는 몇 kg인지 식을 쓰고 답을 구하시오.

 내 몸무게는 45 kg이야.

 민주

식

답

개념 4 **(자연수)×(분수)를 알아볼까요** (2)

· (자연수)×(대분수)

대분수 ⇨ 가분수

$$6 \times 2\frac{2}{3} = \overset{2}{6} \times \frac{8}{\underset{1}{3}} = 16$$

06 $4 \times 1\frac{1}{5}$ 을 여러 가지 방법으로 계산한 것입니다.

□ 안에 알맞은 수를 써넣으시오.

방법 1

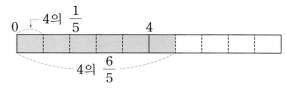

$$4 \times 1\frac{1}{5} = 4 \times \frac{\square}{5} = \frac{\square \times \square}{\square} = \square \frac{\square}{\square}$$

방법 2

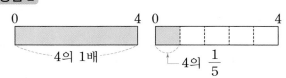

$$4 \times 1\frac{1}{5} = (4 \times 1) + \left(4 \times \frac{\square}{\square}\right) = \square \frac{\square}{\square}$$

교과서 유형

07 계산을 하시오.

(1) $3 \times 1\frac{5}{7}$

(2) $6 \times 2\frac{3}{8}$

익힘책 유형

08 계산 결과가 5보다 큰 식에 ○표, 5보다 작은 식에 △표 하시오.

$$5 \times \frac{1}{3} \qquad 5 \times 1\frac{3}{4} \qquad 5 \times \frac{6}{7}$$

$$5 \times 1 \qquad 5 \times \frac{7}{9} \qquad 5 \times 2\frac{1}{6}$$

09 직사각형의 넓이는 몇 cm²입니까?

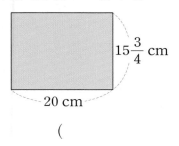

$15\frac{3}{4}$ cm

20 cm

( )

10 강민이는 한 시간에 3 km를 걸을 수 있고, 자전거를 타면 걸을 때의 $1\frac{2}{3}$만큼 빨리 갈 수 있습니다. 강민이가 자전거를 타고 한 시간 동안 갈 수 있는 거리는 몇 km입니까?

( )

2

분수의 곱셈

 해결의 창

· (자연수)×(분수)에서 계산 결과의 크기 비교

$$4 \times \frac{3}{5} = \frac{4 \times 3}{5} = \frac{12}{5} = 2\frac{2}{5} \enspace \textcircled{<} \enspace 4$$

(4에 1보다 작은 수를 곱했으므로 계산 결과는 4보다 작습니다.)

(자연수)×(진분수)<(자연수)

$$4 \times 1\frac{4}{5} = 4 \times \frac{9}{5} = \frac{36}{5} = 7\frac{1}{5} \enspace \textcircled{>} \enspace 4$$

(4에 1보다 큰 수를 곱했으므로 계산 결과는 4보다 큽니다.)

(자연수)×(대분수)>(자연수)

STEP 1

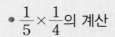 개념 5 진분수의 곱셈을 알아볼까요 (1)

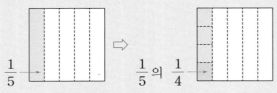

- $\dfrac{1}{5} \times \dfrac{1}{4}$ 의 계산

분자는 항상 1

$$\dfrac{1}{5} \times \dfrac{1}{4} = \dfrac{1}{5 \times 4} = \dfrac{1}{20}$$

분모끼리의 곱

(단위분수)×(단위분수)는 분자는 항상 1이고 분모끼리 곱해.

$$\dfrac{1}{\blacksquare} \times \dfrac{1}{\blacktriangle} = \dfrac{1}{\blacksquare \times \blacktriangle}$$

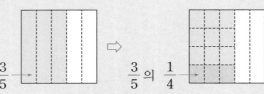

- $\dfrac{3}{5} \times \dfrac{1}{4}$ 의 계산

분자는 그대로

$$\dfrac{3}{5} \times \dfrac{1}{4} = \dfrac{3}{5 \times 4} = \dfrac{3}{20}$$

분모끼리의 곱

개념 체크

❶ (단위분수)×(단위분수)에서 분자는 항상 (1 , 0)입니다.

❷ (진분수)×(단위분수)는 진분수의 분자는 그대로 두고 (분자 , 분모)끼리 곱합니다.

사과 따느라 수고했다. 자~ 이 사과는 가져가서 먹으렴.

헤헤~ 고맙습니다.

너희들이 전체 사과의 $\left(\dfrac{1}{4} \times \dfrac{1}{3}\right)$ 만큼 땄단다. 도움이 되었어.

(단위분수)×(단위분수)는 분자는 그대로 두고 분모끼리 곱하면 되니까 계산하면 저희들이 전체 사과의 $\dfrac{1}{12}$ 만큼을 딴 거네요.

$$\dfrac{1}{4} \times \dfrac{1}{3} = \dfrac{1}{4 \times 3} = \dfrac{1}{12}$$

할아버지~ 안녕히 계세요!

자~ 자~ 길 막히기 전에 빨리 출발하자.

앞에 큰 사고가 났나 보다. 길이 엄청 막히네.

너는 이 와중에 혼자 사과를 먹냐!

헤헤~

개념 체크 정답 ❶ 1에 ○표 ❷ 분모에 ○표

교과서 유형

1-1 그림을 보고 □ 안에 알맞은 수를 써넣으시오.

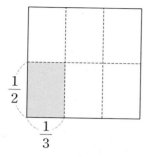

$$\frac{1}{3} \times \frac{1}{2} = \frac{1}{\boxed{} \times \boxed{}} = \frac{1}{\boxed{}}$$

힌트 $\frac{1}{3} \times \frac{1}{2}$은 $\frac{1}{3}$의 $\frac{1}{2}$입니다.

1-2 $\frac{1}{2} \times \frac{1}{5}$을 계산하려고 합니다. 물음에 답하시오.

(1) 다음은 전체의 $\frac{1}{2}$만큼 색칠한 것입니다. 색칠한 부분의 $\frac{1}{5}$만큼 빗금으로 그어 보시오.

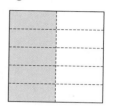

(2) $\frac{1}{2} \times \frac{1}{5}$은 얼마입니까?

(   )

2-1 □ 안에 알맞은 수를 써넣으시오.

(1) $\frac{1}{7} \times \frac{1}{4} = \frac{1}{7 \times \boxed{}} = \boxed{}$

(2) $\frac{7}{8} \times \frac{1}{5} = \frac{7}{8 \times \boxed{}} = \boxed{}$

힌트 (진분수)×(단위분수)는 진분수의 분자는 그대로 두고 분모끼리 곱합니다.

2-2 계산을 하시오.

(1) $\frac{1}{3} \times \frac{1}{9}$

(2) $\frac{5}{6} \times \frac{1}{4}$

익힘책 유형

3-1 크기를 비교하여 ○ 안에 >, =, <를 알맞게 써넣으시오.

(1) $\frac{1}{8} \times \frac{1}{2}$ ○ $\frac{1}{8}$

(2) $\frac{4}{15} \times \frac{1}{5}$ ○ $\frac{4}{15}$

힌트 어떤 수에 1보다 작은 수를 곱하면 처음 수보다 값이 더 작아집니다.

3-2 더 큰 쪽에 ○표 하시오.

$\frac{5}{12} \times \frac{1}{7}$	$\frac{5}{12}$

(   )   (   )

2

분수의 곱셈

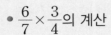 **진분수의 곱셈을 알아볼까요** (2)

 개념 동영상

• $\dfrac{6}{7} \times \dfrac{3}{4}$ 의 계산

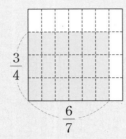

방법 1 분자는 분자끼리, 분모는 분모끼리 계산

분자는 분자끼리 곱하기

$$\dfrac{6}{7} \times \dfrac{3}{4} = \dfrac{6 \times 3}{7 \times 4} = \dfrac{9}{14}$$

분모는 분모끼리 곱하기

방법 2 약분한 뒤 분자는 분자끼리, 분모는 분모끼리 계산

분자끼리의 곱

$$\overset{3}{\dfrac{6}{7}} \times \dfrac{3}{\underset{2}{4}} = \dfrac{3 \times 3}{7 \times 2} = \dfrac{9}{14}$$

분모끼리의 곱

(진분수)×(진분수)는 분자는 분자끼리, 분모는 분모끼리 곱하면 돼.

$$\dfrac{\triangle}{\square} \times \dfrac{\blacklozenge}{\bigcirc} = \dfrac{\triangle \times \blacklozenge}{\square \times \bigcirc}$$

❶ (진분수)×(진분수)는 분자는 분자끼리, 분모는 분모끼리 (더합니다 , 곱합니다).

❷ (진분수)×(진분수)는 분자는 분자끼리, 분모는 분모끼리 곱하는 과정에서 약분할 수 있으면 약분합니다. (○ , ×)

(진분수)×(진분수)는 분자는 분자끼리, 분모는 분모끼리 곱하면 되니까 $\dfrac{9}{14}$ km가 막히는군.

$$\dfrac{6}{7} \times \dfrac{3}{4} = \overset{3}{\dfrac{6 \times 3}{7 \times \underset{2}{4}}} = \dfrac{9}{14}$$

개념 체크 정답 ❶ 곱합니다에 ○표 ❷ ○에 ○표

기본 문제

교과서 유형

1-1 그림을 보고 □ 안에 알맞은 수를 써넣으시오.

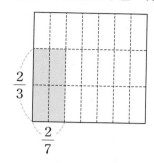

$\dfrac{2}{3}$

$\dfrac{2}{7}$

$$\dfrac{2}{7} \times \dfrac{2}{3} = \dfrac{2 \times \square}{7 \times \square} = \boxed{}$$

힌트 $\dfrac{2}{7} \times \dfrac{2}{3}$ 는 $\dfrac{2}{7}$ 의 $\dfrac{2}{3}$ 입니다.

익힘책 유형

2-1 □ 안에 알맞은 수를 써넣으시오.

(1) $\dfrac{7}{8} \times \dfrac{3}{5} = \dfrac{7 \times \square}{8 \times \square} = \boxed{}$

(2) $\dfrac{4}{5} \times \dfrac{4}{9} = \dfrac{4 \times \square}{5 \times \square} = \boxed{}$

힌트 (진분수)×(진분수)는 분자는 분자끼리, 분모는 분모끼리 곱합니다.

3-1 빈 곳에 두 분수의 곱을 써넣으시오.

$\dfrac{7}{12}$	$\dfrac{5}{6}$

힌트 (진분수)×(진분수)는 분자는 분자끼리, 분모는 분모끼리 곱합니다.

쌍둥이 문제

1-2 $\dfrac{3}{5} \times \dfrac{3}{4}$ 을 계산하려고 합니다. 물음에 답하시오.

(1) 다음은 전체의 $\dfrac{3}{5}$ 만큼 색칠한 것입니다. 색칠한 부분의 $\dfrac{3}{4}$ 만큼 빗금으로 그어 보시오.

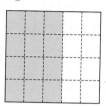

(2) $\dfrac{3}{5} \times \dfrac{3}{4}$ 은 얼마입니까?

( )

2-2 계산을 하시오.

(1) $\dfrac{5}{7} \times \dfrac{2}{3}$

(2) $\dfrac{4}{9} \times \dfrac{5}{6}$

3-2 두 분수의 곱을 구하시오.

$\dfrac{3}{5}, \dfrac{7}{10}$

( )

2 분수의 곱셈

개념 5 진분수의 곱셈을 알아볼까요 (1)

• (단위분수) × (단위분수)

분자는 그대로

$$\frac{1}{4} \times \frac{1}{3} = \frac{1}{4 \times 3} = \frac{1}{12}$$

분모끼리의 곱

교과서 유형

01 계산을 하시오.

(1) $\frac{1}{6} \times \frac{1}{7}$

(2) $\frac{1}{25} \times \frac{1}{3}$

02 빈 곳에 알맞은 수를 써넣으시오.

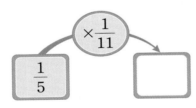

03 왼쪽 식의 계산 결과를 오른쪽에서 찾아 선으로 이어 보시오.

$\frac{1}{8} \times \frac{1}{6}$ •

$\frac{1}{9} \times \frac{1}{5}$ •

• $\frac{1}{45}$

• $\frac{1}{46}$

• $\frac{1}{48}$

04 □ 안에 알맞은 수를 써넣으시오.

$$\frac{2}{3} \times \frac{1}{5} = \frac{2}{\square \times \square} = \boxed{}$$

05 두 분수의 곱을 구하시오.

$$\frac{7}{15}, \quad \frac{1}{6}$$

(   )

06 계산 결과가 더 큰 쪽에 ○표 하시오.

| $\frac{4}{5} \times \frac{1}{8}$ | $\frac{3}{7} \times \frac{1}{9}$ |

(   )   (   )

익힘책 유형

07 성민이네 마당의 $\frac{4}{9}$에 꽃을 심으려고 합니다. 그중 $\frac{1}{6}$에 채송화를 심는다면 채송화를 심을 부분은 전체 마당의 몇 분의 몇입니까?

(   )

개념 6 진분수의 곱셈을 알아볼까요 (2)

• (진분수) × (진분수)

분자는 분자끼리, 분모는 분모끼리 곱하기

$$\frac{6}{7} \times \frac{3}{8} = \frac{6 \times 3}{7 \times 8} = \frac{9}{28}$$

교과서 유형

8 계산을 하시오.

(1) $\frac{3}{8} \times \frac{5}{7}$

(2) $\frac{5}{6} \times \frac{5}{9}$

9 빈 곳에 알맞은 수를 써넣으시오.

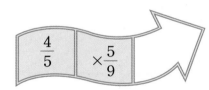

10 □ 안에 알맞은 수를 써넣으시오.

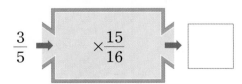

익힘책 유형

11 계산 결과가 $\frac{5}{8}$보다 작은 것을 모두 찾아 기호를 쓰시오.

㉠ $\frac{5}{8} \times \frac{3}{4}$　　　㉡ $\frac{5}{8} \times 10$

㉢ $\frac{5}{8} \times 3$　　　㉣ $\frac{5}{8} \times \frac{9}{10}$

(　　　　　　　)

12 $\frac{3}{20}$ L의 알코올이 들어 있는 알코올 램프에 불을 붙여 물을 끓였습니다. 알코올의 $\frac{2}{9}$ 만큼을 사용했을 때 물이 끓기 시작했다면 물이 끓기 시작할 때까지 사용한 알코올은 몇 L인지 식을 쓰고 답을 구하시오.

식 _____

답 _____

13 □ 안에 들어갈 수 있는 자연수에 모두 ○표 하시오.

$$\frac{3}{7} \times \frac{1}{2} > \frac{\square}{14}$$

(1 , 2 , 3 , 4 , 5)

• (진분수) × (진분수)의 계산 방법

잘못된 계산

$$\frac{7}{10} \times \frac{5}{8} = \frac{35}{20} = 1\frac{15}{20} = 1\frac{3}{4}$$

(분모끼리 약분을 하면 안됩니다.)

바른 계산

$$\frac{7}{10} \times \frac{5}{8} = \frac{7}{16}$$

(분모와 분자를 약분합니다.)

2 분수의 곱셈

개념 파헤치기

개념 동영상

개념 7 여러 가지 분수의 곱셈을 알아볼까요 (1)

• $\frac{5}{6} \times 1\frac{2}{3}$ 의 계산

① 작은 모눈 한 칸의 넓이: $\frac{1}{18}$

② 색칠한 직사각형의 칸 수: $\overbrace{5 \times 5}^{\text{가로 5칸, 세로 5칸}} = 25$(칸)

⇨ 색칠한 직사각형의 넓이를 분수로 나타내면

$\frac{1}{18}$이 25칸이므로 $\frac{25}{18} = 1\frac{7}{18}$입니다.

방법 대분수를 가분수로 바꾸어 계산하기

$\frac{5}{6} \times 1\frac{2}{3} = \frac{5}{6} \times \underset{\text{대분수} \Rightarrow \text{가분수}}{\frac{5}{3}} = \frac{5 \times 5}{6 \times 3}$

$= \frac{25}{18} = 1\frac{7}{18}$
 가분수 ⇨ 대분수

실선으로 둘러싸인 큰 모눈 한 칸을 똑같이 18로 나누었으므로 작은 모눈 한 칸은 $\frac{1}{18}$이야.

개념 체크

❶ 진분수와 대분수의 곱셈은 대분수를 (자연수, 가분수)로 바꾸어 계산합니다.

❷ 분수의 곱셈을 계산할 때 분모는 분모끼리, 분자는 (분모, 분자)끼리 곱해야 합니다.

개념 체크 정답 ❶ 가분수에 ◯표 ❷ 분자에 ◯표

1-1 계산을 하시오.

(1) $\dfrac{2}{3} \times 1\dfrac{2}{7}$

(2) $\dfrac{4}{7} \times 2\dfrac{5}{8}$

> 힌트 대분수를 가분수로 바꾸어 계산합니다.

1-2 계산을 하시오.

(1) $\dfrac{4}{5} \times 1\dfrac{3}{8}$

(2) $\dfrac{8}{9} \times 3\dfrac{3}{10}$

2-1 보기 와 같이 계산하시오.

> 보기
>
> $$2\dfrac{1}{4} \times \dfrac{2}{3} = \dfrac{\overset{3}{\cancel{9}}}{\underset{2}{\cancel{4}}} \times \dfrac{\overset{1}{\cancel{2}}}{\underset{1}{\cancel{3}}} = \dfrac{3}{2} = 1\dfrac{1}{2}$$

$1\dfrac{5}{9} \times \dfrac{6}{7}$

> 힌트 (대분수)×(진분수)의 곱셈은 대분수를 가분수로 바꾸어 약분하여 계산합니다.

2-2 □ 안에 알맞은 수를 써넣으시오.

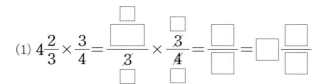

(1) $4\dfrac{2}{3} \times \dfrac{3}{4} = \dfrac{\square}{3} \times \dfrac{3}{4} = \dfrac{\square}{\square} = \square\dfrac{\square}{\square}$

(2) $3\dfrac{3}{5} \times \dfrac{5}{12} = \dfrac{\square}{5} \times \dfrac{5}{12} = \dfrac{\square}{\square} = \square\dfrac{\square}{\square}$

3-1 계산 결과를 비교하여 ○ 안에 >, =, <를 알맞게 써넣으시오.

$$\dfrac{3}{4} \times 2\dfrac{4}{5} \bigcirc 1\dfrac{11}{14} \times \dfrac{7}{10}$$

> 힌트 대분수와 진분수의 곱셈을 한 다음 크기를 비교합니다.

3-2 곱이 더 큰 쪽에 색칠하시오.

$$\dfrac{5}{9} \times 1\dfrac{7}{20}$$

$$2\dfrac{11}{12} \times \dfrac{3}{7}$$

개념 8 여러 가지 분수의 곱셈을 알아볼까요 (2)

개념 동영상

개념 체크

• $2\frac{2}{5} \times 1\frac{3}{4}$ 의 계산 → 가로가 $2\frac{2}{5}$, 세로가 $1\frac{3}{4}$인 직사각형의 넓이

① 작은 모눈 한 칸의 넓이: $\frac{1}{20}$

② 색칠한 직사각형의 칸 수:
가로 12칸, 세로 7칸
$12 \times 7 = 84$(칸)

⇨ 색칠한 직사각형의 넓이를 분수로 나타내면 $\frac{1}{20}$이 84칸이므로 $\frac{84}{20} = 4\frac{4}{20} = 4\frac{1}{5}$ 입니다.

실선으로 둘러싸인 큰 모눈 한 칸을 똑같이 20으로 나누었으므로 작은 모눈 한 칸은 $\frac{1}{20}$이야.

방법 대분수를 가분수로 바꾸어 계산하기

$$2\frac{2}{5} \times 1\frac{3}{4} = \frac{\overset{3}{12}}{5} \times \frac{7}{\underset{1}{4}} = \frac{3 \times 7}{5 \times 1}$$

대분수 ⇨ 가분수

$$= \frac{21}{5} = 4\frac{1}{5}$$

가분수 ⇨ 대분수

개념 체크

❶ (대분수)×(대분수)는 대분수를 (진분수 , 가분수)로 바꾼 뒤 분자는 분자끼리, 분모는 분모끼리 곱합니다.

❷ 계산 결과가 가분수이면 ☐로 바꿉니다.

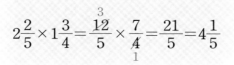

$$2\frac{2}{5} \times 1\frac{3}{4} = \frac{\overset{3}{12}}{5} \times \frac{7}{\underset{1}{4}} = \frac{21}{5} = 4\frac{1}{5}$$

개념 체크 정답 ❶ 가분수에 ○표 ❷ 대분수

익힘책 **유형**

1-1 그림을 보고 □ 안에 알맞은 수를 써넣으시오.

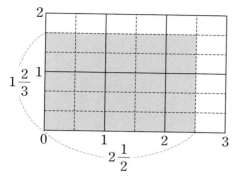

$$2\frac{1}{2} \times 1\frac{2}{3} = \frac{\boxed{}}{2} \times \frac{\boxed{}}{3}$$

$$= \frac{\boxed{}}{6} = \boxed{}$$

힌트 (대분수)×(대분수)는 (가분수)×(가분수)로 바꾸어 계산합니다.

교과서 **유형**

2-1 □ 안에 알맞은 수를 써넣으시오.

$$4\frac{1}{5} \times 2\frac{1}{4} = \frac{\boxed{}}{5} \times \frac{\boxed{}}{4}$$

$$= \frac{\boxed{}}{20} = \boxed{}$$

힌트 (대분수)×(대분수)는 대분수를 가분수로 바꾼 뒤 분자는 분자끼리, 분모는 분모끼리 곱합니다.

3-1 빈 곳에 알맞은 수를 써넣으시오.

| $1\frac{3}{5}$ | $\times 3\frac{5}{8}$ | |

힌트 대분수를 가분수로 바꾸어 계산합니다.

1-2 그림을 보고 □ 안에 알맞은 수를 써넣으시오.

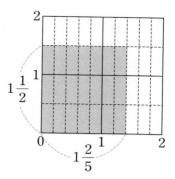

(1) 작은 모눈 한 칸의 넓이: $\dfrac{1}{\boxed{}}$

(2) 색칠한 직사각형의 넓이를 분수로 나타내면

$$\frac{1}{\boxed{}} \text{이 21칸이므로} \quad \frac{21}{\boxed{}} = \boxed{} \text{입}$$

니다.

2-2 계산을 하시오.

(1) $3\frac{2}{7} \times 1\frac{1}{3}$

(2) $1\frac{1}{5} \times 2\frac{2}{9}$

3-2 빈 곳에 알맞은 수를 써넣으시오.

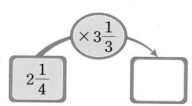

개념 7 여러 가지 분수의 곱셈을 알아볼까요 (1)

- (진분수) × (대분수), (대분수) × (진분수)

$$\frac{7}{8} \times 1\frac{4}{5} = \frac{7}{8} \times \frac{9}{5} = \frac{63}{40} = 1\frac{23}{40}$$

대분수 ⇨ 가분수   가분수 ⇨ 대분수

01 그림을 보고 □ 안에 알맞은 수를 써넣으시오.

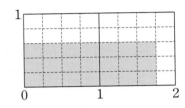

(1) 작은 모눈 한 칸의 넓이는 $\dfrac{1}{\boxed{}}$ 입니다.

(2) 색칠한 직사각형의 칸 수는 $\boxed{}$ 칸입니다.

(3) 이것을 분수로 나타내면 $\dfrac{1}{\boxed{}}$ 이 $\boxed{}$ 칸이

므로 $\dfrac{\boxed{}}{\boxed{}} = \boxed{}$ 입니다.

(4) $1\dfrac{3}{4} \times \dfrac{3}{5} = \dfrac{\boxed{}}{4} \times \dfrac{3}{5} = \dfrac{\boxed{}}{\boxed{}} = \boxed{}$

02 계산을 하시오.

(1) $\dfrac{5}{8} \times 4\dfrac{2}{5}$

(2) $2\dfrac{7}{9} \times \dfrac{3}{5}$

03 □ 안에 알맞은 수를 써넣으시오.

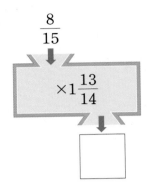

$\dfrac{8}{15}$

$\times 1\dfrac{13}{14}$

04 왼쪽 식의 계산 결과를 오른쪽에서 찾아 선으로 이어 보시오.

$1\dfrac{7}{9} \times \dfrac{3}{4}$ •

$2\dfrac{4}{5} \times \dfrac{5}{7}$ •

• 2

• $1\dfrac{1}{3}$

• $2\dfrac{3}{4}$

익힘책 유형

05 영주가 가진 끈의 길이는 $4\dfrac{1}{6}$ m이고, 재서가 가진 끈의 길이는 영주의 끈 길이의 $\dfrac{9}{10}$ 입니다. 재서가 가진 끈의 길이는 몇 m입니까?

( )

개념 8 여러 가지 분수의 곱셈을 알아볼까요 (2)

• (대분수) × (대분수)

$$2\frac{2}{5} \times 1\frac{3}{4} = \frac{\overset{3}{\cancel{12}}}{5} \times \frac{7}{\cancel{4}} = \frac{21}{5} = 4\frac{1}{5}$$

대분수 ⇨ 가분수　　가분수 ⇨ 대분수

06 계산을 하시오.

(1) $2\frac{3}{5} \times 2\frac{3}{4}$

(2) $1\frac{4}{7} \times 2\frac{1}{4}$

07 빈 곳에 알맞은 수를 써넣으시오.

08 빈 곳에 두 분수의 곱을 써넣으시오.

$2\frac{5}{8}$ 　　　　 $1\frac{5}{7}$

09 계산 결과가 더 큰 쪽에 ○표 하시오.

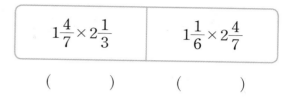

$1\frac{4}{7} \times 2\frac{1}{3}$	$1\frac{1}{6} \times 2\frac{4}{7}$

(　　　)　　　(　　　)

10 오른쪽 정사각형의 넓이는 몇 cm²인지 식을 쓰고 답을 구하시오.

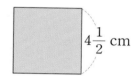

$4\frac{1}{2}$ cm

식 _____

답 _____

11 1 L의 휘발유로 $8\frac{3}{4}$ km를 가는 자동차가 있습니다. 이 자동차가 $2\frac{4}{5}$ L의 휘발유로 갈 수 있는 거리는 몇 km입니까?

(　　　　　　　)

2
분수의 곱셈

• 수 카드로 만들 수 있는 가장 큰 대분수와 가장 작은 대분수의 곱

2　　3　　4

가장 큰 대분수: $4\frac{2}{3}$, 가장 작은 대분수: $2\frac{3}{4}$

자연수 부분에 ──┘　　　└── 자연수 부분에
가장 큰 수를 놓음　　　가장 작은 수를 놓음

⇨ 가장 큰 대분수와 가장 작은 대분수의 곱:

$$4\frac{2}{3} \times 2\frac{3}{4} = \frac{\overset{7}{\cancel{14}}}{3} \times \frac{11}{\cancel{4}} = \frac{77}{6} = 12\frac{5}{6}$$

01 $\frac{2}{5} \times 3$을 계산하려고 합니다. 물음에 답하시오.

(1) $\frac{2}{5} \times 3$을 알맞게 색칠하시오.

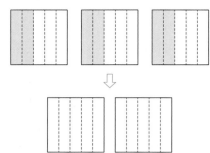

(2) $\frac{2}{5} \times 3$은 얼마입니까?

( )

02 보기 와 같이 계산하시오.

보기

$$2\frac{1}{8} \times 6 = \frac{17}{\underset{4}{8}} \times \overset{3}{6} = \frac{51}{4} = 12\frac{3}{4}$$

$3\frac{5}{8} \times 4$

03 계산을 하시오.

(1) $\frac{3}{5} \times \frac{4}{9}$

(2) $2\frac{4}{7} \times 4\frac{1}{5}$

04 빈 곳에 알맞은 수를 써넣으시오.

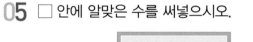

05 □ 안에 알맞은 수를 써넣으시오.

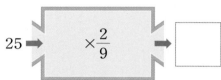

06 두 분수의 곱을 구하시오.

$$3\frac{1}{6}, \ 1\frac{2}{3}$$

( )

07 ○ 안에 >, =, <를 알맞게 써넣으시오.

$$\frac{1}{2} \times \frac{1}{7} \ \bigcirc \ \frac{1}{2}$$

• 정답은 14쪽

08 왼쪽 식의 계산 결과를 오른쪽에서 찾아 선으로 이어 보시오.

$\dfrac{4}{9} \times 27$ •

• 10

• 11

$\dfrac{2}{5} \times 25$ •

• 12

09 빈 곳에 알맞은 수를 써넣으시오.

×	$\dfrac{3}{4}$	$\dfrac{4}{7}$
15		

10 계산 결과가 $\dfrac{4}{15}$ 보다 작은 것에 모두 ○표 하시오.

$$\dfrac{4}{15} \times \dfrac{2}{3} \qquad \dfrac{4}{15} \times 7 \qquad \dfrac{4}{15} \times \dfrac{8}{9}$$

11 빈 곳에 알맞은 수를 써넣으시오.

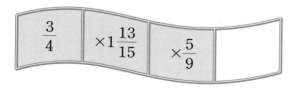

[12~13] 계산식을 보고 물음에 답하시오.

12 계산이 잘못된 이유를 쓰시오.

이유 _____

_____

13 잘못 계산한 곳을 찾아 바르게 계산하시오.

14 다음 직사각형 모양 논의 넓이는 몇 m²입니까?

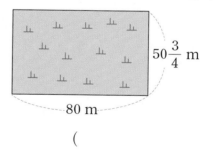

$50\dfrac{3}{4}$ m

80 m

( )

15 곱이 가장 작은 것은 어느 것입니까?···( )

① $\dfrac{1}{4} \times \dfrac{1}{6}$ ② $\dfrac{1}{8} \times \dfrac{1}{8}$ ③ $\dfrac{1}{8} \times \dfrac{1}{5}$

④ $\dfrac{1}{9} \times \dfrac{1}{6}$ ⑤ $\dfrac{1}{2} \times \dfrac{1}{6}$

· 정답은 14쪽

16 대화를 읽고 내일 해법 미술관 입장권 1장의 금액을 구하시오.

해법 미술관 입장권 1장이 5000원인데 할인 기간에는 입장권 금액의 $\frac{4}{5}$만큼만 내면 된다고 해.

민주

정말? 내일부터 할인 기간이니까 내일 해법 미술관에 가야겠어.

현철

(   )

17 ㉠과 ㉡을 계산한 값의 차를 구하시오.

㉠ $1\frac{4}{9} \times 10\frac{1}{2}$

㉡ $2\frac{1}{3} \times 2\frac{1}{2}$

(   )

18 정현이네 반 학생의 $\frac{3}{5}$은 여학생이고 여학생 중에서 $\frac{1}{5}$은 수학을 좋아합니다. 정현이네 반에서 수학을 좋아하는 여학생은 전체의 몇 분의 몇인지 식을 쓰고 답을 구하시오.

 식 _____

 답 _____

19 ❶지영이는 색종이 50장 중에서 $\frac{1}{5}$을 동생에게 주고, ❷남은 색종이의 $\frac{3}{8}$을 사용했습니다. 지영이에게 남은 색종이는 몇 장입니까?

(   )

 해결의 법칙

❶ 동생에게 준 색종이 수를 구합니다.

❷ 지영이가 사용하고 남은 색종이 수를 구합니다.

20 ❷□ 안에 들어갈 수 있는 자연수는 모두 몇 개입니까?

❶ $4\frac{1}{2} \times 1\frac{5}{6} > \square\frac{1}{4}$

(   )

해결의 법칙

❶ 대분수의 곱셈을 합니다.

❷ 대분수의 크기를 비교하여 □ 안에 들어갈 수 있는 자연수를 구합니다.

[1~2] 다음을 읽고 물음에 답하시오.

> **호흡**이란 숨을 들이마시고 내쉬는 과정을 말합니다.
> 잘 느끼지 못하지만 우리는 항상 호흡하고 있습니다. 호흡하면서 공기는 항상 우리 몸에 들어오고 나갑니다. 공기가 폐로 들어오는 것을 **들숨**이라고 하고, 폐에 있는 공기를 밖으로 내보내는 것을 **날숨**이라고 합니다.
>
>
>
> 숨을 들이마실 때(들숨)　　　　　　　숨을 내쉴 때(날숨)
>
> 공기는 눈에 보이지 않기 때문에 얼마나 많은 양의 공기가 우리 몸속에 들어왔다 나가는지 눈으로 확인하기 어렵습니다. 사람이 한 번 호흡할 때마다 약 $\frac{1}{2}$ L의 공기를 들이마셨다가 내쉰다고 합니다.

1) 사람이 한 번 호흡할 때 $\frac{1}{2}$ L의 공기가 필요하다면 5번 호흡할 때 필요한 공기의 양은 몇 L입니까?

(　　　　　　　　　　)

2) 사람이 1분 동안 호흡할 때 $6\frac{4}{5}$ L의 공기가 교환된다면 $2\frac{1}{3}$분 동안 교환되는 공기의 양은 몇 L입니까?

(　　　　　　　　　　)

3 합동과 대칭

제3화 **민주 아빠, 소가 되다!**

<table>
<tr><td>

이미 배운 내용

[4-1 평면도형의 이동]
• 평면도형의 이동 알아보기

[4-2 다각형]
• 다각형 알아보기

</td><td>

이번에 배울 내용

• 도형의 합동 알아보기
• 합동인 도형의 성질 알아보기
• 선대칭도형과 그 성질 알아보기
• 점대칭도형과 그 성질 알아보기

</td><td>

앞으로 배울 내용

[5-2 직육면체]
• 직육면체 알아보기

[6-1 각기둥과 각뿔]
• 각기둥과 각뿔 알아보기

</td></tr>
</table>

개념 1 도형의 합동을 알아볼까요

개념 동영상

개념 체크

• **도형의 합동 알아보기**

┌ 도형을 뒤집거나 돌려서 완전히
└ 겹치는 두 도형도 서로 합동입니다.

모양과 크기가 같아서 포개었을 때 완전히 겹치는 두 도형을 서로 합동이라고 합니다.

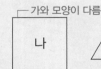
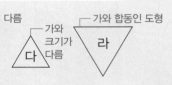

우리처럼 모양과 크기가 같으면 서로 합동이라고 생각하면 돼.

❶ 모양과 크기가 같아서 포개었을 때 완전히 겹치는 두 도형을 서로 ☐ (이)라고 합니다.

• **합동인 도형 그리기**

① 모눈종이의 칸 수를 세어 꼭짓점을 찍습니다.
② 꼭짓점을 이어 합동인 도형을 그립니다.

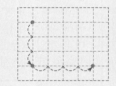

❷ 도형을 뒤집거나 돌려서 완전히 겹치는 두 도형도 서로 합동입니다.

(○ , ×)

개념 체크 정답 ❶ 합동 ❷ ○에 ○표

1-1 ▢ 안에 있는 도형과 서로 합동인 도형을 찾아 ○ 표 하시오.

(   ) (   ) (   )

힌트 모양과 크기가 같아서 포개었을 때 완전히 겹치는 두 도형을 서로 합동이라고 합니다.

1-2 ▢ 안에 있는 도형과 서로 합동인 도형을 찾아 기호를 쓰시오.

(   )

교과서 유형
2-1 서로 합동인 두 도형을 찾아 기호를 쓰시오.

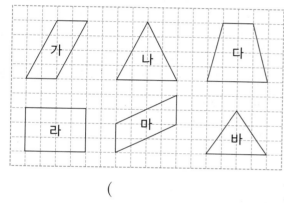

(   )

힌트 도형을 뒤집거나 돌려서 완전히 겹치는 두 도형도 서로 합동입니다.

2-2 서로 합동인 두 도형을 찾아 기호를 쓰시오.

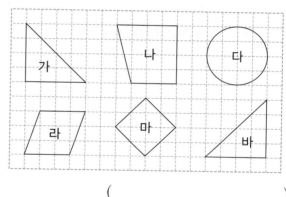

(   )

3-1 주어진 도형과 서로 합동인 도형을 그려 보시오.

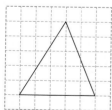 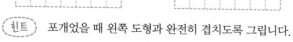

힌트 포개었을 때 왼쪽 도형과 완전히 겹치도록 그립니다.

3-2 주어진 도형과 서로 합동인 도형을 그려 보시오.

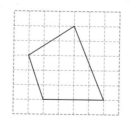 

개념 2 합동인 도형의 성질을 알아볼까요

• 서로 합동인 두 도형의 대응점, 대응변, 대응각

서로 합동인 두 도형을 포개었을 때

대응점: 완전히 겹치는 점

┌ 점 ㄱ과 점 ㄹ
├ 점 ㄴ과 점 ㅁ
└ 점 ㄷ과 점 ㅂ

대응변: 완전히 겹치는 변

┌ 변 ㄱㄴ과 변 ㄹㅁ
├ 변 ㄴㄷ과 변 ㅁㅂ
└ 변 ㄷㄱ과 변 ㅂㄹ

대응각: 완전히 겹치는 각

┌ 각 ㄱㄴㄷ과 각 ㄹㅁㅂ
├ 각 ㄴㄷㄱ과 각 ㅁㅂㄹ
└ 각 ㄷㄱㄴ과 각 ㅂㄹㅁ

| 서로 합동인 두 도형의 성질 | ① 각각의 대응변의 길이가 서로 같습니다.
② 각각의 대응각의 크기가 서로 같습니다. |

참고 대응변과 대응각을 쓸 때는 대응점 순서대로 씁니다.
• 변 ㄱㄷ의 대응변 ⇨ 변 ㄹㅂ, 변 ㅂㅁ의 대응변 ⇨ 변 ㄷㄴ
• 각 ㄱㄷㄴ의 대응각 ⇨ 각 ㄹㅂㅁ, 각 ㅁㄹㅂ의 대응각 ⇨ 각 ㄴㄱㄷ

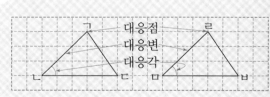

1-1 두 도형은 서로 합동입니다. □ 안에 알맞은 말을 써넣으시오.

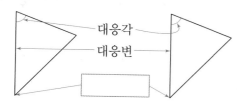

대응각
대응변

> 힌트 화살표가 가리키는 것은 서로 합동인 두 도형을 포개었을 때 완전히 겹치는 점입니다.

1-2 두 도형은 서로 합동입니다. □ 안에 알맞게 써넣으시오.

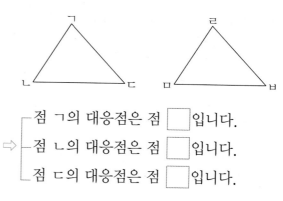

⇨
점 ㄱ의 대응점은 점 □입니다.
점 ㄴ의 대응점은 점 □입니다.
점 ㄷ의 대응점은 점 □입니다.

교과서 유형

2-1 두 도형은 서로 합동입니다. □ 안에 알맞게 써넣으시오.

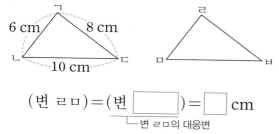

$$(변\ ㄹㅁ) = (변\ \boxed{}) = \boxed{}\ cm$$
└─ 변 ㄹㅁ의 대응변

> 힌트 서로 합동인 두 도형에서 각각의 대응변의 길이가 서로 같습니다.

2-2 두 도형은 서로 합동입니다. 변 ㅁㅂ은 몇 cm입니까?

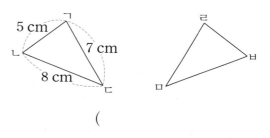

( )

3-1 두 도형은 서로 합동입니다. □ 안에 알맞게 써넣으시오.

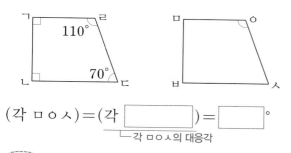

$$(각\ ㅁㅇㅅ) = (각\ \boxed{}) = \boxed{}°$$
└─ 각 ㅁㅇㅅ의 대응각

> 힌트 서로 합동인 두 도형에서 각각의 대응각의 크기가 서로 같습니다.

3-2 두 도형은 서로 합동입니다. 각 ㅂㅁㅇ은 몇 도입니까?

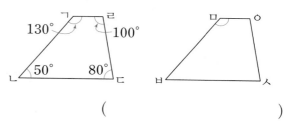

( )

3

합동과 대칭

개념 1 **도형의 합동을 알아볼까요**

서로 합동인 두 도형은 포개었을 때 완전히 겹칩니다.

완전히 겹침

⇨ 가와 서로 합동인 도형은 라입니다.

01 나머지 셋과 서로 합동이 <u>아닌</u> 도형을 찾아 기호를 쓰시오.

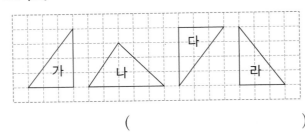

( )

익힘책 유형

02 주어진 도형과 서로 합동인 도형을 그려 보시오.

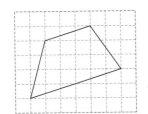 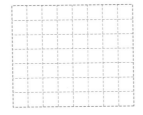

03 종이를 점선을 따라 잘랐을 때 만들어진 두 도형이 서로 합동인 것을 찾아 기호를 쓰시오.

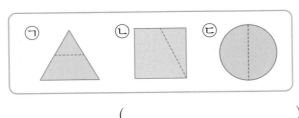

( )

04 칠교 조각 중 서로 합동인 것을 모두 찾아 기호를 쓰시오.

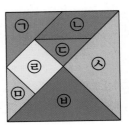

( )

교과서 유형

05 서로 합동인 도형을 모두 찾아 기호를 쓰시오.

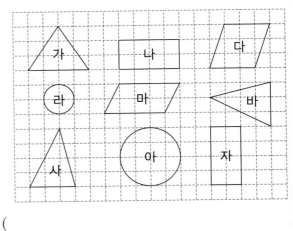

( )

06 직사각형 모양의 색종이를 잘라서 서로 합동인 사각형 4개로 만들어 보시오.

개념 2 합동인 도형의 성질을 알아볼까요

서로 합동인 두 도형에서
- 각각의 대응변의 길이가 서로 같습니다.
- 각각의 대응각의 크기가 서로 같습니다.

07 두 도형은 서로 합동입니다. 대응변끼리 선으로 이어 보시오.

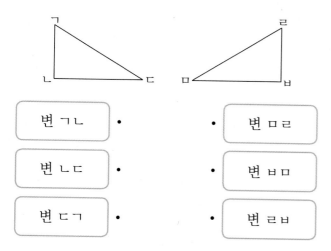

변 ㄱㄴ	•	•	변 ㅁㄹ
변 ㄴㄷ	•	•	변 ㅂㅁ
변 ㄷㄱ	•	•	변 ㄹㅂ

08 두 도형은 서로 합동입니다. 대응각끼리 바르게 짝지은 것을 찾아 기호를 쓰시오.

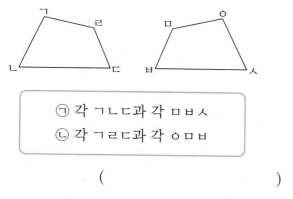

ㄱ 각 ㄱㄴㄷ과 각 ㅁㅂㅅ
ㄴ 각 ㄱㄹㄷ과 각 ㅇㅁㅂ

(   )

09 두 도형은 서로 합동입니다. 각 ㅁㄹㅂ은 몇 도입니까?

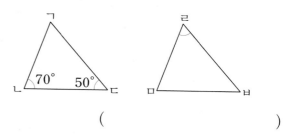

(   )

익힘책 유형

10 두 도형은 서로 합동입니다. 직사각형 ㅁㅂㅅㅇ의 둘레는 몇 cm입니까?

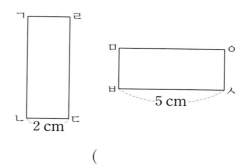

(   )

11 다음과 같이 직사각형 모양의 종이를 접었습니다. 각 ㅂㅈㅇ은 몇 도입니까?

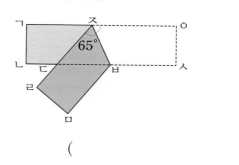

(   )

· 합동이 아닌 이유

가와 나는 모양은 같지만 크기가 다르므로 서로 합동이 아닙니다.

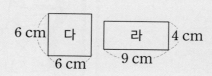

다와 라는 크기는 같지만 모양이 다르므로 서로 합동이 아닙니다.

3

합동과 대칭

개념 3 선대칭도형과 그 성질을 알아볼까요 (1)

개념 동영상

- 선대칭도형
  - 한 직선을 따라 접어서 완전히 겹치는 도형을 선대칭도형이라고 합니다. 이때 그 직선을 대칭축이라고 합니다.
  - 대칭축을 따라 포개었을 때 겹치는 점을 대응점, 겹치는 변을 대응변, 겹치는 각을 대응각이라고 합니다.

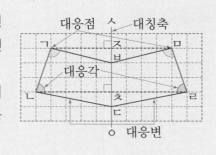

- 선대칭도형의 성질
  ① 각각의 대응변의 길이가 서로 같습니다.
     ⇨ (변 ㄱㄴ)=(변 ㅁㄹ), (변 ㄴㄷ)=(변 ㄹㄷ), (변 ㄱㅂ)=(변 ㅁㅂ)
  ② 각각의 대응각의 크기가 서로 같습니다.
     ⇨ (각 ㄱㄴㄷ)=(각 ㅁㄹㄷ), (각 ㅂㄱㄴ)=(각 ㅂㅁㄹ)
  ③ 대응점끼리 이은 선분은 대칭축과 수직으로 만납니다.
     ⇨ 선분 ㄱㅁ, 선분 ㄴㄹ이 각각 대칭축 ㅅㅇ과 만나서 이루는 각은 직각입니다.
  ④ 대칭축은 대응점끼리 이은 선분을 똑같이 둘로 나눕니다. ── 각각의 대응점에서 대칭축까지의 거리가 서로 같습니다.
     ⇨ (선분 ㄱㅈ)=(선분 ㅁㅈ), (선분 ㄴㅊ)=(선분 ㄹㅊ)

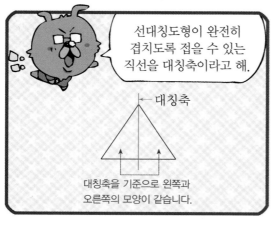

교과서 **유형**

1-1 선대칭도형에 ○표 하시오.

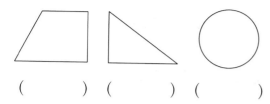

(   ) (   ) (   )

힌트   한 직선을 따라 접어서 완전히 겹치는 도형을 선대 칭도형이라고 합니다.

1-2 선대칭도형을 찾아 기호를 쓰시오.

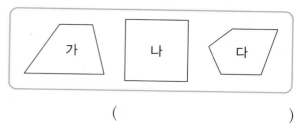

(   )

2-1 선대칭도형의 대칭축을 찾아 기호를 쓰시오.

대칭축: ☐

힌트   선대칭도형이 완전히 겹치도록 접을 수 있는 직선을 대칭축이라고 합니다.

2-2 선대칭도형의 대칭축을 찾아 기호를 쓰시오.

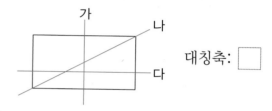

대칭축: ☐

3-1 직선 ㅁㅂ을 대칭축으로 하는 선대칭도형입니다. 변 ㄷㄹ은 몇 cm입니까?

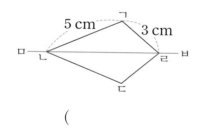

(   )

힌트   선대칭도형에서 각각의 대응변의 길이가 서로 같습니다.

3-2 직선 ㅅㅇ을 대칭축으로 하는 선대칭도형입니다. 변 ㄴㄷ은 몇 cm입니까?

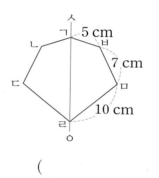

(   )

4-1 직선 ㅅㅇ을 대칭축으로 하는 선대칭도형입니다. 각 ㄱㅁㄹ은 몇 도입니까?

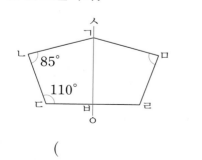

(   )

힌트   선대칭도형에서 각각의 대응각의 크기가 서로 같습니다.

4-2 직선 ㅁㅂ을 대칭축으로 하는 선대칭도형입니다. 각 ㄴㄷㄹ은 몇 도입니까?

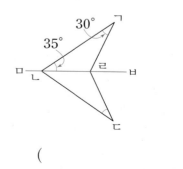

(   )

개념 동영상

개념 4 선대칭도형과 그 성질을 알아볼까요 (2)

• 선대칭도형 그리기

①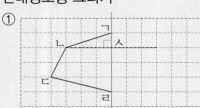

점 ㄴ에서 대칭축에 수선을 긋고, 대칭축과 만나는 점을 찾아 점 ㅅ으로 표시합니다.

②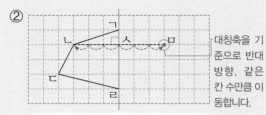

대칭축을 기준으로 반대 방향, 같은 칸 수만큼 이동합니다.

이 수선에 선분 ㄴㅅ과 길이가 같은 선분 ㅁㅅ이 되도록 점 ㄴ의 대응점을 찾아 점 ㅁ으로 표시합니다.

③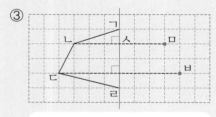

위와 같은 방법으로 점 ㄷ의 대응점을 찾아 점 ㅂ으로 표시합니다.

④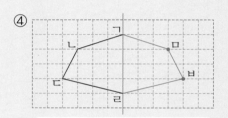

점 ㄹ과 점 ㅂ, 점 ㅂ과 점 ㅁ, 점 ㅁ과 점 ㄱ을 모두 이어 선대칭도형이 되도록 그립니다.

이곳은 세종대왕님이 살고 계시는 시대의 시장이야.

사과는 얼마예요?

사과 2개에 세 냥이오.

세 냥은 없고, 이 돈도 받나요?

돈에 임금님처럼 보이는 인물 그림이 있네요?

나에게는 쓸모없는 것이지만

선대칭도형을 완성하면 줄게요.

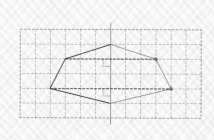

각각의 대응점을 찾아 이으면 된답니다.

그런데 인물 그림이 세종대왕님을 닮았네?

1-1 선대칭도형의 일부분입니다. 점 ㄴ의 대응점인 점 ㄹ을 표시하시오.

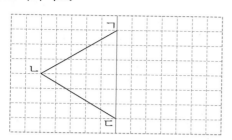

> **힌트** 각각의 대응점에서 대칭축까지의 거리가 서로 같습니다.

1-2 선대칭도형의 일부분입니다. 점 ㄷ의 대응점인 점 ㅁ을 표시하시오.

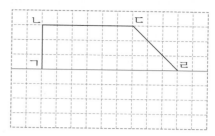

교과서 **유형**

2-1 선대칭도형이 되도록 그림을 완성하시오.

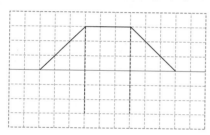

> **힌트** 각 대응점을 이어 선대칭도형이 되도록 그립니다.

2-2 선대칭도형이 되도록 그림을 완성하시오.

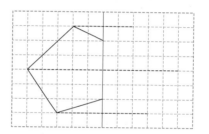

3-1 선대칭도형이 되도록 그림을 완성하시오.

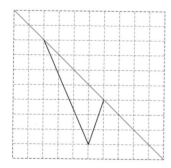

> **힌트** 먼저 대응점을 찾아 표시해 봅니다.

3-2 선대칭도형이 되도록 그림을 완성하시오.

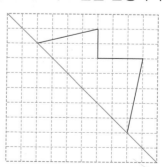

3

합동과 대칭

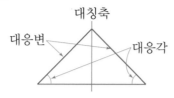 **개념 3** 선대칭도형과 그 성질을 알아볼까요 (1)

- 선대칭도형: 한 직선을 따라 접어서 완전히 겹치는 도형

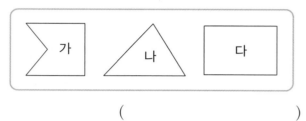

선대칭도형에서 각각의 대응변의 길이가 서로 같고, 각각의 대응각의 크기가 서로 같습니다.

01 선대칭도형이 <u>아닌</u> 것을 찾아 기호를 쓰시오.

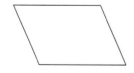

( )

교과서 유형
02 선대칭도형을 찾아 대칭축을 모두 그려 보시오.

03 오른쪽 도형은 정육각형입니다. 이 도형의 대칭축은 모두 몇 개입니까?

( )

04 대칭축의 수가 가장 많은 것을 찾아 기호를 쓰시오.

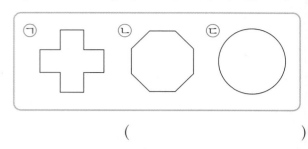

( )

[05~06] 오른쪽 선대칭도형을 보고 물음에 답하시오.

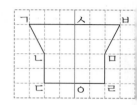

05 □ 안에 알맞게 써넣으시오.

점 ㄴ의 대응점: 점 □

변 ㄱㅅ의 대응변: 변 □

각 ㄴㄷㅇ의 대응각: 각 □

06 각 ㄱㅅㅇ은 몇 도입니까?

( )

익힘책 유형
07 직선 ㄱㄴ을 대칭축으로 하는 선대칭도형입니다. □ 안에 알맞은 수를 써넣으시오.

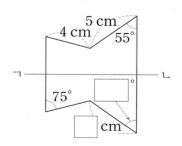

· 정답은 18쪽

08 직선 ㅅㅇ을 대칭축으로 하는 선대칭도형입니다. 선대칭도형의 둘레는 몇 cm입니까?

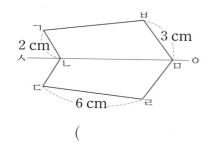

(   )

개념 4 **선대칭도형과 그 성질을 알아볼까요** (2)

• 선대칭도형 그리기
  ① 대칭축을 기준으로 각 점의 대응점을 찾아 표시합니다.
  ② 대응점을 차례로 이어 선대칭도형을 완성합니다.

09 선대칭도형이 되도록 그림을 완성하시오.

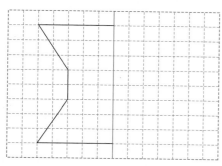

---

10 선대칭도형을 완성하고 어떤 도형이 되는지 다각형의 이름을 쓰시오.

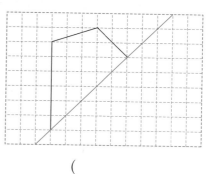

(   )

11 직선 ㄱㄴ을 대칭축으로 하는 선대칭이 되도록 그리면 어떤 수가 되는지 쓰시오.

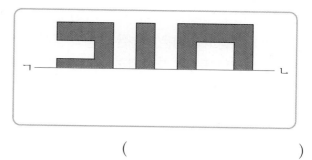

(   )

12 선대칭도형을 2개 그려 보시오.

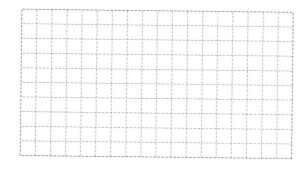

 • 선대칭인 알파벳 찾기

A B C D E H I K M O T U V W X Y

3 합동과 대칭

개념 동영상

개념 5 점대칭도형과 그 성질을 알아볼까요 (1)

- **점대칭도형**
  - 한 도형을 어떤 점을 중심으로 180° 돌렸을 때 처음 도형과 완전히 겹치면 이 도형을 점대칭도형이라고 합니다. 이때 그 점을 대칭의 중심이라고 합니다.
  - 대칭의 중심을 중심으로 180° 돌렸을 때 겹치는 점을 대응점, 겹치는 변을 대응변, 겹치는 각을 대응각이라고 합니다.

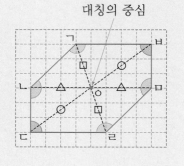

대칭의 중심

- **점대칭도형의 성질**
  - ① 각각의 대응변의 길이가 서로 같습니다.
    - ⇨ (변 ㄱㄴ)=(변 ㄹㅁ), (변 ㄴㄷ)=(변 ㅁㅂ), (변 ㄷㄹ)=(변 ㅂㄱ)
  - ② 각각의 대응각의 크기가 서로 같습니다.
    - ⇨ (각 ㄱㄴㄷ)=(각 ㄹㅁㅂ), (각 ㄴㄷㄹ)=(각 ㅁㅂㄱ), (각 ㅂㄱㄴ)=(각 ㄷㄹㅁ)
  - ③ 대응점끼리 이은 선분은 대칭의 중심에서 만납니다.
  - ④ 대칭의 중심은 대응점끼리 이은 선분을 똑같이 둘로 나눕니다. ─→ 각각의 대응점에서 대칭의 중심까지의 거리가 서로 같습니다.
    - ⇨ (선분 ㄱㅇ)=(선분 ㄹㅇ), (선분 ㄴㅇ)=(선분 ㅁㅇ), (선분 ㄷㅇ)=(선분 ㅂㅇ)

개념 체크

❶ 어떤 점을 중심으로 180° 돌렸을 때 처음 도형과 완전히 겹치는 도형을 [   ](이)라고 합니다. 이때 그 점을 [   ](이)라고 합니다.

❷ 점대칭도형에서 각각의 대응변의 길이가 서로 (같습니다 , 다릅니다).

❸ 점대칭도형에서 각각의 대응각의 크기가 서로 (같습니다 , 다릅니다).

개념 체크 정답 ❶ 점대칭도형, 대칭의 중심 ❷ 같습니다에 ○표 ❸ 같습니다에 ○표

· 정답은 19쪽

기본 문제

쌍둥이 문제

1-1 점대칭도형에 ○표 하시오.

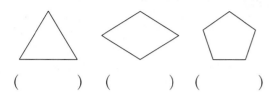

(   )   (   )   (   )

힌트   어떤 점을 중심으로 180° 돌렸을 때 처음 도형과 완전히 겹치는 도형을 점대칭도형이라고 합니다.

1-2 점대칭도형에 ○표 하시오.

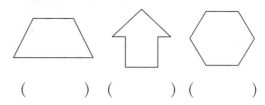

(   )   (   )   (   )

2-1 점대칭도형에서 대칭의 중심을 찾아 점(•)으로 표시하시오.

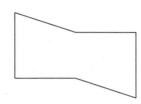

힌트   대응점끼리 이은 선분들이 만나는 점을 찾습니다.

2-2 점대칭도형에서 대칭의 중심을 찾아 점(•)으로 표시하시오.

3-1 점 ㅇ을 대칭의 중심으로 하는 점대칭도형입니다. 변 ㄹㅁ은 몇 cm입니까?

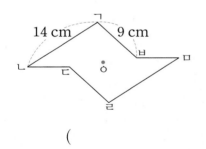

(   )

힌트   점대칭도형에서 각각의 대응변의 길이가 서로 같습니다.

3-2 점 ㅇ을 대칭의 중심으로 하는 점대칭도형입니다. 변 ㄴㄷ은 몇 cm입니까?

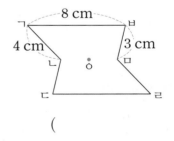

(   )

4-1 점 ㅇ을 대칭의 중심으로 하는 점대칭도형입니다. 각 ㄴㄷㄹ은 몇 도입니까?

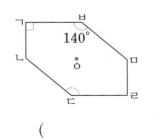

(   )

힌트   점대칭도형에서 각각의 대응각의 크기가 서로 같습니다.

4-2 점 ㅈ을 대칭의 중심으로 하는 점대칭도형입니다. 각 ㄱㅇㅅ은 몇 도입니까?

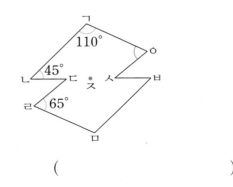

(   )

3

합동과 대칭

개념 6 점대칭도형과 그 성질을 알아볼까요 (2)

개념 동영상

• 점대칭도형 그리기

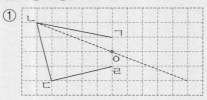

점 ㄴ에서 대칭의 중심인 점 ㅇ을 지나는 직선을 긋습니다.

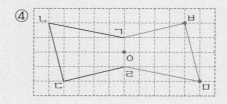

대칭의 중심을 기준으로 반대 방향, 같은 칸 수만큼 이동합니다.

이 직선에 선분 ㄴㅇ과 길이가 같은 선분 ㅁㅇ이 되도록 점 ㄴ의 대응점을 찾아 점 ㅁ으로 표시합니다.

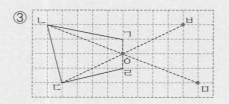

위와 같은 방법으로 점 ㄷ의 대응점을 찾아 점 ㅂ으로 표시합니다. 점 ㄱ의 대응점은 점 ㄹ입니다.

점 ㄹ과 점 ㅁ, 점 ㅁ과 점 ㅂ, 점 ㅂ과 점 ㄱ을 차례로 이어 점대칭도형이 되도록 그립니다.

① 점대칭도형을 그릴 때에는 대응점끼리 이은 선분이 (대칭축 , 대칭의 중심)에서 만난다는 성질을 이용합니다.

② 점대칭도형을 그릴 때에는 대칭의 중심이 대응점끼리 이은 선분을 똑같이 (둘 , 셋)(으)로 나눈다는 성질을 이용합니다.

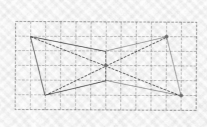

개념 체크 정답 ① 대칭의 중심에 ○표 ② 둘에 ○표

1-1 점 ㅇ을 대칭의 중심으로 하는 점대칭도형의 일부 분입니다. 점 ㄴ의 대응점인 점 ㄹ을 표시하시오.

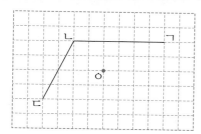

> (힌트) 각각의 대응점에서 대칭의 중심까지의 거리가 서로 같습니다.

1-2 점 ㅇ을 대칭의 중심으로 하는 점대칭도형의 일부 분입니다. 점 ㄷ의 대응점인 점 ㅁ을 표시하시오.

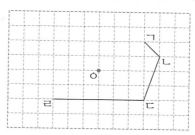

(교과서 유형)

2-1 점대칭도형이 되도록 그림을 완성하시오.

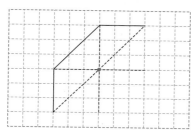

> (힌트) 각 대응점을 이어 점대칭도형이 되도록 그립니다.

2-2 점대칭도형이 되도록 그림을 완성하시오.

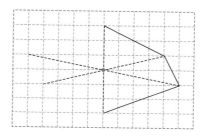

3-1 점대칭도형이 되도록 그림을 완성하시오.

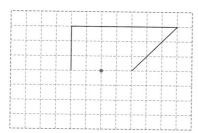

> (힌트) 먼저 대응점을 찾아 표시해 봅니다.

3-2 점대칭도형이 되도록 그림을 완성하시오.

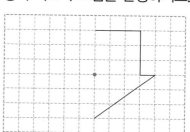

3

합동과 대칭

개념 5 점대칭도형과 그 성질을 알아볼까요 (1)

- 점대칭도형: 어떤 점을 중심으로 180° 돌렸을 때 처음 도형과 완전히 겹치는 도형

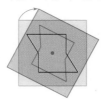 180° ⇨

대칭의 중심

점대칭도형에서 각각의 대응변의 길이가 서로 같고, 각각의 대응각의 크기가 서로 같습니다.

교과서 유형

01 점대칭도형이 <u>아닌</u> 것을 찾아 기호를 쓰시오.

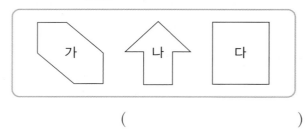

(   )

02 점대칭도형에서 대칭의 중심을 찾아 쓰시오.

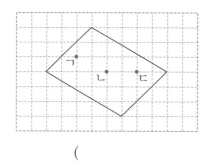

(   )

[03~04] 점대칭도형을 보고 물음에 답하시오.

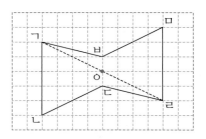

03 □ 안에 알맞게 써넣으시오.

점 ㅁ의 대응점: 점 □

변 ㄷㄹ의 대응변: 변 □

각 ㄱㄴㄷ의 대응각: 각 □

04 알맞은 말에 ○표 하시오.
선분 ㄱㅇ의 길이와 선분 ㄹㅇ의 길이는
(같습니다 , 다릅니다).

05 점대칭인 것은 모두 몇 개입니까?

(   )

06 점 ㅇ을 대칭의 중심으로 하는 점대칭도형입니다. □ 안에 알맞은 수를 써넣으시오.

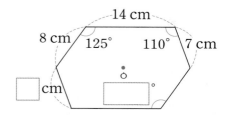

07 점대칭도형인 것을 모두 고르시오.…(   )

  ① 정삼각형   ② 정사각형

  ③ 정오각형   ④ 정육각형

  ⑤ 정팔각형

08 점 ㅈ을 대칭의 중심으로 하는 점대칭도형입니다. 점대칭도형의 둘레는 몇 cm입니까?

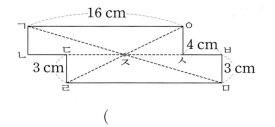

(   )

개념 6   **점대칭도형과 그 성질을 알아볼까요 (2)**

• 점대칭도형 그리기

  ① 대칭의 중심을 기준으로 각 점의 대응점을 찾아 표시합니다.

  ② 대응점을 차례로 이어 점대칭도형을 완성합니다.

교과서 유형

09 점대칭도형이 되도록 그림을 완성하시오.

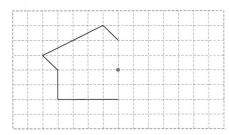

---

10 점대칭도형을 완성하고 어떤 도형이 되는지 다각형의 이름을 쓰시오.

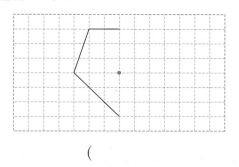

(   )

11 점 1개를 옮겨서 주어진 도형이 점 ㅇ을 대칭의 중심으로 하는 점대칭도형이 되도록 완성하시오.

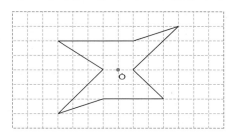

익힘책 유형

12 점 ㅇ을 대칭의 중심으로 하는 점대칭도형을 완성하였더니 도형의 둘레가 32 cm가 되었습니다. 변 ㄴㄷ은 몇 cm입니까?

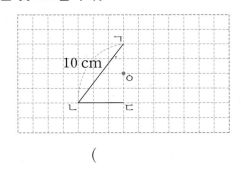

(   )

3

합동과 대칭

 해결의 창

• 점대칭인 한글 찾기

를 믐 응 퓨 근 늑

01 왼쪽 도형과 합동인 도형을 찾아 기호를 쓰시오.

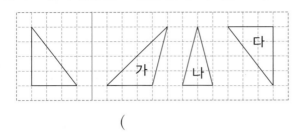

( )

02 □ 안에 알맞은 말을 써넣으시오.

서로 합동인 두 도형을 포개었을 때 완전히 겹
치는 점을 [   ], 완전히 겹치는 변을
[   ], 완전히 겹치는 각을 [   ]
이라고 합니다.

03 선대칭도형의 대칭축을 <u>잘못</u> 그린 것은 어느 것입
니까? ·······················( )

① ② ③
④ ⑤

04 두 도형은 서로 합동입니다. 대응변, 대응각이 각각
몇 쌍입니까?

대응변 ( )
대응각 ( )

05 오른쪽 도형은 정삼각형입니다.
이 도형의 대칭축은 모두 몇 개
입니까?

( )

06 주어진 도형과 서로 합동인 도형을 그려 보시오.

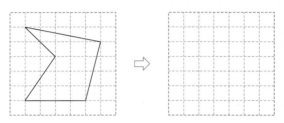

[07~08] 지선이가 주변에서 찾은 모양입니다.
모양을 보고 물음에 답하시오.

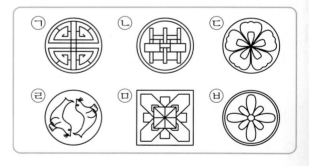

07 선대칭인 것을 모두 찾아 기호를 쓰시오.

( )

08 점대칭인 것을 모두 찾아 기호를 쓰시오.

( )

9 도형 가와 도형 나는 서로 합동이 아닙니다. 그 이유를 쓰시오.

이유 _____

_____

10 선대칭도형에 대한 설명으로 <u>잘못된</u> 것을 고르시오.
·················· (   )

① 대칭축은 항상 1개입니다.
② 각각의 대응변의 길이가 서로 같습니다.
③ 각각의 대응각의 크기가 서로 같습니다.
④ 대응점끼리 이은 선분은 대칭축과 수직으로 만납니다.
⑤ 각각의 대응점에서 대칭축까지의 거리가 서로 같습니다.

11 오른쪽 도형은 선분 ㄱㄹ을 대칭축으로 하는 선대칭도형입니다. 변 ㄴㄷ은 몇 cm입니까?

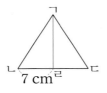

(   )

12 점 ㅈ을 대칭의 중심으로 하는 점대칭도형입니다. 선분 ㄴㅈ은 몇 cm입니까?

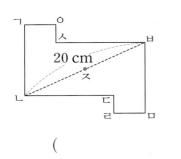

(   )

13 선대칭도형이 되도록 그림을 완성하시오.

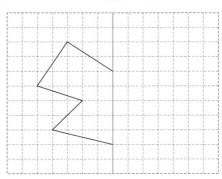

14 점대칭도형이 되도록 그림을 완성하시오.

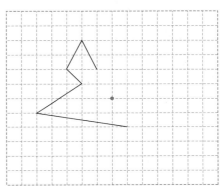

15 두 삼각형은 서로 합동입니다. 삼각형 ㄱㄴㄷ의 둘레가 24 cm일 때 변 ㄹㅁ은 몇 cm입니까?

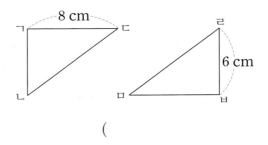

(   )

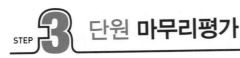
16 점 ㅇ을 대칭의 중심으로 하는 점대칭도형입니다. 각 ㄱㅂㄴ은 몇 도입니까?

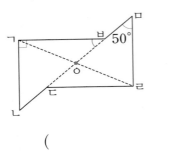

(   )

17 정사각형 ㄱㄴㄷㄹ은 선분 ㅁㅂ을 대칭축으로 하는 선대칭도형입니다. 정사각형 ㄱㄴㄷㄹ의 둘레는 몇 cm입니까?

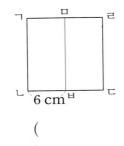

(   )

18 선대칭도형도 되고 점대칭도형도 되는 것을 모두 고르시오. .... (   )

① 정삼각형   ② 정사각형

③ 정오각형   ④ 정육각형

⑤ 정팔각형

19 ❶사다리꼴 ㄱㄴㄷㄹ은 선분 ㅁㅂ을 대칭축으로 하는 선대칭도형입니다./❷각 ㄹㄷㅂ은 몇 도입니까?

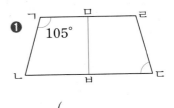

(   )

 ❶ 선대칭도형에서 각 ㅁㄱㄴ의 대응각을 알아봅니다.

❷ 각 ㄹㄷㅂ의 크기를 구합니다.

20 ❶점 ㅈ을 대칭의 중심으로 하는 점대칭도형의 둘레가 52 cm입니다./❷선분 ㅂㅅ은 몇 cm입니까?

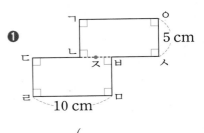

(   )

 ❶ 점대칭도형에서 각 변의 길이를 알아봅니다.

❷ 선분 ㅂㅅ의 길이를 구합니다.

1 다음은 똑같은 정사각형 5개를 변끼리 이어 붙여서 만든 도형입니다. 정사각형 5개 중 1개를 옮겨서 선대 칭도형도 되고 점대칭도형도 되는 도형으로 만들어 보시오.

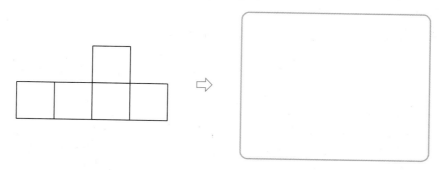

2 정민이는 다음과 같이 거울을 대칭축에 대어 보며 숨겨진 글자 찾기 놀이를 하고 있습니다. 숨겨진 글자가 무엇인지 써 보시오.

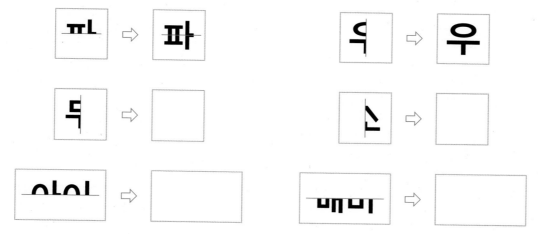

4 소수의 곱셈

제4화 어려운 이웃을 도와주는 착한 아저씨, 하지만 체력이…….

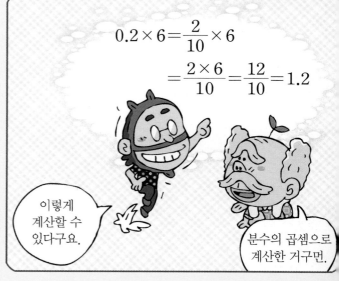

$$0.2 \times 6 = \frac{2}{10} \times 6$$
$$= \frac{2 \times 6}{10} = \frac{12}{10} = 1.2$$

이미 배운 내용

[4-2 소수의 덧셈과 뺄셈]
• 소수의 덧셈과 뺄셈
[5-2 분수의 곱셈]
• (분수)×(자연수), (자연수)×(분수)
• (분수)×(분수)

이번에 배울 내용

• (소수)×(자연수) 알아보기
• (자연수)×(소수) 알아보기
• (소수)×(소수) 알아보기
• 곱의 소수점 위치 알아보기

앞으로 배울 내용

[6-1 소수의 나눗셈]
• (소수)÷(자연수),
  (자연수)÷(자연수)
[6-2 소수의 나눗셈]
• (자연수)÷(소수), (소수)÷(소수)

상자 6개의 무게를 분수의 곱셈으로 계산해 보면 8.4 kg이구먼.

네, 맞아요.

$$1.4 \times 6 = \frac{14}{10} \times 6 = \frac{14 \times 6}{10} = \frac{84}{10} = 8.4$$

0.1의 개수로 계산하는 방법도 아시나요?

그럼~ 알고 있지.

0.1이 모두 84개이므로 8.4가 되지.

$$1.4 \times 6 = 0.1 \times 14 \times 6$$
$$= 0.1 \times 84$$
$$= 8.4$$

덕분에 수고를 덜었소.

제가 원래 힘이 좀 셉니다.

이런 역기도 번쩍 들 수 있어요. 이얍!!

에구구!

우두둑!!

!!!

고마워서 이것을 선물로 주겠소.

인삼 인가요?

천 년 묵은 산삼이라오.

네? 산삼이요?

이 산삼을 어떻게 하지?

천 년이나 된 산삼이라면 엄청 귀할 텐데……

받을 수 없어요.

엇? 할아버지가 사라지셨네.

휭~!!

개념 1 (소수)×(자연수)를 알아볼까요(1)

개념 동영상

- 0.3×5 계산하기

방법 1 덧셈식으로 계산하기

┌ 5번 더합니다.
$0.3+0.3+0.3+0.3+0.3=1.5$
⇨ $0.3×5=1.5$

0.3×5

0.3을 5번 더한 것과 같아!

방법 2 분수의 곱셈으로 계산하기

$0.3×5=\dfrac{3}{10}×5=\dfrac{3×5}{10}=\dfrac{15}{10}=1.5$

소수를 분수로 나타내기   분수를 소수로 나타내기

방법 3 0.1의 개수로 계산하기

0.1 0.1 0.1   0.1 0.1 0.1   0.1 0.1 0.1

0.1 0.1 0.1   0.1 0.1 0.1

$0.3×5=0.1×3×5=0.1×15$
0.1이 모두 15개이므로 $0.3×5=1.5$입니다.

개념 체크

❶ 0.2×3은 0.2를 ☐번 더한 것과 같습니다.
$0.2×3$
$=0.2+0.2+$☐
$=$☐

❷ $0.2=\dfrac{☐}{10}$이므로

$0.2×3=\dfrac{☐}{10}×3$

$=\dfrac{☐×3}{10}$

$=\dfrac{☐}{10}=$☐

$0.4×6=\dfrac{4}{10}×6$

$=\dfrac{4×6}{10}=\dfrac{24}{10}$

$=2.4$

개념 체크 정답 ❶ 3, 0.2, 0.6 ❷ 2, 2, 2, 6, 0.6

1-1 수직선을 보고 □ 안에 알맞은 수를 써넣으시오.

0.4씩 4번이면 □ 입니다.

⇨ $0.4+0.4+0.4+0.4=$ □

⇨ $0.4×$ □ $=$ □

힌트 (■씩 ▲번)=■+■+……+■=■×▲
　　　　　　　　　　　└─── ▲번 ───┘

1-2 수 막대를 보고 □ 안에 알맞은 수를 써넣으시오.

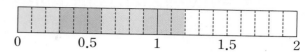

0.3씩 4번이면 □ 입니다.

⇨ $0.3+0.3+0.3+0.3=$ □

⇨ $0.3×$ □ $=$ □

교과서 유형

2-1 분수의 곱셈으로 계산하려고 합니다. □ 안에 알맞은 수를 써넣으시오.

(1) $0.8×2=\dfrac{□}{10}×2=\dfrac{□×2}{10}$

$=\dfrac{□}{10}=$ □
　　　　　└─ 소수로 나타냅니다.

(2) $0.57×4=\dfrac{□}{100}×4=\dfrac{□×4}{100}$

$=\dfrac{□}{100}=$ □

힌트 소수 한 자리 수는 분모가 10인 분수로, 소수 두 자리 수는 분모가 100인 분수로 나타내어 계산한 다음 계산 결과를 소수로 나타냅니다.

2-2 분수의 곱셈으로 계산하려고 합니다. □ 안에 알맞은 수를 써넣으시오.

(1) $0.5×3=\dfrac{□}{10}×3=\dfrac{□×3}{10}$

$=\dfrac{□}{10}=$ □
　　　　　└─ 소수로 나타냅니다.

(2) $0.83×6=\dfrac{□}{100}×6=\dfrac{□×6}{100}$

$=\dfrac{□}{100}=$ □

3-1 0.1의 개수로 계산하려고 합니다. □ 안에 알맞은 수를 써넣으시오.

$0.3×7=0.1×$ □ $×7$

$=0.1×$ □

0.1이 모두 □ 개이므로

$0.3×7=$ □ 입니다.

힌트 $0.●×■=0.1×●×■$

3-2 0.1의 개수로 계산하려고 합니다. □ 안에 알맞은 수를 써넣으시오.

$0.4×8=0.1×$ □ $×$ □

$=0.1×$ □

0.1이 모두 □ 개이므로

$0.4×8=$ □ 입니다.

소수의 곱셈

개념 ② (소수)×(자연수)를 알아볼까요(2)

개념 동영상

• 1.6×3 계산하기

방법 1 덧셈식으로 계산하기

$1.6+1.6+1.6=4.8$

$\Rightarrow 1.6\times3=4.8$

방법 2 분수의 곱셈으로 계산하기

$1.6\times3=\dfrac{16}{10}\times3=\dfrac{16\times3}{10}=\dfrac{48}{10}=4.8$

소수를 분수로 나타내기　　　분수를 소수로 나타내기

방법 3 0.1의 개수로 계산하기

$1.6\times3=0.1\times16\times3=0.1\times48$

0.1이 모두 48개이므로 $1.6\times3=4.8$입니다.

방법 4 $1.6=1+0.6$을 이용하여 계산하기

$1.6\times3=(1+0.6)\times3$
$\qquad\quad=(1\times3)+(0.6\times3)$
$\qquad\quad=3+1.8=4.8$

우리는 같은 수야.

$1.6 = \dfrac{16}{10}$

개념 체크

❶ 3.2×4는 3.2를 ☐번 더한 것과 같습니다.

3.2×4

$=3.2+3.2+3.2+$☐

$=$☐

❷ $3.2=\dfrac{☐}{10}$이므로

$3.2\times4=\dfrac{☐}{10}\times4$

$\qquad\quad=\dfrac{☐\times4}{10}$

$\qquad\quad=\dfrac{☐}{10}$

$\qquad\quad=$☐

방법 1 덧셈식으로 계산하기

$2.8+2.8+2.8+2.8=11.2$

$\Rightarrow 2.8\times4=11.2$

방법 2 분수의 곱셈으로 계산하기

$2.8\times4=\dfrac{28}{10}\times4=\dfrac{28\times4}{10}$

$\qquad\quad=\dfrac{112}{10}=11.2$

1-1 수직선을 보고 □ 안에 알맞은 수를 써넣으시오.

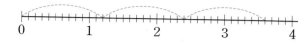

1.2씩 3번이면 □ 입니다.

⇨ 1.2+1.2+1.2= □

⇨ 1.2× □ = □

1-2 수 막대를 보고 □ 안에 알맞은 수를 써넣으시오.

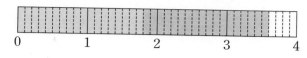

1.8씩 2번이면 □ 입니다.

⇨ 1.8+1.8= □

⇨ 1.8× □ = □

4 소수의 곱셈

2-1 분수의 곱셈으로 계산하려고 합니다. □ 안에 알맞은 수를 써넣으시오.

(1) $4.5 \times 3 = \dfrac{\boxed{}}{10} \times 3 = \dfrac{\boxed{} \times 3}{10}$

$= \dfrac{\boxed{}}{10} = \boxed{}$ └─ 소수로 나타냅니다.

(2) $3.71 \times 4 = \dfrac{\boxed{}}{100} \times 4 = \dfrac{\boxed{} \times 4}{100}$

$= \dfrac{\boxed{}}{100} = \boxed{}$

힌트 소수 한 자리 수는 분모가 10인 분수로, 소수 두 자리 수는 분모가 100인 분수로 나타내어 계산한 다음 계산 결과를 소수로 나타냅니다.

2-2 분수의 곱셈으로 계산하려고 합니다. □ 안에 알맞은 수를 써넣으시오.

(1) $1.7 \times 5 = \dfrac{\boxed{}}{10} \times 5 = \dfrac{\boxed{} \times 5}{10}$

$= \dfrac{\boxed{}}{10} = \boxed{}$ └─ 소수로 나타냅니다.

(2) $5.98 \times 6 = \dfrac{\boxed{}}{100} \times 6 = \dfrac{\boxed{} \times 6}{100}$

$= \dfrac{\boxed{}}{100} = \boxed{}$

3-1 0.1의 개수로 계산하려고 합니다. □ 안에 알맞은 수를 써넣으시오.

$2.4 \times 6 = 0.1 \times \boxed{} \times 6$

$= 0.1 \times \boxed{}$

0.1이 모두 □ 개이므로

$2.4 \times 6 = \boxed{}$ 입니다.

힌트 ●.▲ × ■ = 0.1 × ●▲ × ■

3-2 0.1의 개수로 계산하려고 합니다. □ 안에 알맞은 수를 써넣으시오.

$2.7 \times 8 = 0.1 \times \boxed{} \times 8$

$= 0.1 \times \boxed{}$

0.1이 모두 □ 개이므로

$2.7 \times 8 = \boxed{}$ 입니다.

개념 1 (소수) × (자연수)를 알아볼까요 (1)

예 0.3×3 계산하기

방법 1 덧셈으로 계산하기

$$0.3 \times 3 = 0.3 + 0.3 + 0.3 = 0.9$$

방법 2 분수의 곱셈으로 계산하기

$$0.3 \times 3 = \frac{3}{10} \times 3 = \frac{3 \times 3}{10} = \frac{9}{10} = 0.9$$

방법 3 0.1의 개수로 계산하기

$$0.3 \times 3 = 0.1 \times 3 \times 3 = 0.1 \times 9$$

0.1이 모두 9개이므로 $0.3 \times 3 = 0.9$입니다.

01 수직선을 보고 □ 안에 알맞은 수를 써넣으시오.

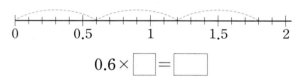

$$0.6 \times \boxed{} = \boxed{}$$

02 0.01의 개수로 계산하려고 합니다. □ 안에 알맞은 수를 써넣으시오.

$$0.57 \times 9 = 0.01 \times \boxed{} \times \boxed{}$$
$$= 0.01 \times \boxed{}$$

0.01이 모두 $\boxed{}$ 개이므로

$$0.57 \times 9 = \boxed{}$$ 입니다.

03 계산을 하시오.

(1) 0.6×8

(2) 0.74×6

04 다음 중 잘못 계산한 것을 찾아 기호를 쓰시오.

$$㉠\ 0.2 \times 3 = \frac{2}{10} \times 3 = \frac{23}{10} = 2.3$$

$$㉡\ 0.81 \times 7 = \frac{81}{100} \times 7 = \frac{567}{100} = 5.67$$

( )

05 계산 결과가 다른 식은 어느 것입니까? ( )

① $0.9 + 0.9 + 0.9$ ② 0.9×3

③ 0.3×9 ④ $\frac{9}{10} \times 3$

⑤ 0.2×8

익힘책 유형

06 계산 결과를 잘못 말한 친구를 찾아 이름을 쓰고 잘못 말한 부분을 바르게 고쳐 보시오.

 민영
0.52×6
0.5와 6의 곱으로 어림할 수 있어서 결과는 3 정도가 돼.

 준혁
0.72×3
72와 3의 곱은 약 200이니까 0.72와 3의 곱은 20 정도가 돼.

( )

바르게 고치기

_____

07 현아는 우유를 매일 0.5 L씩 마십니다. 현아가 일주일 동안 마시는 우유는 모두 몇 L입니까?

( )

개념 2 (소수)×(자연수)를 알아볼까요⑵

예 1.4×2 계산하기

방법 1 덧셈으로 계산하기

$1.4 \times 2 = 1.4 + 1.4 = 2.8$

방법 2 분수의 곱셈으로 계산하기

$1.4 \times 2 = \dfrac{14}{10} \times 2 = \dfrac{14 \times 2}{10} = \dfrac{28}{10} = 2.8$

방법 3 0.1의 개수로 계산하기

$1.4 \times 2 = 0.1 \times 14 \times 2 = 0.1 \times 28$

0.1이 모두 28개이므로 $1.4 \times 2 = 2.8$ 입니다.

`교과서 유형`

08 계산을 하시오.

⑴ 1.4×6

⑵ 9.01×8

09 `보기` 와 같이 계산하시오.

> **보기**
> $2.41 \times 3 = (2 + 0.41) \times 3$
> $\qquad\qquad = (2 \times 3) + (0.41 \times 3)$
> $\qquad\qquad = 6 + 1.23 = 7.23$

1.79×5

10 빈칸에 알맞은 수를 써넣으시오.

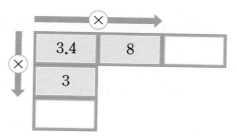

`익힘책 유형`

11 가장 큰 수와 가장 작은 수의 곱을 구하시오.

| 2 | 4.69 | 3.5 |

(   )

12 길이가 1.2 m인 색 테이프가 6개 있습니다. 이 색 테이프를 겹치지 않게 길게 이어 붙였다면 전체 길이는 몇 m입니까?

(   )

13 곱이 큰 것부터 차례로 기호를 쓰시오.

| ㉠ 2.7×6 | ㉡ 5.3×7 | ㉢ 8.9×3 |

(   )

 해결의 창

(1보다 큰 소수)×(자연수)의 계산에서 1보다 큰 소수를 자연수와 소수 부분으로 나누어 계산할 때 곱하는 수를 자연수와 소수 부분에 모두 곱해야 하는 것에 주의합니다.

`잘못된 계산` $3.4 \times 8 = (3 + 0.4) \times 8$
$\qquad\qquad = 3 + 0.4 \times 8$
$\qquad\qquad = 3 + 3.2 = 6.2$

`바른 계산` $3.4 \times 8 = (3 + 0.4) \times 8$
$\qquad\qquad = (3 \times 8) + (0.4 \times 8)$
$\qquad\qquad = 24 + 3.2 = 27.2$

4 소수의 곱셈

개념 3 (자연수) × (소수)를 알아볼까요 (1)

• 2 × 0.8 계산하기

방법 1 그림으로 계산하기

2를 10등분 한 다음 8칸을 색칠합니다.

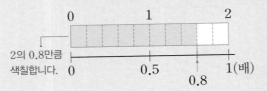

2의 0.8만큼 색칠합니다.

8칸의 크기는 2의 0.8이므로

2의 $\frac{8}{10}$입니다.

2의 0.8 ⇨ 2의 $\frac{8}{10}$ ⇨ $\frac{16}{10}$ ⇨ 1.6

방법 2 분수의 곱셈으로 계산하기

$2 \times 0.8 = 2 \times \frac{8}{10} = \frac{2 \times 8}{10}$

$= \frac{16}{10} = 1.6$

방법 3 자연수의 곱셈으로 계산하기

$2 \times 8 = 16$

$\frac{1}{10}$배 $\frac{1}{10}$배

$2 \times 0.8 = 1.6$

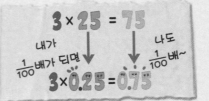

$2 \times 8 = 16$

내가 $\frac{1}{10}$배가 되면

나도 $\frac{1}{10}$배~

$2 \times 0.8 = 1.6$

$3 \times 25 = 75$

내가 $\frac{1}{100}$배가 되면

나도 $\frac{1}{100}$배~

$3 \times 0.25 = 0.75$

개념 체크

❶ 곱하는 수가 $\frac{1}{10}$배가 되면 계산 결과도 (10 , $\frac{1}{10}$)배가 됩니다.

❷ 곱하는 수가 $\frac{1}{100}$배가 되면 계산 결과도 (10 , $\frac{1}{100}$)배가 됩니다.

3×0.5를 계산하면 게임기를 주마.

3×0.5

음······.

설마 너······.

모르니까 그러는 거지?

게임하는 게 싫어서 맞힐지 말지 고민하고 있는 거야!

분수의 곱셈으로 계산해 보면 1.5란다.

$3 \times 0.5 = 3 \times \frac{5}{10}$

$= \frac{3 \times 5}{10}$

$= \frac{15}{10} = 1.5$

지금 말하려던 참이었는데 ······.

아~ 미안하다.

개념 체크 정답 ❶ $\frac{1}{10}$에 ○표 ❷ $\frac{1}{100}$에 ○표

교과서 유형

1-1 3의 0.4만큼을 구하려고 합니다. □ 안에 알맞은 수를 써넣으시오.

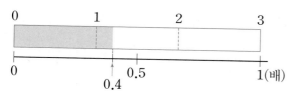

3의 0.4는 3의 $\dfrac{\square}{10}$이므로 $\dfrac{\square}{10}$가 되어

소수로 나타내면 □입니다.

(힌트) 3의 0.4는 3을 10등분 한 것 중의 4만큼입니다.

1-2 4의 0.7만큼을 구하려고 합니다. □ 안에 알맞은 수를 써넣으시오.

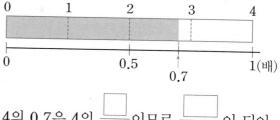

4의 0.7은 4의 $\dfrac{\square}{10}$이므로 $\dfrac{\square}{10}$이 되어

소수로 나타내면 □입니다.

4
소수의 곱셈

2-1 분수의 곱셈으로 계산하려고 합니다. □ 안에 알맞은 수를 써넣으시오.

(1) $3 \times 0.9 = 3 \times \dfrac{\square}{10} = \dfrac{3 \times \square}{10}$

$\qquad = \dfrac{\square}{10} = \square$

(2) $7 \times 0.28 = 7 \times \dfrac{\square}{100} = \dfrac{7 \times \square}{100}$

$\qquad = \dfrac{\square}{100} = \square$

(힌트) 소수 한 자리 수는 분모가 10인 분수로, 소수 두 자리 수는 분모가 100인 분수로 고쳐서 계산한 다음 계산 결과를 소수로 나타냅니다.

2-2 분수의 곱셈으로 계산하려고 합니다. □ 안에 알맞은 수를 써넣으시오.

(1) $6 \times 0.4 = 6 \times \dfrac{\square}{10} = \dfrac{6 \times \square}{10}$

$\qquad = \dfrac{\square}{10} = \square$

(2) $12 \times 0.86 = 12 \times \dfrac{\square}{100} = \dfrac{12 \times \square}{100}$

$\qquad = \dfrac{\square}{100} = \square$

교과서 유형

3-1 자연수의 곱셈으로 계산하려고 합니다. □ 안에 알맞은 수를 써넣으시오.

$8 \times 4 = 32$

$\dfrac{1}{10}$배 $\qquad$ $\dfrac{1}{10}$배

$8 \times 0.4 = \square$

(힌트) 곱하는 수가 ●배가 되면 계산 결과도 ●배가 됩니다.

3-2 자연수의 곱셈으로 계산하려고 합니다. □ 안에 알맞은 수를 써넣으시오.

$5 \times 19 = 95$

$\dfrac{1}{100}$배 $\qquad$ $\dfrac{1}{100}$배

$5 \times 0.19 = \square$

개념 4 (자연수) × (소수)를 알아볼까요 (2)

• 5 × 1.5 계산하기

방법 1 그림으로 계산하기

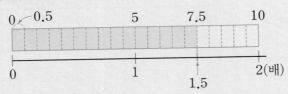

5의 1배는 5이고, 5의 0.5배는 2.5이므로 5의 1.5배는 7.5입니다.

방법 2 분수의 곱셈으로 계산하기

$$5 \times 1.5 = 5 \times \frac{15}{10} = \frac{5 \times 15}{10}$$

$$= \frac{75}{10} = 7.5$$

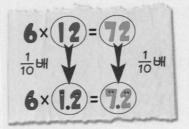

방법 3 자연수의 곱셈으로 계산하기

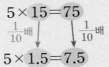

개념 체크

❶ $1.4 = \dfrac{\boxed{}}{10}$ 이므로

$7 \times 1.4 = 7 \times \dfrac{\boxed{}}{10}$

$= \dfrac{\boxed{}}{10}$

$= \boxed{}$

❷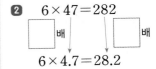

개념 체크 정답 ❶ 14, 14, 98, 9.8 ❷ $\dfrac{1}{10}$, $\dfrac{1}{10}$

교과서 **유형**

1-1 그림을 보고 □ 안에 알맞은 수를 써넣으시오.

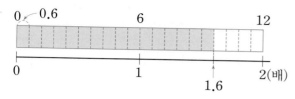

6의 1배는 6이고, 6의 0.6배는 □이므로

6의 1.6배는 6+□=□입니다.

(힌트) ■×●.▲는 ■×●와 ■×0.▲의 합으로 구할 수 있습니다.

1-2 그림을 보고 □ 안에 알맞은 수를 써넣으시오.

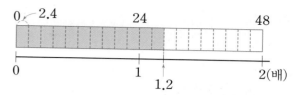

24의 1배는 24이고, 24의 0.2배는 □이므로 24의 1.2배는 24+□=□입니다.

4

2-1 분수의 곱셈으로 계산하려고 합니다. □ 안에 알맞은 수를 써넣으시오.

(1) $4 \times 1.7 = 4 \times \dfrac{\boxed{}}{10} = \dfrac{4 \times \boxed{}}{10}$

$= \dfrac{\boxed{}}{10} = \boxed{}$

(2) $7 \times 3.61 = 7 \times \dfrac{\boxed{}}{100} = \dfrac{7 \times \boxed{}}{100}$

$= \dfrac{\boxed{}}{100} = \boxed{}$

(힌트) 소수 한 자리 수는 분모가 10인 분수로, 소수 두 자리 수는 분모가 100인 분수로 나타내어 계산합니다.

2-2 분수의 곱셈으로 계산하려고 합니다. □ 안에 알맞은 수를 써넣으시오.

(1) $3 \times 2.4 = 3 \times \dfrac{\boxed{}}{10} = \dfrac{3 \times \boxed{}}{10}$

$= \dfrac{\boxed{}}{10} = \boxed{}$

(2) $9 \times 5.46 = 9 \times \dfrac{\boxed{}}{100} = \dfrac{9 \times \boxed{}}{100}$

$= \dfrac{\boxed{}}{100} = \boxed{}$

3-1 자연수의 곱셈으로 계산하려고 합니다. □ 안에 알맞은 수를 써넣으시오.

$2 \times 126 = 252$

$\overset{\frac{1}{10}배}{\searrow} \qquad \overset{\frac{1}{10}배}{\searrow}$

$2 \times 12.6 = \boxed{}$

(힌트) 곱하는 수가 $\frac{1}{10}$배가 되면 계산 결과도 $\frac{1}{10}$배가 됩니다.

3-2 자연수의 곱셈으로 계산하려고 합니다. □ 안에 알맞은 수를 써넣으시오.

$15 \times 217 = 3255$

$\overset{\frac{1}{100}배}{\searrow} \qquad \overset{\frac{1}{100}배}{\searrow}$

$15 \times 2.17 = \boxed{}$

STEP **2** 개념 확인하기

개념 3 (자연수)×(소수)를 알아볼까요(1)

예 4×0.3 계산하기

방법 1 분수의 곱셈으로 계산하기

$$4 \times 0.3 = 4 \times \frac{3}{10} = \frac{4 \times 3}{10} = \frac{12}{10} = 1.2$$

방법 2 자연수의 곱셈으로 계산하기

$$4 \times 3 = 12$$
$\frac{1}{10}$배 ↓　　↓ $\frac{1}{10}$배
$$4 \times 0.3 = 1.2$$

01 보기 와 같이 계산하시오.

보기
$$19 \times 0.3 = 19 \times \frac{3}{10} = \frac{57}{10} = 5.7$$

24×0.4

교과서 유형

02 36×0.2를 보기 와 같이 계산하시오.

보기
$$2 \times 7 = 14$$
$\frac{1}{10}$배 ↓　　↓ $\frac{1}{10}$배
$$2 \times 0.7 = 1.4$$

익힘책 유형

03 계산을 하시오.

(1) 8×0.6

(2) 5×0.17

04 계산 결과를 찾아 선으로 이으시오.

11×0.4 ・ 　　・ 7.2

35×0.7 ・ 　　・ 24.5

9×0.8 ・ 　　・ 4.4

05 빈 곳에 두 수의 곱을 써넣으시오.

9	0.15

교과서 유형

06 다음 식에서 잘못 계산한 곳을 찾아 바르게 계산하시오.

$$40 \times 0.9 = 40 \times \frac{9}{10} = \frac{40 \times 9}{10} = \frac{360}{10} = 3.6$$

40×0.9

07 (가) 비커의 물의 높이는 8 cm이고, (나) 비커의 물의 높이는 (가) 비커의 0.85배입니다. (나) 비커의 물의 높이는 몇 cm입니까?

(　　　　　)

개념 4 (자연수)×(소수)를 알아볼까요(2)

예 2×1.4 계산하기

방법 1 분수의 곱셈으로 계산하기

$$2 \times 1.4 = 2 \times \frac{14}{10} = \frac{2 \times 14}{10} = \frac{28}{10} = 2.8$$

방법 2 자연수의 곱셈으로 계산하기

$$2 \times 14 = 28$$
$$\frac{1}{10}배 \downarrow \qquad \downarrow \frac{1}{10}배$$
$$2 \times 1.4 = 2.8$$

익힘책 유형

08 계산을 하시오.

(1) 7×3.2

(2) 9×1.63

09 계산이 <u>틀린</u> 것을 찾아 기호를 쓰시오.

㉠ $24 \times 2.4 = 24 \times \frac{24}{10} = \frac{576}{10} = 57.6$

㉡ $8 \times 1.56 = 8 \times \frac{156}{10} = \frac{1248}{10} = 124.8$

(   )

10 빈 곳에 알맞은 수를 써넣으시오.

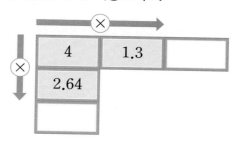

11 인하가 과자를 만들기 위해 소금을 5 mL짜리 계량 스푼으로 세 수저 반을 사용하였습니다. 인하가 사용한 소금은 모두 몇 mL인지 식을 쓰고 답을 구해 보세요.

식 _____

답 _____

12 직사각형의 넓이는 몇 cm²입니까?

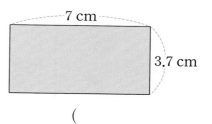

(   )

• 4×1.72의 계산

자연수의 곱셈을 세로로 계산한 다음 소수의 계산 결과를 알아봅니다.

$$4 \times 1.72 \quad \Rightarrow \quad \begin{array}{r} \overset{2}{4} \\ \times\ 1\ 7\ 2 \\ \hline 6\ 8\ 8 \end{array} \quad \Rightarrow \quad \begin{array}{c} 4 \times 172 = 688 \\ \frac{1}{100}배 \downarrow \qquad \downarrow \frac{1}{100}배 \\ 4 \times 1.72 = 6.88 \end{array}$$

4

소수의 곱셈

STEP 1 개념 파헤치기

개념 5 (소수)×(소수)를 알아볼까요(1)

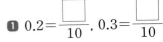

• 0.7×0.3 계산하기

방법 1 그림으로 계산하기

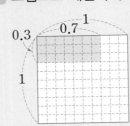

모눈종이의 가로를 0.7만큼 색칠하고, 세로를 0.3 만큼 색칠하면 21칸이 색칠됩니다.
한 칸의 넓이가 0.01이므로 색칠한 모눈의 넓이 는 0.21입니다.
⇨ 0.7×0.3=0.21

방법 2 분수의 곱셈으로 계산하기

$$0.7 \times 0.3 = \frac{7}{10} \times \frac{3}{10}$$
$$= \frac{21}{100} = 0.21$$

방법 3 자연수의 곱셈으로 계산하기

$$7 \times 3 = 21$$

$\frac{1}{10}$배 $\frac{1}{10}$배 $\frac{1}{100}$배

$$0.7 \times 0.3 = 0.21$$

방법 4 소수의 크기를 생각하여 계산하기

자연수의 곱셈 결과에 소수의 크기를 생각하여 소수점을 찍습니다.
7×3=21인데 0.7에 0.3을 곱하면 0.7보다 작은 값이 나와야 하므로 계산 결과는 0.21입니다.

개념 체크

❶ $0.2 = \dfrac{\square}{10}$, $0.3 = \dfrac{\square}{10}$

⇨ 0.2×0.3
$= \dfrac{\square}{10} \times \dfrac{\square}{10}$
$= \dfrac{\square}{100} = \square$

❷ 0.2는 2의 $\dfrac{1}{\square}$ 배이고,

0.3은 3의 $\dfrac{1}{\square}$ 배입니다. 따라서 0.2×0.3은

2×3의 $\dfrac{1}{\square}$ 배가 됩니다.

6×8=48

$\frac{1}{10}$배 $\frac{1}{10}$배 $\frac{1}{100}$배

0.6×0.8=0.48

개념 체크 정답 ❶ 2, 3, 2, 3, 6, 0.06 ❷ 10, 10, 100

· 정답은 26쪽

4 소수의 곱셈

교과서 **유형**

1-1 0.8×0.7을 계산하려고 합니다. 모눈종이의 가로를 0.8만큼 색칠하고, 세로를 0.7만큼 색칠한 후 □ 안에 알맞은 수를 써넣으시오.

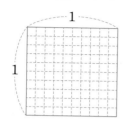

색칠한 모눈은 [　] 칸이고 한 칸의 넓이가 0.01이므로 색칠한 모눈의 넓이는 [　] 입니다. ➡ 0.8×0.7= [　]

(힌트) 0.01이 ■▲개인 수는 0.■▲입니다.

1-2 0.5×0.9를 계산하려고 합니다. 모눈종이의 가로를 0.5만큼 색칠하고, 세로를 0.9만큼 색칠한 후 □ 안에 알맞은 수를 써넣으시오.

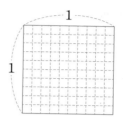

색칠한 모눈은 [　] 칸이고 한 칸의 넓이가 0.01이므로 색칠한 모눈의 넓이는 [　] 입니다. ➡ 0.5×0.9= [　]

2-1 분수의 곱셈으로 계산하려고 합니다. □ 안에 알맞은 수를 써넣으시오.

(1) $0.3 \times 0.9 = \dfrac{\square}{10} \times \dfrac{\square}{10} = \dfrac{\square}{\square}$

$= \square$

(2) $0.5 \times 0.97 = \dfrac{\square}{10} \times \dfrac{\square}{100} = \dfrac{\square}{\square}$

$= \square$

(힌트) 소수를 분수로 나타내어 계산한 다음 계산 결과를 소수로 나타냅니다.

2-2 분수의 곱셈으로 계산하려고 합니다. □ 안에 알맞은 수를 써넣으시오.

(1) $0.3 \times 0.4 = \dfrac{\square}{10} \times \dfrac{\square}{10} = \dfrac{\square}{\square}$

$= \square$

(2) $0.4 \times 0.83 = \dfrac{\square}{10} \times \dfrac{\square}{100} = \dfrac{\square}{\square}$

$= \square$

교과서 **유형**

3-1 자연수의 곱셈으로 계산하려고 합니다. □ 안에 알맞은 수를 써넣으시오.

$$23 \times 8 = 184$$

$\dfrac{1}{100}$배　$\dfrac{1}{10}$배　$\dfrac{1}{1000}$배

$$0.23 \times 0.8 = \boxed{}$$

(힌트) 곱해지는 수가 $\dfrac{1}{100}$배, 곱하는 수가 $\dfrac{1}{10}$배가 되면 계산 결과는 $\dfrac{1}{100} \times \dfrac{1}{10} = \dfrac{1}{1000}$(배)가 됩니다.

3-2 자연수의 곱셈으로 계산하려고 합니다. □ 안에 알맞은 수를 써넣으시오.

$$7 \times 54 = 378$$

$\dfrac{1}{10}$배　$\dfrac{1}{100}$배　$\dfrac{1}{1000}$배

$$0.7 \times 0.54 = \boxed{}$$

STEP 1 개념 파헤치기

개념 동영상

개념 6 (소수)×(소수)를 알아볼까요(2)

• 1.5×1.3 계산하기

방법 1 분수의 곱셈으로 계산하기

$$1.5 \times 1.3 = \frac{15}{10} \times \frac{13}{10}$$

$$= \frac{195}{100} = 1.95$$

방법 2 자연수의 곱셈으로 계산하기

$$15 \times 13 = 195$$

$\frac{1}{10}$배 ↓ $\frac{1}{10}$배 ↓ $\frac{1}{100}$배 ↓

$$1.5 \times 1.3 = 1.95$$

방법 3 소수의 크기를 생각하여 계산하기

$$1.5 \times 1.3 = 1.95$$

15×13=195인데 1.5에 1.3을 곱하면 1.5보다 조금 더 큰 값이 나와야 해!

계산 결과가 1.5보다 조금 더 커야 하므로 1.95야.

방법 4 세로로 계산하기

자연수처럼 생각하고 계산하기

```
      1.5
  ×   1.3
  -------
      4 5
    1 5
  -------
    1 9 5
```
⇨
```
      1.5
  ×   1.3
  -------
      4 5
    1 5
  -------
    1.9 5
```
──소수의 크기를 생각하여 소수점 찍기

개념 체크

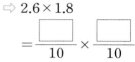

❶ $2.6 = \dfrac{\boxed{}}{10}$,

$1.8 = \dfrac{\boxed{}}{10}$

⇨ 2.6×1.8

$= \dfrac{\boxed{}}{10} \times \dfrac{\boxed{}}{10}$

$= \dfrac{\boxed{}}{100}$

$= \boxed{}$

❷ 곱해지는 수가 $\dfrac{1}{10}$배, 곱하는 수가 $\dfrac{1}{10}$배가 되면 계산 결과는 $\left(\dfrac{1}{10}, \dfrac{1}{100} \right)$배가 됩니다.

개념 체크 정답 ❶ 26, 18, 26, 18, 468, 4.68 ❷ $\frac{1}{100}$에 ○표

· 정답은 26쪽

교과서 **유형**

1-1 분수의 곱셈으로 계산하려고 합니다. □ 안에 알맞은 수를 써넣으시오.

$$1.2 \times 1.93 = \frac{\boxed{}}{10} \times \frac{\boxed{}}{100}$$

$$= \frac{\boxed{}}{1000} = \boxed{}$$
→ 소수로 나타냅니다.

(힌트) 소수를 분수로 나타내어 계산한 다음 계산 결과를 소수로 나타냅니다.

1-2 분수의 곱셈으로 계산하려고 합니다. □ 안에 알맞은 수를 써넣으시오.

$$2.4 \times 1.3 = \frac{\boxed{}}{10} \times \frac{\boxed{}}{10}$$

$$= \frac{\boxed{}}{100} = \boxed{}$$
→ 소수로 나타냅니다.

4

소수의 곱셈

2-1 자연수의 곱셈으로 계산하려고 합니다. □ 안에 알맞은 수를 써넣으시오.

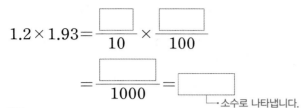

$$43 \times 12 = 516$$

$\frac{1}{10}$배 $\frac{1}{10}$배 $\frac{1}{100}$배

$$4.3 \times 1.2 = \boxed{}$$

(힌트) 곱해지는 수가 $\frac{1}{10}$배, 곱하는 수가 $\frac{1}{10}$배가 되면 계산 결과는 $\frac{1}{10} \times \frac{1}{10} = \frac{1}{100}$(배)가 됩니다.

2-2 자연수의 곱셈으로 계산하려고 합니다. □ 안에 알맞은 수를 써넣으시오.

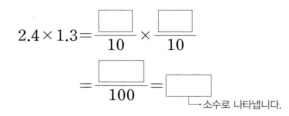

$$54 \times 36 = 1944$$

$\frac{1}{10}$배 $\frac{1}{10}$배 $\frac{1}{100}$배

$$5.4 \times 3.6 = \boxed{}$$

3-1 계산을 하시오.

(1)
$$\begin{array}{r} 1.4 \\ \times\ 3.8 \\ \hline \end{array}$$

(2)
$$\begin{array}{r} 8.0\,2 \\ \times\ \ 2.7 \\ \hline \end{array}$$

(힌트) 자연수처럼 생각하고 계산한 다음 소수의 크기를 생각하여 소수점을 찍습니다.

3-2 계산을 하시오.

(1)
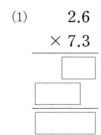
$$\begin{array}{r} 2.6 \\ \times\ 7.3 \\ \hline \end{array}$$

(2)
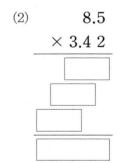
$$\begin{array}{r} 8.5 \\ \times\ 3.4\,2 \\ \hline \end{array}$$

개념 동영상

개념 7 곱의 소수점 위치는 어떻게 달라질까요

- 자연수와 소수의 곱셈에서 곱의 소수점 위치

곱하는 수의 0이 하나씩 늘어날 때마다 곱의 소수점을 오른쪽으로 한 칸씩 옮깁니다.

$4.26 \times 1 = 4.26$

$4.26 \times 10 \Rightarrow 4.26 \Rightarrow 42.6$
0이 1개 ┘ 　오른쪽으로 1칸

$4.26 \times 100 \Rightarrow 4.26 \Rightarrow 426$
0이 2개 ┘ 　오른쪽으로 2칸

$4.26 \times 1000 \Rightarrow 4.26 \Rightarrow 4260$
0이 3개 ┘ 　오른쪽으로 3칸

곱하는 소수의 소수점 아래 자리 수가 하나씩 늘어날 때마다 곱의 소수점을 왼쪽으로 한 칸씩 옮깁니다.

$4260 \times 1 = 4260$

$4260 \times 0.1 \Rightarrow 4260 \Rightarrow 426$
소수 한 자리 수 ┘ 　왼쪽으로 1칸

$4260 \times 0.01 \Rightarrow 4260 \Rightarrow 42.6$
소수 두 자리 수 ┘ 　왼쪽으로 2칸

$4260 \times 0.001 \Rightarrow 4260 \Rightarrow 4.26$
소수 세 자리 수 ┘ 　왼쪽으로 3칸

- 소수끼리의 곱셈에서 곱의 소수점 위치

> 자연수끼리 계산한 결과에 곱하는 두 수의 소수점 아래 자리 수를 더한 것만큼 소수점을 왼쪽으로 옮깁니다.

$0.9 \times 0.3 \Rightarrow 0.27$
소수　　소수　　소수
한 자리 수 한 자리 수 두 자리 수

$0.9 \times 0.03 \Rightarrow 0.027$
소수　　소수　　소수
한 자리 수 두 자리 수 세 자리 수

개념 체크

❶ 소수에 10, 100, 1000을 곱하면 곱의 소수점이 (왼쪽 , 오른쪽)으로 옮겨집니다.

❷ 자연수에 0.1, 0.01, 0.001을 곱하면 소수점이 (왼쪽 , 오른쪽)으로 옮겨집니다.

❸ 소수끼리의 곱셈에서 곱의 소수점 아래 자리 수는 곱하는 두 소수의 소수점 아래 자리 수의 (합 , 차)와/과 같습니다.

찾아보니 즉석 밥이 1개 있었어요~

한 사람이라도 맛있게 먹도록 하자.
네!!

$13 \times 26 = 338$일 때 1.3×2.6의 소수점 위치는 어떻게 되는지 먼저 대답하는 사람이 먹기!

정답은 3.38입니다!

$1.3 \times 2.6 \Rightarrow 3.38$
소수　　소수　　소수
한 자리 수 한 자리 수 두 자리 수

어서 주세요!!

먼저 대답하는 사람이라고 했거든~ 잔디는 제외!!
다음 세상엔 사람으로 태어날 거야~

1-1 소수점의 위치를 생각하여 계산하시오.

$$0.47 \times 1 = 0.47$$
$$0.47 \times 10 = \boxed{}$$
$$0.47 \times 100 = \boxed{}$$
$$0.47 \times 1000 = \boxed{}$$

(힌트) 소수에 10, 100, 1000을 곱할 때 곱의 소수점은 곱하는 수의 0의 개수만큼 오른쪽으로 옮깁니다.

1-2 소수점의 위치를 생각하여 계산하시오.

$$1.82 \times 1 = 1.82$$
$$1.82 \times 10 = \boxed{}$$
$$1.82 \times 100 = \boxed{}$$
$$1.82 \times 1000 = \boxed{}$$

4

소수의 곱셈

2-1 소수점의 위치를 생각하여 계산하시오.

$$534 \times 1 = 534$$
$$534 \times 0.1 = \boxed{}$$
$$534 \times 0.01 = \boxed{}$$
$$534 \times 0.001 = \boxed{}$$

(힌트) 자연수에 0.1, 0.01, 0.001을 곱할 때 곱의 소수점은 곱하는 수의 소수점 아래 자리 수만큼 왼쪽으로 옮깁니다.

2-2 소수점의 위치를 생각하여 계산하시오.

$$25 \times 1 = 25$$
$$25 \times 0.1 = \boxed{}$$
$$25 \times 0.01 = \boxed{}$$
$$25 \times 0.001 = \boxed{}$$

교과서 유형
3-1 보기 를 이용하여 계산하시오.

보기
$$6.9 \times 32 = 220.8$$

(1) 6.9×3200

(2) 0.069×32

(힌트) 보기 의 계산에서 0의 개수가 늘어나는지, 소수점 아래 자리 수가 늘어나는지 확인합니다.

3-2 보기 를 이용하여 계산하시오.

보기
$$93 \times 1.6 = 148.8$$

(1) 9300×1.6

(2) 93×0.016

4-1 보기 를 이용하여 계산하시오.

보기
$$17 \times 46 = 782$$

(1) 1.7×4.6

(2) 0.17×4.6

(힌트) 곱하는 두 소수의 소수점 아래 자리 수의 합을 알아봅니다.

4-2 보기 를 이용하여 계산하시오.

보기
$$82 \times 35 = 2870$$

(1) 8.2×3.5

(2) 0.82×0.35

개념 5 (소수)×(소수)를 알아볼까요(1)

㉾ 0.2×0.3 계산하기

$$0.2 \times 0.3 = \frac{2}{10} \times \frac{3}{10} = \frac{2 \times 3}{100}$$
$$= \frac{6}{100} = 0.06$$

01 보기 와 같이 계산하시오.

보기
$$0.7 \times 0.7 = \frac{7}{10} \times \frac{7}{10} = \frac{49}{100} = 0.49$$

0.9×0.8

02 계산을 하시오.

(1) 0.8×0.4

(2) 0.92×0.6

03 관계있는 것끼리 선으로 이으시오.

0.2×0.6 ·

0.37×0.4 ·

· 0.148

· 0.012

· 0.12

익힘책 **유형**

04 가장 큰 수와 가장 작은 수의 곱을 구하시오.

| 0.8 | 0.2 | 0.4 | 0.7 |

( )

개념 6 (소수)×(소수)를 알아볼까요(2)

㉾ 1.3×2.5 계산하기

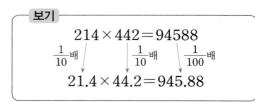

05 보기 와 같이 계산하시오.

보기
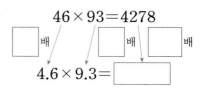

$$46 \times 93 = 4278$$

$\square$ 배 $\square$ 배 $\square$ 배

$4.6 \times 9.3 = \square$

06 빈칸에 알맞은 수를 써넣으시오.

⊗	7.2	1.34
	3.5	8.6

07 계산 결과가 더 큰 것의 기호를 쓰시오.

| ㉠ 3.02×2.4 | ㉡ 6.38×1.7 |

( )

08 물을 끓인 후 물의 양은 1.25 L입니다. 끓이기 전 물의 양은 끓인 후 물의 양의 1.3배일 때, 끓이기 전 물의 양은 몇 L입니까?

 ⇨

물을 끓이기 전: ☐ L   물을 끓인 후: 1.25 L

(   )

개념 7 곱의 소수점 위치는 어떻게 달라질까요

① 곱하는 수의 0이 하나씩 늘어날 때마다 곱의 소수점을 오른쪽으로 한 칸씩 옮깁니다.

② 곱하는 소수의 소수점 아래 자리 수가 하나씩 늘어날 때마다 곱의 소수점을 왼쪽으로 한 칸씩 옮깁니다.

③ 곱하는 두 소수의 소수점 아래 자리 수를 더한 것과 결과 값의 소수점 아래 자리 수가 같습니다.

교과서 유형
09 보기 를 이용하여 계산하시오.

┌ 보기 ─────────────┐
│ $67 \times 12 = 804$ │
└───────────────────┘

(1) 6.7×1.2

(2) 6.7×0.12

---

10 계산 결과가 같은 것끼리 선으로 이으시오.

┌─────────┐   ┌──────────┐
│ 6.3×4.9 │ ·   · │ 0.63×4.9 │
└─────────┘   └──────────┘

┌──────────┐   ┌────────────┐
│ 6.3×0.49 │ ·   · │ 630×0.049 │
└──────────┘   └────────────┘

익힘책 유형
11 보기 를 이용하여 식을 완성해 보시오.

┌ 보기 ─────────────┐
│ $127 \times 25 = 3175$ │
└───────────────────┘

(1) $1.27 \times \boxed{} = 0.3175$

(2) $\boxed{} \times 250 = 317.5$

12 색연필 1자루의 무게는 0.015 kg입니다. 무게가 같은 색연필 10자루, 100자루, 1000자루의 무게는 각각 몇 kg인지 구하시오.

10자루 (   )

100자루 (   )

1000자루 (   )

 해결의 창

· (소수 ■ 자리 수) × (소수 ▲ 자리 수) = (소수 ■+▲ 자리 수)
└→ 곱하는 두 소수의 소수점 아래 자리 수의 합과 같습니다.

예 $3.5 \times 1.7 ⇨ 5.95$
     소수   소수   소수
   한 자리 수 한 자리 수 두 자리 수
        1+1=2

     $0.39 \times 0.4 ⇨ 0.156$
     소수   소수   소수
   두 자리 수 한 자리 수 세 자리 수
        2+1=3

     $0.14 \times 0.82 ⇨ 0.1148$
     소수   소수   소수
   두 자리 수 두 자리 수 네 자리 수
        2+2=4

01 수직선을 보고 ☐ 안에 알맞은 수를 써넣으시오.

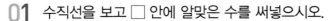

$$0.6 \times \boxed{} = \boxed{}$$

02 그림을 보고 0.6×0.7이 얼마인지 구하시오.

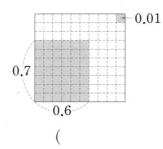

(   )

03 계산을 하시오.

(1) 0.7×4

(2) 0.85×6

04 보기 와 같이 계산하시오.

보기
$$8 \times 0.9 = 8 \times \frac{9}{10} = \frac{72}{10} = 7.2$$

6×0.3

05 관계있는 것끼리 선으로 이으시오.

| 1.43×10 | • | | • | 1430 |

| 1.43×100 | • | | • | 14.3 |

| 1.43×1000 | • | | • | 143 |

06 계산을 하시오.

(1)
$$\begin{array}{r} 4.7 \\ \times\ 0.3 \\ \hline \end{array}$$

(2)
$$\begin{array}{r} 1.75 \\ \times\ 5.7 \\ \hline \end{array}$$

07 $68 \times 27 = 1836$을 이용하여 곱의 소수점을 바르게 찍은 것을 찾아 기호를 쓰시오.

㉠ $68 \times 0.27 = 183.6$
㉡ $68 \times 2.7 = 1.836$
㉢ $68 \times 0.027 = 1.836$

(   )

08 빈 곳에 알맞은 수를 써넣으시오.

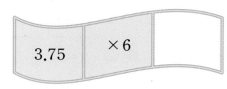

09 계산 결과의 크기를 비교하여 ○ 안에 >, =, <를 알맞게 써넣으시오.

$$2.5 \times 7 \bigcirc 3.2 \times 6$$

10 곱이 나머지와 <u>다른</u> 하나는 어느 것입니까?
.... (   )

① 1.67×10 ② 167×0.1
③ 167×0.01 ④ 0.167×100
⑤ 0.0167×1000

11 <u>잘못</u> 계산한 곳을 찾아 바르게 고치시오.

$$5 \times 4.4 = 5 \times \frac{44}{10} = \frac{5 \times 44}{10} = \frac{220}{10} = 2.2$$

_____

_____

12 가장 큰 수와 가장 작은 수의 곱을 구하시오.

| 3.72   8.5   5.8 |

(   )

13 주희는 매일 1.5시간씩 독서를 합니다. 주희가 9일 동안 독서를 한 시간은 모두 몇 시간입니까?

(   )

14 ㉠과 ㉡의 차를 구하시오.

| ㉠ 0.4×0.9 ㉡ 0.8×0.8 |

(   )

15 곱의 소수점 아래 자리 수가 <u>다른</u> 하나를 찾아 기호를 쓰시오.

㉠ 0.83×0.6
㉡ 0.9×0.32
㉢ 0.17×0.45

(   )

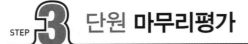

· 정답은 28쪽

16 직사각형의 넓이는 몇 cm²인지 식을 쓰고 답을 구하시오.

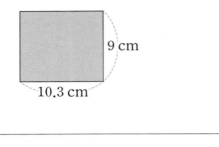

9 cm

10.3 cm

식 _____

답 _____

17 □ 안에 들어갈 수가 가장 큰 것의 기호를 쓰시오.

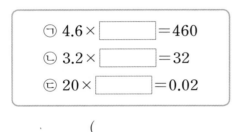

㉠ 4.6 × □ = 460

㉡ 3.2 × □ = 32

㉢ 20 × □ = 0.02

(   )

18 ㉠ 비커에는 흑설탕을 0.12 kg 넣었고 ㉡ 비커에는 ㉠ 비커에 넣은 흑설탕 양의 4배만큼 넣었습니다. ㉡ 비커에 넣은 흑설탕은 몇 kg입니까?

(   )

19 ❷□ 안에 들어갈 수 있는 가장 큰 자연수를 구하시오.

❶ 2.4 × 3.6 > □

(   )

 해결의 법칙

❶ 주어진 곱셈식을 계산합니다.

❷ ❶의 계산 결과보다 작은 수 중에서 가장 큰 자연수를 구합니다.

20 ❶은지의 몸무게는 32.5 kg입니다. 오빠의 몸무게는 은지의 몸무게의 1.2배이고, /❷어머니의 몸무게는 오빠의 몸무게의 1.4배입니다. 어머니의 몸무게는 몇 kg인지 구하시오.

(   )

 해결의 법칙

❶ 은지의 몸무게에 1.2를 곱하여 오빠의 몸무게를 구합니다.

❷ 오빠의 몸무게에 1.4를 곱하여 어머니의 몸무게를 구합니다.

창의·융합 문제

• 정답은 28쪽

1 다음은 태양에서 지구까지의 거리를 기준으로 하여 태양에서 각 행성까지의 상대적인 거리를 나타낸 것입니다. 태양에서의 상대적인 거리가 태양에서 수성까지의 13배인 행성은 어느 것입니까?

행성	상대적인 거리	행성	상대적인 거리
수성	0.4	목성	5.2
금성	0.7	토성	9.5
지구	1	천왕성	19.2
화성	1.5	해왕성	30

(   )

2 어느 날 환율을 알아보니 중국 돈 1위안이 우리나라 돈으로 174.52원이었습니다. 이날의 중국 돈 10위안, 100위안, 1000위안은 우리나라 돈으로 각각 얼마입니까?

1위안＝174.52원

10위안 (   )
100위안 (   )
1000위안 (   )

5 직육면체

제5화 **쓰지 않은 지우개**

이미 배운 내용	이번에 배울 내용	앞으로 배울 내용
[3–1 평면도형] • 직사각형 알아보기 [4–2 사각형] • 수직과 평행 알아보기	• 직육면체와 정육면체 알아보기 • 직육면체의 겨냥도 알아보고 그리기 • 정육면체와 직육면체의 전개도 이해하고 그리기	[6–1 각기둥과 각뿔] • 각기둥과 각뿔 알아보기 [6–1 직육면체의 부피와 겉넓이] • 직육면체의 부피와 겉넓이 계산하기

STEP 1 # 개념 파헤치기

개념 동영상

개념 체크

개념 1 ## 직사각형 6개로 둘러싸인 도형을 알아볼까요

- **직사각형 6개로 둘러싸인 도형 알아보기**
  오른쪽 그림과 같이 직사각형 6개로 둘러싸인 도형을 직육면체라고 합니다.

난 직사각형 6개로 둘러싸인 직육면체야.

1 직사각형 ☐개로 둘러싸인 도형을 직육면체라고 합니다.

- **직육면체의 구성**
  - 면: 선분으로 둘러싸인 부분
  - 모서리: 면과 면이 만나는 선분
  - 꼭짓점: 모서리와 모서리가 만나는 점

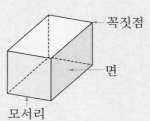
꼭짓점
면
모서리

2 직육면체에서 면과 면이 만나는 선분을 (모서리 , 꼭짓점)(이)라고 합니다.

- **직육면체의 특징**

면의 모양	면의 수(개)	모서리의 수(개)	꼭짓점의 수(개)
직사각형	6	12	8

아빠~ 뭐하고 계세요?

응. 화단 벽돌을 바꾸고 있단다.

모서리
꼭짓점
면

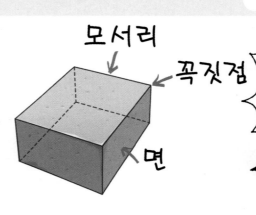
직사각형 6개로 둘러싸인 직육면체 모양의 벽돌이네요.

아저씨! 제가 좀 도와 드릴게요.

오~ 그럼 나야 고맙지!

······?!!

도와준다더니 울퉁불퉁 이게 뭐하는 거냐?!

개념 체크 정답 **1** 6 **2** 모서리에 ○표

1-1 □ 안에 알맞은 말을 써넣으시오.

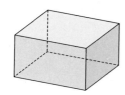

직사각형 6개로 둘러싸인 도형을

[　　　　　　　　](이)라고 합니다.

(힌트) 직육면체 모양을 생각하며 특징을 알아봅니다.

1-2 □ 안에 알맞은 말을 써넣으시오.

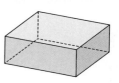

[　　　　　　　] 6개로 둘러싸인 도형을

직육면체라고 합니다.

익힘책 유형

2-1 직육면체를 보고 각 부분의 이름을 □ 안에 알맞게 써넣으시오.

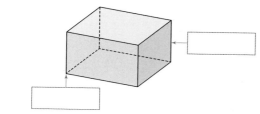

(힌트) 직육면체는 면, 모서리, 꼭짓점으로 이루어져 있습니다.

2-2 직육면체를 보고 각 부분의 이름을 □ 안에 알맞게 써넣으시오.

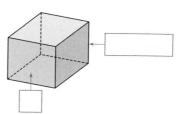

3-1 직육면체를 모두 찾아 ○표 하시오.

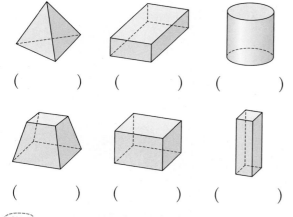

(　　　)　　(　　　)　　(　　　　)

(　　　)　　(　　　)　　(　　　)

(힌트) 직사각형 6개로 둘러싸인 도형을 찾습니다.

3-2 직육면체를 모두 찾아 ○표 하시오.

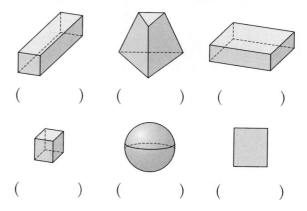

(　　　)　　(　　　)　　(　　　)

(　　　)　　(　　　)　　(　　　)

5

직육면체

개념 2 정사각형 6개로 둘러싸인 도형을 알아볼까요

- **정사각형 6개로 둘러싸인 도형 알아보기**
  오른쪽 그림과 같이 정사각형 6개로 둘러싸인 도형을 정육면체라고 합니다.

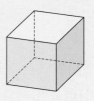

❶ 정사각형 6개로 둘러싸인 도형을 [　　　　]라고 합니다.

- **정육면체의 특징**

면의 모양	면의 수(개)	모서리의 수(개)	꼭짓점의 수(개)
정사각형	6	12	8

참고 정사각형은 직사각형이므로 정육면체는 직육면체입니다.

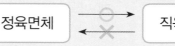

정육면체 ⟶✗⟵ 직육면체

❷ 직육면체는 정육면체라고 할 수 있습니다.
·····················(○ , ×)

정사각형은 직사각형이라고 할 수 있기 때문에 정육면체는 직육면체라고도 할 수 있어.

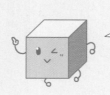

정육면체

• 정답은 30쪽

1-1 □ 안에 알맞은 수를 써넣으시오.

정사각형 □개로 둘러싸인 도형을
정육면체라고 합니다.

힌트 정육면체 모양을 생각하며 특징을 알아봅니다.

1-2 □ 안에 알맞은 말을 써넣으시오.

□ 6개로 둘러싸인 도형을
정육면체라고 합니다.

2-1 정육면체를 보고 □ 안에 알맞은 수를 써넣으시오.

정육면체의 면은 모두 □개입니다.

힌트 정육면체를 보고 면의 수를 세어 봅니다.

2-2 정육면체를 보고 □ 안에 알맞은 수를 써넣으시오.

정육면체의 꼭짓점은 모두 □개입니다.

5

직육면체

교과서 유형

3-1 정육면체를 모두 찾아 ○표 하시오.

(   )   (   )   (   )

  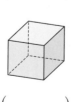

(   )   (   )   (   )

힌트 정사각형 6개로 둘러싸인 도형을 찾습니다.

3-2 정육면체를 모두 찾아 ○표 하시오.

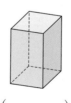 

(   )   (   )   (   )

(   )   (   )   (   )

개념 1 직육면체 알아보기

직사각형 6개로 둘러싸인 도형을 직육면체라고 합니다.

모서리
면
꼭짓점

익힘책 유형

01 □ 안에 알맞은 말을 써넣으시오.

직육면체에서 선분으로 둘러싸인 부분을 □,
면과 면이 만나는 선분을 □, 세 모서리가 만나는 점을 □(이)라고 합니다.

02 직육면체를 모두 찾아 기호를 쓰시오.

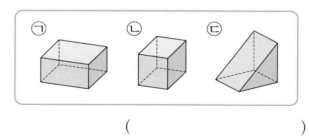

ㄱ   ㄴ   ㄷ

(   )

03 직육면체에서 보이는 꼭짓점을 찾아 ○표 하시오.

교과서 유형

04 직육면체를 보고 물음에 답하시오.

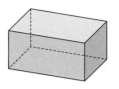

(1) 직육면체의 면은 몇 개입니까?
(   )

(2) 직육면체의 모서리는 몇 개입니까?
(   )

(3) 직육면체의 꼭짓점은 몇 개입니까?
(   )

05 직육면체에서 보이는 면은 몇 개입니까?

(   )

익힘책 유형

06 다음 도형이 직육면체가 <u>아닌</u> 이유를 써 보시오.

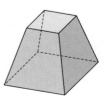

이유

• 정답은 30쪽

개념 2 정육면체 알아보기

• 정육면체: 정사각형 6개로 둘러싸인 도형

- 면의 수: **6**개
- 모서리의 수: **12**개
- 꼭짓점의 수: **8**개

07 오른쪽 정육면체에서 색칠한 면은 어떤 모양입니까?

(   )

교과서 유형

08 오른쪽 정육면체를 보고 면, 모서리, 꼭짓점의 수를 각각 구하시오.

면의 수(개)	모서리의 수(개)	꼭짓점의 수(개)

익힘책 유형

09 정육면체에 모두 ○표, 직육면체가 아닌 것에 모두 ×표 하시오.

(   )   (   )   (   )

(   )   (   )   (   )

10 정육면체에 대한 설명으로 옳은 것에 ○표, 틀린 것에 ×표 하시오.

• 면의 크기가 모두 같습니다.   (   )
• 모서리는 모두 10개입니다.   (   )
• 직육면체라고 할 수 있습니다.   (   )

11 직육면체와 정육면체의 공통점과 차이점을 1가지씩 쓰시오.

공통점
_____

_____

차이점
_____

_____

익힘책 유형

12 정육면체에서 보이지 않는 면과 보이지 않는 꼭짓점의 수의 합을 구하시오.

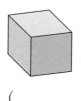

(   )

13 정육면체입니다. □ 안에 알맞은 수를 써넣으시오.

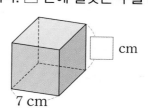

□ cm
7 cm

• 정육면체와 직육면체의 관계
정육면체는 직육면체라고 할 수 있지만 직육면체는 정육면체라고 할 수 없습니다.

정육면체 ⇄ 직육면체

5
직육면체

개념 동영상

개념 ③ 직육면체의 성질을 알아볼까요

● **직육면체의 성질**

(1) 서로 마주 보고 있는 면의 관계

　서로 마주 보고 있는 면은 서로 평행합니다.

　서로 마주 보고 있는 면은 만나지 않습니다.

> 오른쪽 직육면체에서 색칠한 두 면처럼 계속 늘여도 만나지 않는 두 면을 서로 평행하다고 합니다. 이 두 면을 직육면체의 밑면이라고 합니다.

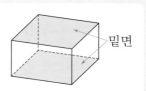
밑면

(2) 서로 만나는 면 사이의 관계

　한 면과 만나는 면은 4개입니다.

　한 면과 만나는 면들은 서로 수직으로 만납니다.

> 직육면체에서 밑면과 수직인 면을 직육면체의 옆면이라고 합니다.

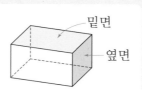
밑면
옆면

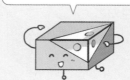
초록색 면과 보라색 면은 서로 수직이야.

개념 체크

❶ 직육면체에서 서로 마주 보고 있는 면은 서로 (평행합니다 , 수직입니다).

❷ 직육면체에서 밑면과 수직인 면을 직육면체의 (앞면 , 옆면)이라고 합니다.

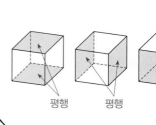
평행　　평행　　평행

개념 체크 정답 ❶ 평행합니다에 ○표 ❷ 옆면에 ○표

기본 문제

1-1 직육면체에서 색칠한 면과 평행한 면을 찾아 빗금으로 나타내시오.

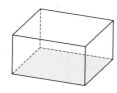

힌트 서로 마주 보고 있는 면은 서로 평행합니다.

2-1 왼쪽 직육면체의 색칠한 면과 수직인 면에 색칠한 것을 찾아 ○표 하시오.

( ) ( )

힌트 한 면과 만나는 면은 서로 수직으로 만납니다.

교과서 유형
3-1 직육면체에서 꼭짓점 ㄷ과 만나는 면을 모두 찾아 쓰시오.

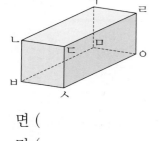

면 ( ),
면 ( ),
면 ( )

힌트 각 꼭짓점에서 만나는 면은 모두 3개입니다.

쌍둥이 문제

1-2 직육면체에서 색칠한 면과 평행한 면을 찾아 빗금으로 나타내시오.

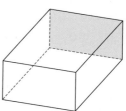

2-2 오른쪽 직육면체의 색칠한 면과 수직인 면에 색칠한 것을 모두 찾아 ○표 하시오.

( ) ( )

( ) ( )

3-2 직육면체에서 꼭짓점 ㄴ과 만나는 면을 모두 찾아 쓰시오.

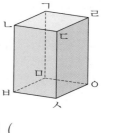

면 ( ),
면 ( ),
면 ( )

개념 동영상

개념 4 직육면체의 겨냥도를 알아볼까요

• **직육면체의 모양 그리는 방법 알아보기**
직육면체에서 보이는 모서리는 실선으로, 보이지 않는 모서리는 점선으로 그립니다.

면의 수(개)		모서리의 수(개)		꼭짓점의 수(개)	
보이는 면	보이지 않는 면	보이는 모서리	보이지 않는 모서리	보이는 꼭짓점	보이지 않는 꼭짓점
3	3	9	3	7	1

직육면체 모양을 잘 알 수 있도록 나타낸 오른쪽과 같은 그림을 직육면체의 **겨냥도**라고 합니다.

1 직육면체의 모양을 잘 알 수 있도록 나타내는 왼쪽과 같은 그림을 직육면체의 ☐☐☐ (이)라고 합니다.

2 겨냥도에서는 보이는 모서리는 (실선 , 점선)으로, 보이지 않는 모서리는 (실선 , 점선)으로 그립니다.

나의 보이지 않는 모서리를 점선으로 나타낸 것을 겨냥도라고 해.

(X-Ray)겨냥도

이곳은 내가 마무리할 테니 저쪽 화단 정리만 부탁한다!

네~.

이 벽돌을 저쪽 화단 쪽으로 옮겨야 한대.

직육면체 모양의 벽돌이라…… 이 모양을 좀 더 잘 알고 싶은데……

직육면체의 모양을 잘 알 수 있도록 하기 위하여 보이는 모서리는 실선으로, 보이지 않는 모서리는 점선으로 그린 그림을 직육면체의 겨냥도라고 해.

직육면체의 겨냥도

야~ 이거 재밌다!

이 녀석들! 도와 준다더니! 도미노 하고 놀면 어떡해!

• 정답은 31쪽

1-1 직육면체의 겨냥도를 바르게 그린 것에 ◯표 하시오.

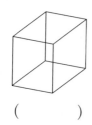 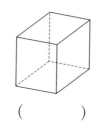

(   )   (   )

> 힌트   직육면체의 겨냥도에서 보이는 모서리는 실선으로, 보이지 않는 모서리는 점선으로 그립니다.

1-2 직육면체의 겨냥도를 바르게 그린 것에 ◯표 하시오.

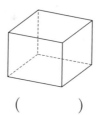 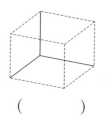

(   )   (   )

2-1 직육면체에서 보이지 않는 모서리를 점선으로 그려 넣어 직육면체의 겨냥도를 완성하시오.

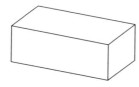

> 힌트   직육면체에서 보이지 않는 모서리는 3개입니다.

2-2 직육면체에서 보이지 않는 모서리를 점선으로 그려 넣어 직육면체의 겨냥도를 완성하시오.

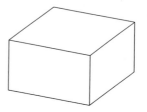

교과서 **유형**

3-1 그림에서 빠진 부분을 그려 넣어 직육면체의 겨냥도를 완성하시오.

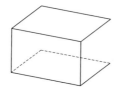

> 힌트   보이는 모서리는 실선으로, 보이지 않는 모서리는 점선으로 그립니다.

3-2 그림에서 빠진 부분을 그려 넣어 직육면체의 겨냥도를 완성하시오.

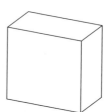

개념 3 직육면체의 성질

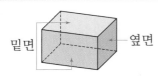

밑면 ── 옆면

• 직육면체에서 계속 늘여도 만나지 않는 두 면을 평행하다고 하며, 직육면체의 밑면이라고 합니다.
• 직육면체에서 밑면과 수직인 면을 직육면체의 옆면이라고 합니다.

[01~02] 직육면체를 보고 물음에 답하시오.

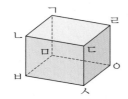

교과서 **유형**

01 면 ㄱㄴㄷㄹ과 평행한 면을 찾아 쓰시오.

( )

교과서 **유형**

02 면 ㄱㄴㄷㄹ과 수직인 면을 모두 찾아 쓰시오.

( )

03 오른쪽은 직육면체입니다. 색칠한 두 면이 만나서 이루는 각의 크기는 몇 도입니까?

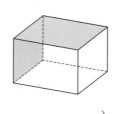

( )

04 대화를 읽고 잘못 설명한 사람의 이름을 쓰시오.

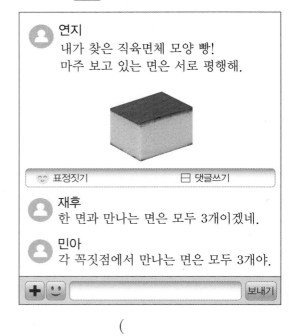

연지
내가 찾은 직육면체 모양 빵!
마주 보고 있는 면은 서로 평행해.

☺ 표정짓기   🗒 댓글쓰기

재후
한 면과 만나는 면은 모두 3개이겠네.

민아
각 꼭짓점에서 만나는 면은 모두 3개야.

➕ ☺ [   ] 보내기

( )

익힘책 **유형**

05 직육면체에서 면 ㄴㅂㅅㄷ과 평행한 면의 모서리 길이의 합을 구하시오.

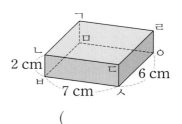

2 cm   7 cm   6 cm

( )

06 오른쪽 직육면체에서 색칠한 면과 서로 수직인 면은 몇 개입니까?

( )

· 정답은 32쪽

개념 4 **직육면체의 겨냥도**

	보이는 부분	보이지 않는 부분
면	3개	3개
모서리	9개	3개
꼭짓점	7개	1개

07 오른쪽 직육면체의 겨냥도를 보고 □ 안에 알맞은 수를 써넣으시오.

(1) 보이는 면은 □개입니다.

(2) 보이지 않는 꼭짓점은 □개입니다.

익힘책 유형

08 직육면체의 겨냥도를 바르게 그린 것을 찾아 기호를 쓰시오.

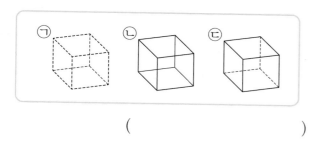

( )

교과서 유형

09 그림에서 빠진 부분을 그려 넣어 직육면체의 겨냥도를 완성하시오.

10 왼쪽 직육면체 모양 상자의 겨냥도를 그리고 있습니다. 겨냥도를 완성하려면 실선은 몇 개 더 그려야 합니까?

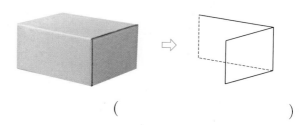

( )

익힘책 유형

11 오른쪽 직육면체의 겨냥도에 대한 설명 중 틀린 것은 어느 것입니까?
·················· ( )

① 보이는 모서리는 실선으로 그렸습니다.

② 보이지 않는 모서리는 점선으로 그렸습니다.

③ 보이는 꼭짓점의 수는 3개입니다.

④ 보이는 면의 수는 3개입니다.

⑤ 보이지 않는 모서리의 수는 3개입니다.

12 직육면체 모양에서 모서리가 가장 많이 보일 때는 몇 개입니까?

( )

5

직육면체

해결의 창

· 직육면체의 면

   직육면체의 겨냥도에서 면이 평행사변형으로 보이지만 실제 모양은 직사각형입니다.

개념 5 정육면체의 전개도를 알아볼까요

개념 동영상

- **정육면체의 전개도**

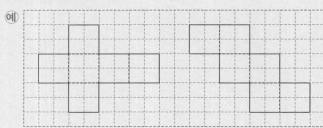

잘린 모서리는 실선으로, 잘리지 않는 모서리는 점선으로 표시해.

정육면체의 모서리를 잘라서 펼친 그림을 정육면체의 전개도라고 합니다.

- **정육면체의 전개도 살펴보기**

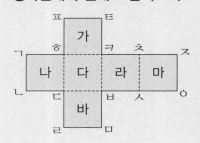

전개도를 접었을 때
점 ㄱ과 만나는 점: 점 ㅍ, 점 ㅈ
선분 ㄱㄴ과 겹치는 선분: 선분 ㅈㅇ
면 가와 평행한 면: 면 바
면 다와 수직인 면: 면 가, 면 나, 면 라, 면 바

개념 체크

❶ 정육면체의 모서리를 잘라서 펼친 그림을 정육면체의 (겨냥도 , 전개도)라고 합니다.

❷ 정육면체의 전개도에서 (점선 , 실선)은 잘리지 않는 모서리를, (점선 , 실선)은 잘린 모서리를 나타냅니다.

개념 체크 정답 ─❶ 전개도에 ○표 ❷ 점선에 ○표, 실선에 ○표

• 정답은 32쪽

1-1 □ 안에 알맞은 말을 써넣으시오.

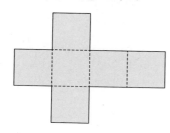

정육면체의 모서리를 잘라서 펼친 그림을
정육면체의 [   ](이)라고 합니다.

> **힌트** 정육면체 모양의 상자를 잘랐을 때 펼쳐 놓은 모양
> 을 알아봅니다.

1-2 알맞은 말에 ○표 하시오.

정육면체의 (꼭짓점 , 모서리)를 잘라서 펼친
그림을 정육면체의 전개도라고 합니다.

교과서 유형

2-1 정육면체의 전개도를 바르게 그린 것에 ○표 하시오.

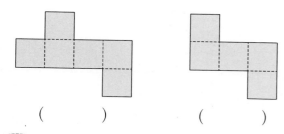

(   )   (   )

> **힌트** 정육면체는 정사각형 6개로 둘러싸인 도형입니다.

2-2 정육면체의 전개도를 바르게 그린 것에 ○표 하시오.

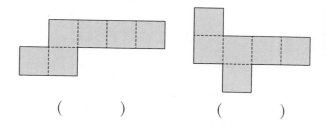

(   )   (   )

3-1 전개도를 접어서 정육면체를 만들었을 때 색칠한 면과 평행한 면에 색칠하시오.

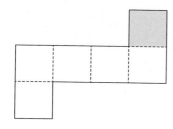

> **힌트** 정육면체에서 서로 마주 보고 있는 면은 평행합니다.

3-2 전개도를 접어서 정육면체를 만들었을 때 색칠한 면과 평행한 면에 색칠하시오.

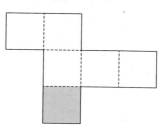

개념 6 **직육면체의 전개도를 알아볼까요**

● **직육면체의 전개도**
 잘린 모서리는 실선으로, 잘리지 않는 모서리는 점선으로 표시합니다.

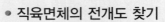

┌잘린 모서리

└잘리지 않는 모서리

● **직육면체의 전개도 찾기**
 ① 면이 6개인지 확인합니다.
 ② 접었을 때 마주 보며 평행한 면이 3쌍 있습니다.
 ③ 접었을 때 서로 겹치는 부분이 없습니다.
 ④ 접었을 때 만나는 모서리의 길이가 같습니다.

● **직육면체의 전개도 그리기**

┌이외에도 여러 가지 모양으로
 그릴 수 있습니다.

1 cm
1 cm

2 cm
3 cm
4 cm

예

접었을 때 서로 마주 보는 면은 모양과 크기가 같게, 서로 겹치는 선분은 길이가 같게 그려야 해.

개념 체크

❶ 직육면체의 전개도를 접었을 때 마주 보며 평행한 면이 ☐ 쌍 있습니다.

❷ 직육면체의 전개도를 접었을 때 만나는 모서리의 길이는 (같습니다 , 다릅니다).

개념 체크 정답 ❶ 3 ❷ 같습니다에 ◯표

· 정답은 33쪽

교과서 유형

1-1 직육면체의 전개도를 완성하시오.

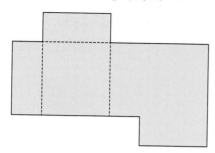

힌트) 잘리지 않는 모서리는 점선으로 그립니다.

1-2 직육면체의 전개도를 완성하시오.

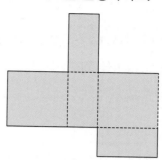

2-1 전개도를 접어서 직육면체를 만들었을 때 색칠한 면과 수직인 면에 모두 색칠하시오.

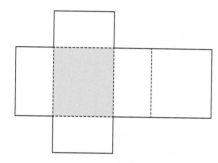

힌트) 직육면체에서 만나는 면은 서로 수직입니다.

2-2 전개도를 접어서 직육면체를 만들었을 때 색칠한 면과 수직인 면에 모두 색칠하시오.

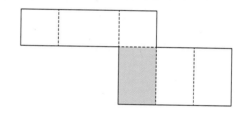

3-1 전개도를 접었을 때 ——으로 표시한 선분과 겹치는 선분에 ——으로 표시하시오.

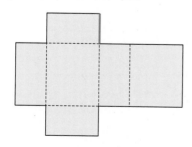

힌트) 전개도를 접은 모양을 생각해 봅니다.

3-2 전개도를 접었을 때 ——으로 표시한 선분과 겹치는 선분에 ——으로 표시하시오.

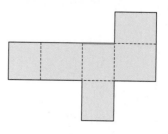

5

직육면체

개념 5 정육면체의 전개도

정육면체의 모서리를 잘라서 펼친 그림을 정육면체의 전개도라고 합니다.

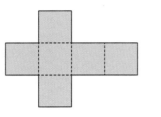

01 정육면체의 전개도를 완성하시오.

[02~03] 전개도를 접어서 정육면체를 만들었습니다. 물음에 답하시오.

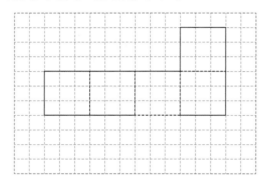

교과서 **유형**

02 면 다와 평행한 면을 찾아 쓰시오.

( )

교과서 **유형**

03 선분 ㄹㅁ과 겹치는 선분을 찾아 쓰시오.

( )

04 정육면체의 모서리를 잘라서 정육면체의 전개도를 만들었습니다. □ 안에 알맞은 기호를 써넣으시오.

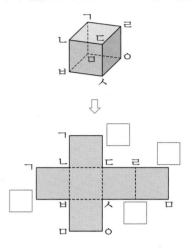

05 정육면체의 전개도를 접었을 때 면 라와 수직인 면을 모두 찾아 쓰시오.

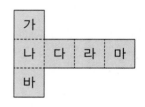

( )

06 오른쪽 정육면체의 전개도를 그려 보시오.

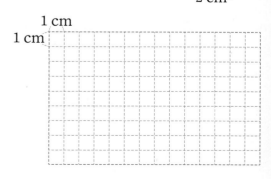

개념 6 직육면체의 전개도

• 직육면체의 전개도의 특징
  - 6개의 면으로 이루어져 있습니다.
  - 마주 보는 3쌍의 면의 모양과 크기가 서로 같습니다.
  - 한 면에 수직인 면이 4개 있습니다.

07 직육면체 전개도에 대한 설명입니다. □ 안에 알맞은 수를 써넣고, 알맞은 말에 ○표 하시오.

> 바르게 그린 직육면체의 전개도에는 모양과 크기가 같은 면이 □쌍 있습니다. 또한 접었을 때 서로 겹치는 면이 (있고 , 없고) 만나는 모서리의 길이가 (같습니다 , 다릅니다).

익힘책 유형

08 오른쪽 직육면체의 전개도를 그린 것입니다. □ 안에 알맞은 수를 써넣으시오.

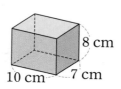

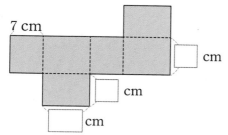

7 cm

□ cm
□ cm
□ cm

교과서 유형

09 오른쪽 직육면체를 보고 전개도를 완성하시오.

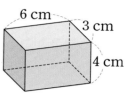

6 cm
3 cm
4 cm

1 cm
1 cm

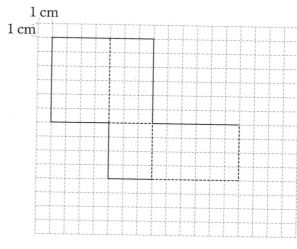

익힘책 유형

10 색 테이프로 상자를 한 바퀴 돌렸습니다. 전개도에 색 테이프가 지나가는 자리를 바르게 그려 넣으시오.

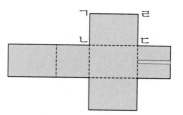

• 전개도를 접었을 때 만나는 점을 알아봅니다.

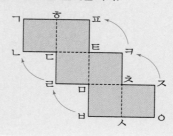 ⇨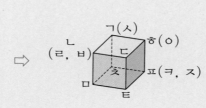

5
직육면체

01 그림을 보고 □ 안에 알맞은 말을 써넣으시오.

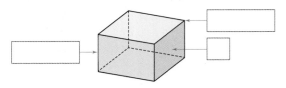

02 정육면체를 찾아 ○표 하시오.

(   ) (   ) (   )

03 직육면체는 어느 것입니까? ·········· (   )

①   ②   ③

④   ⑤

04 그림에서 빠진 부분을 그려 넣어 직육면체의 겨냥도를 완성하시오.

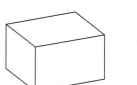

05 오른쪽 정육면체를 보고 면, 모서리, 꼭짓점의 수를 각각 구하시오.

면의 수(개)	모서리의 수(개)	꼭짓점의 수(개)

[06~07] 전개도를 접어 블록을 꾸미려고 합니다. 물음에 답하시오.

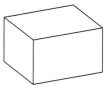

06 면 라와 평행한 면을 찾아 쓰시오.

(

07 면 가와 수직인 면을 모두 찾아 쓰시오.

(

08 정육면체입니다. □ 안에 알맞은 수를 써넣으시오.

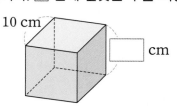

10 cm   □ cm

09 정육면체의 전개도를 완성하시오.

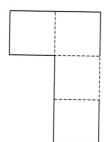

10 직육면체입니다. 색칠한 두 면이 만나서 이루는 각의 크기는 몇 도입니까?

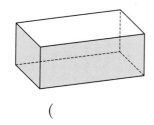

(   )

11 정육면체에 대해 잘못 말한 사람의 이름을 쓰시오.

(   )

12 직육면체입니다. □ 안에 알맞은 수를 써넣으시오.

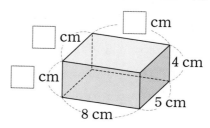

13 직육면체의 겨냥도를 잘못 그린 것입니다. 그 이유를 쓰시오.

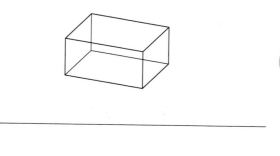

이유 _____

14 오른쪽 직육면체에서 색칠한 면의 모서리 길이의 합은 몇 cm입니까?

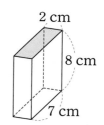

(   )

15 직육면체의 전개도입니다. □ 안에 알맞은 수를 써넣으시오.

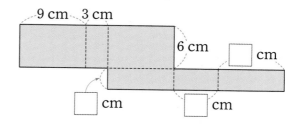

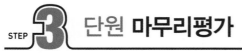
16 다음 설명 중 잘못된 것은 어느 것입니까?
······························· ( )

① 정육면체는 직육면체입니다.

② 직육면체에서 만나는 면은 서로 수직입니다.

③ 정육면체의 꼭짓점은 8개입니다.

④ 정육면체는 면의 크기가 모두 같습니다.

⑤ 직육면체는 모서리의 길이가 모두 같습니다.

17 직육면체의 전개도를 접었을 때 선분 ㅌㅋ과 겹치는 선분을 찾아 쓰시오.

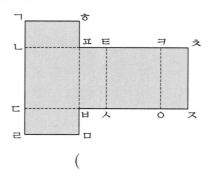

( )

18 오른쪽 직육면체의 전개도를 그려 보시오.

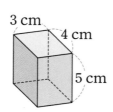

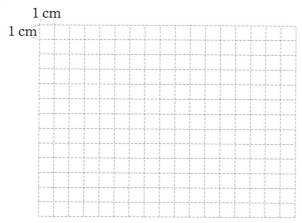

19 ❶그림에서 빠진 부분을 그려 넣어 직육면체의 겨냥도를 완성하고/❷보이지 않는 모서리의 길이의 합을 구하시오.

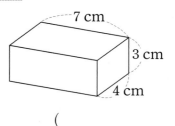

( )

 해결의 법칙

❶ 직육면체의 겨냥도를 완성합니다.

❷ 보이지 않는 모서리의 길이의 합을 구합니다.

20 다음 ❶직육면체의 모든 모서리의 길이의/❷합을 구하시오.

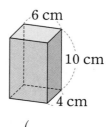

( )

 해결의 법칙

❶ 길이가 같은 모서리가 몇 개씩 있는지 알아봅니다.

❷ 모든 모서리의 길이의 합을 구합니다.

1 다음 글을 읽고 소금 결정의 겨냥도를 그려 보시오.

소금 결정 만들기

소금 알갱이를 물에 녹이고 소금물이 증발하기를 기다립니다. 소금물이 증발하면 작은 소금 결정이 만들어지기 시작하는데 시간이 지날수록 점점 자라 커다란 정육면체 모양을 한 소금 결정이 됩니다.

겨냥도

5

직육면체

2 주어진 정육면체 모양의 쌓기나무를 모두 사용하여 만들 수 있는 도형을 모두 찾아 선으로 이으시오.

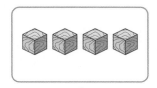

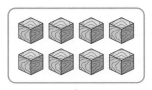

·

·

·

·

직육면체

정육면체

3 왼쪽 전개도를 접어 주사위를 만든 후 앞, 오른쪽 옆에서 본 눈을 그린 것입니다. 위에서 본 눈을 알맞게 그려 넣으시오.

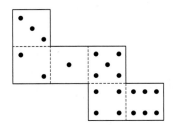

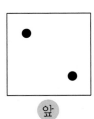

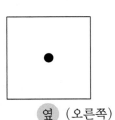

위

앞

옆 (오른쪽)

6 평균과 가능성

제6화

백성을 섬기는 세종대왕님!

알약을 먹고 다시 과거로 온 사람들

전하~ 전하~

올해는 쌀농사가 풍년이라 백성들의 생활이 나아졌다고 하옵니다.

오~ 그런가!

올해 쌀 생산량이 지난 4년간 쌀 생산량의 평균보다 더 많구나.

평균이 뭐야?

내가 알려 줄게.

각 자료의 값을 모두 더하여 자료의 수로 나눈 값을 평균이라고 하는 거야.

그럼 평균을 구하는 식도 있겠네?

응, 평균을 구하는 식은!

(평균)
$$= \frac{(자료의\ 값을\ 모두\ 더한\ 수)}{(자료의\ 수)}$$

세종대왕님께서 과학 기술에 힘쓴 덕에

농사 기술이 늘어 풍년인가 봐요.

내년에도 풍년일 가능성을 알아볼 수 있을까요?

어떠한 상황에서 특정한 일이 일어나길 기대할 수 있는 정도를 가능성이라고 하지.

불가능하다, 반반이다, 확실하다로 표현할 수 있단다.

이미 배운 내용

[3-2 자료의 정리]
- 자료의 정리

[4-1 막대그래프]
- 막대그래프

[4-2 꺾은선그래프]
- 꺾은선그래프

이번에 배울 내용

- 평균의 의미와 필요성 알기
- 여러 가지 방법으로 평균 구하기
- 일이 일어날 가능성 말로 표현하기, 비교하기, 수로 표현하기

앞으로 배울 내용

[6-1 비와 비율]
- 비와 비율

[6-1 여러 가지 그래프]
- 여러 가지 그래프

개념 동영상

개념 체크

1 각 자료의 값을 모두 더해 자료의 수로 나눈 값을 (합계 , 평균)이라고 합니다.

개념 ❶ 평균을 알아볼까요

- 평균: 자료의 값을 모두 더해 자료의 수로 나눈 값
  예 민준이네 모둠의 몸무게 평균 구하기

민준이네 모둠 학생들의 몸무게

이름	민준	진호	지선
몸무게(kg)	41	46	39

(민준이네 모둠의 몸무게 총합)
$=41+46+39=126\,(kg)$
학생 수는 민준, 진호, 지선이므로 3명입니다.

⇨ (민준이네 모둠의 몸무게 평균)
= (자료의 값을 모두 더한 수) ÷ (자료의 수)
= (민준이네 모둠의 몸무게 총합) ÷ (학생 수)
$=126÷3=42\,(kg)$

$$(평균) = \frac{(자료의\ 값을\ 모두\ 더한\ 수)}{(자료의\ 수)}$$

평균을 구할 땐 자료의 값을 모두 더한 수를

자료의 수로 나누면 돼.

$(\text{👦}+\text{👦}+\text{👧})÷3$

3명의 몸무게

2 평균을 구할 때에는 각 자료의 값을 모두 더해 자료의 수로 나눕니다.
·····················(○ , ×)

아저씨~ 뭐 하고 계세요?

요즘 체력이 떨어진 것 같아서 운동을 시작했단다.

어제는 역기를 4회 들었는데, 평균은 10번이었지.

평균이라면~?

각 자료의 값을 모두 더해 자료의 수로 나눈 값을 말하잖아요.

$$(평균) = \frac{(자료의\ 값을\ 모두\ 더한\ 수)}{(자료의\ 수)}$$

그래, 평균을 그 자료를 대표하는 값으로 정하면 편리하지.

역기 운동 기록

회	1회	2회	3회	4회
기록(번)	7	13	8	12

$$(평균) = \frac{7+13+8+12}{4} = 10(번)$$

오늘은 어제보다 많이 할 수 있을 것 같구나~.

정말요?

어디 한번 힘 좀 써 볼까!

웃차!

컥!

어제 평균 10번 한 것 맞으세요?

개념 체크 정답 **1** 평균에 ○표 **2** ○에 ○표

• 정답은 36쪽

[1-1~3-1] 채연이가 시침핀 5상자에 들어 있는 시침핀의 수를 각각 세어 보았습니다. 표를 보고 물음에 답하시오.

상자별 시침핀의 수

상자	가	나	다	라	마
시침핀 수(개)	30	31	32	29	28

1-1 한 상자에 시침핀이 몇 개쯤 들어 있다고 말할 수 있습니까?

( )

힌트 각 상자에 들어 있는 시침핀의 수를 살펴봅니다.

교과서 **유형**

2-1 한 상자당 들어 있는 시침핀의 수를 정하는 방법을 바르게 이야기한 사람에 ○표 하시오.

> 한 상자에 들어 있는 시침핀의 수인 30, 31, 32, 29, 28 중 가장 작은 수인 28로 정하면 돼.

> 한 상자에 들어 있는 시침핀의 수 30, 31, 32, 29, 28을 고르게 하면 30, 30, 30, 30, 30이므로 30으로 정하면 돼.

 채연 ( )

 지용 ( )

힌트 한 상자당 들어 있는 시침핀의 수이므로 고르게 나타낼 수 있도록 합니다.

3-1 한 상자에 들어 있는 시침핀의 수의 평균은 몇 개인지 찾아 기호를 쓰시오.

> ㉠ 28개 ㉡ 29개 ㉢ 30개 ㉣ 32개

( )

힌트 한 상자에 들어 있는 시침핀의 수를 대표할 수 있는 값을 알아봅니다.

[1-2~3-2] 유정이네 학교 5학년 학급별 학생 수를 나타낸 표입니다. 물음에 답하시오.

학급별 학생 수

학급(반)	인	의	예	지
학생 수(명)	26	28	25	29

1-2 한 학급에 학생이 몇 명쯤 있다고 말할 수 있습니까?

( )

2-2 한 학급당 학생 수를 정하는 올바른 방법에 ○표 하시오.

> 한 학급의 학생 수인 26, 28, 25, 29 중 가장 큰 수인 29로 정합니다. ( )

> 한 학급의 학생 수 26, 28, 25, 29를 고르게 하면 27, 27, 27, 27이므로 27로 정합니다. ( )

3-2 유정이네 학교 5학년 학급당 학생 수의 평균은 몇 명입니까?

( )

6 평균과 가능성

개념 2 평균을 구해 볼까요(1)

개념 동영상

개념 체크

❶ 평균을 구할 때 각각의 수를 모형으로 나타낸 후 모형의 수가 고르게 되도록 모형을 옮겨 구할 수 있습니다.
.... (○ , ×)

❷ 평균을 구할 때 각 자료의 값을 모두 (더해 , 빼) 자료의 수로 (곱하여 , 나누어) 구합니다.

예

성찬이네 모둠의 고리 던지기 기록

이름	성찬	연수	기정	형은
걸린 고리의 수(개)	5	3	2	6

방법 1 자료의 값이 고르게 되도록 모형을 옮겨 평균 구하기

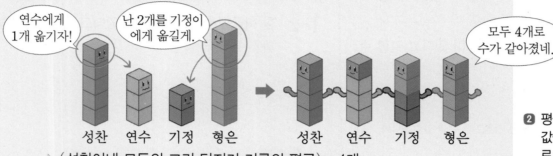

⇨ (성찬이네 모둠의 고리 던지기 기록의 평균)=4개

방법 2 자료의 값을 모두 더하여 자료의 수로 나누어 평균 구하기

└ 각각의 고리 던지기 기록을 나타낸 종이띠를 겹치지 않게 이은 후 4등분하여 구할 수 있습니다.

⇨ (성찬이네 모둠의 고리 던지기 기록의 평균)=$\dfrac{5+3+2+6}{4}=\dfrac{16}{4}=4$(개)

이 표는 친구들의 걸린 고리의 수인데 평균인 4개로 같아지려면 어떻게 하면 될까요?

성찬이네 모둠의 고리 던지기 기록

이름	성찬	연수	기정	형은
걸린 고리의 수(개)	5	3	2	6

· 정답은 36쪽

교과서 **유형**

1-1 정우네 모둠이 1분 동안 한 팔굽혀펴기 기록의 평균을 연결큐브로 알아본 것입니다. □ 안에 알맞은 수를 써넣으시오.

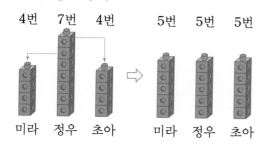

4번　7번　4번　　5번　5번　5번

미라　정우　초아　　미라　정우　초아

> 정우만 4번에서 3번 더 많으므로 3을 3으로 나누면 각 사람마다 한 번씩 더 한 것이므로 평균은 □번입니다.

힌트 정우의 연결큐브 2개를 미라, 초아에게 각각 1개씩 옮기면 3명의 연결큐브 개수가 같아집니다.

1-2 유나네 모둠이 지난달에 읽은 책 수의 평균을 연결큐브로 알아본 것입니다. □ 안에 알맞은 수를 써넣으시오.

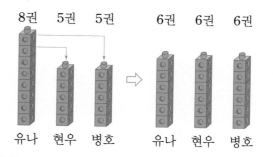

8권　5권　5권　　6권　6권　6권

유나　현우　병호　　유나　현우　병호

> 유나만 5권에서 3권 더 많으므로 3을 3으로 나누면 각 사람마다 1권씩 더 읽은 것이므로 평균은 □권입니다.

[2-1~3-1] 두 종이테이프 길이의 평균은 몇 cm인지 알아보려고 합니다. 물음에 답하시오.

4 cm　| 1 | 2 | 3 |

6 cm　| 1 | 2 | 3 | 4 | 5 |

2-1 두 종이테이프를 겹치지 않게 한 줄로 이으면 전체 길이는 모두 몇 cm가 됩니까?

(　　　　　　　)

힌트 두 종이테이프의 길이를 더해 봅니다.

[2-2~3-2] 두 리본 길이의 평균은 몇 cm인지 알아보려고 합니다. 물음에 답하시오.

5 cm

7 cm

2-2 두 리본을 겹치지 않게 한 줄로 이으면 전체 길이는 모두 몇 cm가 됩니까?

(　　　　　　　)

3-1 두 종이테이프 길이의 평균은 몇 cm입니까?

(　　　　　　　)

힌트 전체 길이를 종이테이프 수로 나누어 봅니다.

3-2 두 리본 길이의 평균은 몇 cm입니까?

(　　　　　　　)

6

평균과 가능성

개념 3 평균을 구해 볼까요(2)

개념 동영상

• 평균을 여러 가지 방법으로 구하기

㉠ 주별 보건실을 이용한 학생 수의 평균 구하기

주별 보건실을 이용한 학생 수

주	1주	2주	3주	4주
학생 수(명)	2	4	3	3

방법 1 평균을 예상한 후 자료의 값을 고르게 하여 구하기

평균을 3으로 예상해서 고르게 해 봐.

| | 1주 | 2주 | 3주 | 4주 |

⇨ 자료의 값을 고르게 하면 3, 3, 3, 3으로 나타낼 수 있으므로 주별 보건실을 이용한 학생 수의 평균은 3명입니다.

방법 2 자료의 값을 모두 더하여 자료의 수로 나누기

$$(주별 보건실을 이용한 학생 수의 평균) = \frac{2+4+3+3}{4} = \frac{12}{4} = 3(명)$$

개념 체크

❶ 평균을 예상한 후 자료의 값을 고르게 하여 평균을 구할 수 있습니다.
·················(○ , ×)

❷ 식을 이용하여 평균을 구할 때에는 자료의 수를 자료의 값을 모두 더한 수로 나누어 구합니다.
·················(○ , ×)

와~ 볼 컨트롤을 정말 잘하시네요!

축구 선수가 꿈이어서 연습을 많이 했었거든~.

그래서 볼 컨트롤을 잘하시는 거였군요.

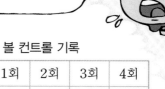

평균 몇 번이나 한 건지 잘 모르겠는데…….

볼 컨트롤 기록

회	1회	2회	3회	4회
기록(번)	16	18	19	15

자료의 값을 모두 더해서 자료의 수로 나누면 돼요.

(볼 컨트롤 기록의 합)
$= 16+18+19+15 = 68(번)$
⇨ (볼 컨트롤의 평균)$= \frac{68}{4} = 17(번)$

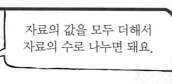

저도 축구 선수가 될래요.

저도 헤딩 잘 할 수 있어요.

오~ 잘 하는데~.

근데 얼굴로만 하면 어떡하니?

공만 떨어뜨리지 않으면 되죠~.

개념 체크 정답 ❶ ○에 ○표 ❷ ×에 ○표

• 정답은 36쪽

교과서 유형

1-1 준하의 과녁 맞히기 기록을 나타낸 표입니다. 과녁 맞히기 기록의 평균을 예상한 후 자료의 값을 고르게 하여 평균을 구할 때 ☐ 안에 알맞은 수를 써넣으시오.

준하의 과녁 맞히기 기록

회	1회	2회	3회	4회	5회
기록(점)	0	3	2	5	5

과녁 맞히기 기록의 평균을 ☐ 점으로 예상한 후 기록을 고르게 하면 평균은 ☐ 점입니다.

힌트 평균 값을 예상한 후 예상한 평균에 맞춰 기록을 고르게 해 봅니다.

1-2 경호네 모둠이 지난 주말에 운동한 시간을 나타낸 표입니다. 운동 시간의 평균을 예상한 후 자료의 값을 고르게 하여 평균을 구할 때 ☐ 안에 알맞은 수를 써넣으시오.

경호네 모둠이 운동한 시간

이름	경호	유진	은지	윤권	지용	민수
운동 시간(분)	50	40	50	30	40	30

경호네 모둠이 지난 주말에 운동한 시간의 평균을 ☐ 분으로 예상한 후 기록을 고르게 하면 평균은 ☐ 분입니다.

[2-1~3-1] 진주가 넘은 줄넘기 기록을 나타낸 표입니다. 물음에 답하시오.

진주의 줄넘기 기록

회	1회	2회	3회	4회
기록(번)	15	17	15	13

2-1 진주가 넘은 줄넘기 기록의 합은 몇 번인지 ☐ 안에 알맞은 수를 써넣으시오.

$$15+17+15+\boxed{}=\boxed{}\text{(번)}$$

힌트 각 회별 넘은 줄넘기 수를 더해 봅니다.

[2-2~3-2] 종호의 왕복 오래달리기 기록을 나타낸 표입니다. 물음에 답하시오.

종호의 왕복 오래달리기 기록

측정 시기(월)	4	5	6	7
횟수(회)	80	88	86	90

2-2 종호의 왕복 오래달리기 기록의 합은 몇 회입니까?

( )

3-1 진주가 넘은 줄넘기 기록의 평균을 구하려고 합니다. ☐ 안에 알맞은 수를 써넣으시오.

진주가 넘은 줄넘기 기록의 평균은 진주가 넘은 줄넘기 수의 합을 자료의 수인 ☐ (으)로 나누어야 합니다.

$$\Rightarrow \frac{\boxed{}}{\boxed{}}=\boxed{}\text{(번)}$$

힌트 평균은 각 자료의 값을 모두 더해 자료의 수로 나누어 구할 수 있습니다.

3-2 종호의 왕복 오래달리기 기록의 평균을 구하려고 합니다. ☐ 안에 알맞은 수를 써넣으시오.

(왕복 오래달리기 기록의 평균)

$$=\frac{\text{(왕복 오래달리기 기록의 합)}}{\text{(측정 시기의 수)}}$$

$$=\frac{\boxed{}}{\boxed{}}=\boxed{}\text{(회)}$$

6 평균과 가능성

STEP 1 개념 파헤치기

개념 동영상

개념 4 평균을 어떻게 이용할까요

(예) 문태와 재호의 제기차기 기록

회	1회	2회	3회	4회	평균
문태	6번	12번	10번	?	9번
재호	11번	7번	6번	×	8번

(1) 평균 비교하기: 제기차기를 누가 더 잘했는지 알아보기

⇨ 제기차기 기록의 평균이 9번>8번이므로 제기차기를 더 잘한 사람은 문태입니다.

(2) 평균을 이용하여 자료의 값 구하기: 문태의 제기차기 4회의 기록 구하기

(제기차기 기록을 모두 더한 수)=9×4=36(번)

(1회, 2회, 3회 기록을 모두 더한 수)=6+12+10=28(번)

⇨ (제기차기 4회의 기록)=36−28=8(번)

· (자료의 값을 모두 더한 수)=(평균)×(자료의 수)

· (모르는 자료의 값)
  =(전체 자료 값을 모두 더한 수)−(아는 자료 값을 모두 더한 수)

개념 체크

1 (자료의 값을 모두 더한 수)
=([   ])×(자료의 수)

문태와 재호의 제기찬 횟수가 각각 4회, 3회로 서로 다르기 때문에 두 학생의 제기차기 기록을 모두 더한 값을 비교하여 누가 더 잘했는지 알아보면 안 됩니다.

2 모르는 자료의 값은 전체 자료의 값을 더한 수에서 아는 자료의 값을 더한 수를 빼서 구할 수 있습니다.
.....................(○ , ×)

월별 목욕 횟수

월	1월	2월	3월	4월	평균
현철	6번	12번	10번	8번	9번
잔디	11번	7번	6번	×	8번

개념 체크 정답 **1** 평균 **2** ○에 ○표

· 정답은 36쪽

[1-1~2-1] 성주와 현애 중 고리 던지기 평균 기록이 더 많은 사람을 대표 선수로 뽑으려고 합니다. 물음에 답하시오.

성주의 고리 던지기 기록

회	1회	2회	3회
기록(개)	9	5	4

현애의 고리 던지기 기록

회	1회	2회	3회	4회
기록(개)	6	4	2	8

1-1 성주와 현애의 고리 던지기 기록의 평균은 몇 개인지 각각 구하시오.

성주 (   )

현애 (   )

힌트 $(평균) = \dfrac{(자료의\ 값을\ 모두\ 더한\ 수)}{(자료의\ 수)}$

2-1 알맞은 말에 ○표 하시오.

> 성주와 현애의 고리 던지기 기록의 평균을 비교해 보았을 때 고리 던지기 대표 선수로 (성주 , 현애)를 뽑아야 합니다.

힌트 고리 던지기 기록의 평균이 더 많은 사람을 대표 선수로 뽑아야 합니다.

교과서 유형

3-1 민주의 공 던지기 기록의 평균이 18 m일 때 4회 동안 던진 거리의 합은 몇 m입니까?

(   )

힌트 (자료의 값을 모두 더한 수)=(평균)×(자료의 수)

[1-2~2-2] 미라와 윤호 중 100 m 달리기 평균 기록이 더 빠른 사람을 대표 선수로 뽑으려고 합니다. 물음에 답하시오.

미라의 100 m 달리기 기록

회	1회	2회	3회	4회
기록(초)	18	21	19	14

윤호의 100 m 달리기 기록

회	1회	2회	3회
기록(초)	17	20	14

1-2 미라와 윤호의 100 m 달리기 기록의 평균은 몇 초인지 각각 구하시오.

미라 (   )

윤호 (   )

2-2 알맞은 말에 ○표 하시오.

> 미라와 윤호의 100 m 달리기 기록의 평균을 비교해 보았을 때 100 m 달리기 대표 선수로 (미라 , 윤호)를 뽑아야 합니다.

3-2 안나의 훌라후프 돌리기 기록의 평균이 32번일 때 4회 동안 돌린 기록의 합은 몇 번입니까?

(   )

6

평균과 가능성

STEP 2 개념 확인하기

개념 1 평균 알아보기

$$(평균) = \frac{(자료의\ 값을\ 모두\ 더한\ 수)}{(자료의\ 수)}$$

[01~02] 신명이네 모둠과 윤지네 모둠의 도서 대출 책 수를 나타낸 표입니다. 물음에 답하시오.

신명이네 모둠의
도서 대출 책 수

이름	도서 대출 책 수(권)
신명	3
진주	6
성진	4
보람	11

윤지네 모둠의
도서 대출 책 수

이름	도서 대출 책 수(권)
윤지	7
지아	6
형준	5
승혁	9
수은	8

01 신명이네 모둠과 윤지네 모둠의 도서 대출 책 수의 평균은 각각 몇 권입니까?

　　신명이네 모둠 (　　　　　　　　)

　　윤지네 모둠 (　　　　　　　　)

익힘책 유형

02 어느 모둠이 더 많이 읽었다고 볼 수 있습니까?

（　　　　　　　　）

03 정주네 모둠 5명이 접은 종이배의 수는 다음과 같습니다. 정주네 모둠이 접은 종이배의 평균은 몇 개입니까?

36	45	52	48	39

（　　　　　　　　）

개념 2 평균 구하기

방법 1 각 자료의 값이 고르게 되도록 자료의 값을 옮겨 구합니다.

방법 2 자료의 값을 모두 더해 자료의 수로 나누어 구합니다.

[04~06] 지난 주 월요일부터 금요일까지 최고 기온을 나타낸 표입니다. 물음에 답하시오.

요일별 최고 기온

요일	월	화	수	목	금
기온(℃)	7	4	5	9	10

04 지난 주 요일별 최고 기온을 막대그래프로 나타내시오.

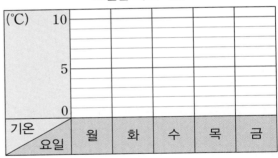

교과서 유형

05 04번의 그래프의 막대의 높이를 고르게 나타내시오.

06 지난 주 요일별 최고 기온의 평균은 몇 ℃입니까?

（　　　　　　　　）

[07~08] 성민이가 월요일부터 금요일까지 독서한 시간을 나타낸 표입니다. 물음에 답하시오.

성민이가 독서한 시간

요일	월	화	수	목	금
시간(분)	35	50	45	40	30

07 성민이가 독서한 시간의 평균을 예상해 보시오.

( )

교과서 유형
08 성민이가 독서한 시간의 평균을 구하시오.

( )

익힘책 유형
09 어느 농구팀이 경기를 4번 했을 때 얻은 점수를 나타낸 표입니다. 이 농구팀이 다섯 경기 동안 얻은 점수의 평균이 네 경기 동안 얻은 점수의 평균보다 높아졌을 때 다섯 번째 경기에서 얻은 점수를 예상해 보시오.

경기별 얻은 점수

경기	첫 번째	두 번째	세 번째	네 번째
얻은 점수(점)	95	103	100	106

( )

10 원재네 모둠과 경아네 모둠 중 어느 모둠의 단체 줄넘기 평균이 몇 번 더 많은지 구하시오.

원재네 모둠
20번 32번 29번

경아네 모둠
16번 31번 37번

( ), ( )

개념 ③ 평균 이용하기

- (자료의 값을 모두 더한 수)
  = (평균) × (자료의 수)
- (모르는 자료의 값)
  = (전체 자료의 값을 모두 더한 수)
  − (아는 자료의 값을 모두 더한 수)

11 윤석이와 미애의 제자리 멀리뛰기 기록을 나타낸 표입니다. 제자리 멀리뛰기를 더 잘한 사람은 누구입니까?

윤석이의 제자리 멀리뛰기 기록

회	1회	2회	3회	4회
기록(cm)	78	84	77	81

미애의 제자리 멀리뛰기 기록

회	1회	2회	3회
기록(cm)	76	82	88

( )

12 영민이네 학교 학년별 학생 수의 평균은 135명입니다. 5학년 학생 수는 몇 명입니까?

학년별 학생 수

학년	1	2	3	4	5	6
학생 수(명)	127	135	140	138		128

( )

6 평균과 가능성

해결의 창
• 평균을 이용하여 모르는 자료의 값을 구할 수 있습니다.

| 4 | 8 | ★ | 3 | ⇨ 평균: 5   (자료의 값을 모두 더한 수)=5×4=20, ★=20−(4+8+3)=20−15=5 |

개념 동영상

개념 **5** 일이 일어날 가능성을 말로 표현해 볼까요

• **일이 일어날 가능성을 나타내기**

1월 1일 다음에 1월 2일이 올 가능성은 확실합니다. 이처럼 가능성은 어떠한 상황에서 특정한 일이 일어나길 기대할 수 있는 정도를 말합니다.

> 가능성의 정도는 불가능하다, ~아닐 것 같다, 반반이다, ~일 것 같다, 확실하다 등으로 표현할 수 있어요.

(예)

일	가능성	불가능하다	반반이다	확실하다
🎲 주사위를 굴렸을 때 눈의 수가 7일 것입니다.		○		
💰 100원짜리 동전을 던졌을 때 숫자 면이 나올 것입니다.			○	
🌄 내일 아침에 동쪽에서 해가 뜰 것입니다.				○

7의 눈은 없음

숫자 면 또는 그림 면

해는 동쪽에서 뜸

개념 체크

1 어떠한 상황에서 특정한 일이 일어나길 기대할 수 있는 정도를 [   ] 이라고 합니다.

2 주사위에는 눈의 수가 7인 것은 없기 때문에 주사위를 던졌을 때 눈의 수가 7일 가능성은 불가능합니다.
··················(○ , ×)

개념 체크 정답 **1** 가능성 **2** ○에 ○표

• 정답은 38쪽

1-1 동전만 들어 있는 저금통에서 지폐를 꺼낼 가능성을 보기 에서 찾아 쓰시오.

보기
불가능하다   반반이다   확실하다

(   )

힌트 저금통에는 지폐가 없습니다.

1-2 일이 일어날 가능성에 대하여 알맞은 것에 ○표 하시오.

사과나무에서 딸기가 열릴 것입니다.

불가능하다	반반이다	확실하다

2-1 일이 일어날 가능성이 확실한 것에 ○표 하시오.

내일 아침에
서쪽에서 해가 뜰
가능성

2의 배수가
짝수일 가능성

(   )   (   )

힌트 반드시 일어날 수 있는 일을 찾아봅니다.

2-2 일이 일어날 가능성이 확실한 것을 찾아 기호를 쓰시오.

㉠ 50원짜리 동전을 던졌을 때 그림 면이 나올 가능성
㉡ 계산기로 1 $+$ 1 $=$ 을 눌렀을 때 2가 나올 가능성

(   )

교과서 유형

3-1 일이 일어날 가능성을 생각하여 알맞게 선으로 이으시오.

1 , 2 중에서
한 장을 뽑을 때
1 이 나올 가능성

•   • 불가능하다

•   • 반반이다

내년 1월의 날수가
30일일 가능성

•   • 확실하다

힌트 주어진 일이 일어나길 기대할 수 있는 정도를 생각해 봅니다.

3-2 일이 일어날 가능성을 생각하여 알맞게 선으로 이으시오.

주사위를 굴렸을
때 나온 눈의 수가
8일 가능성

•   • 불가능하다

•   • 반반이다

오늘 저녁에 해가
서쪽으로 질
가능성

•   • 확실하다

6

평균과 가능성

6. 평균과 가능성 **149**

개념 6 일이 일어날 가능성을 비교해 볼까요

개념 동영상

● **일이 일어날 가능성을 비교하기**

예) 일이 일어나는 가능성의 위치를 나타내어 비교해 봅니다.

① 이웃집에는 강아지가 있을 것입니다. ⇨ ~일 것 같다

② 월요일 다음 날은 화요일입니다. ⇨ 확실하다

③ 12월은 32일까지 있습니다. ⇨ 불가능하다

④ 내일은 비가 올 것입니다. ⇨ 반반이다

⑤ 오늘 학교에 전학생이 올 것입니다. ⇨ ~아닐 것 같다

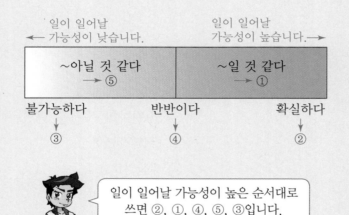

1 일이 일어날 가능성이 가장 높은 것은 (확실하다 , 불가능하다) 로 나타낼 수 있습니다.

2 일이 일어날 가능성이 가장 낮은 것은 (확실하다 , 불가능하다) 로 나타낼 수 있습니다.

개념 체크 정답 **1** 확실하다에 ○표 **2** 불가능하다에 ○표

기본 문제

쌍둥이 문제

[1-1~4-1] 지훈, 규리, 성준이가 파란색과 빨간색을 사용하여 회전판을 만들었습니다. 물음에 답하시오.

[1-2~4-2] 가, 나, 다 회전판을 보고 물음에 답하시오.

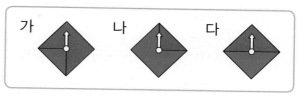

1-1 화살이 빨간색에 멈출 가능성과 파란색에 멈출 가능성이 비슷한 회전판은 누가 만든 회전판입니까?

( )

> 힌트) 빨간색과 파란색이 비슷하게 색칠되어 있는 회전판을 찾아봅니다.

1-2 가와 나 중 화살이 파란색에 멈출 가능성이 더 높은 회전판은 어느 것입니까?

( )

2-1 화살이 빨간색에 멈추는 것이 불가능한 회전판은 누가 만든 회전판입니까?

( )

> 힌트) 빨간색이 없는 회전판을 찾아봅니다.

2-2 화살이 빨간색에 멈출 가능성과 파란색에 멈출 가능성이 비슷한 회전판은 어느 것입니까?

( )

3-1 지훈, 규리, 성준이가 만든 회전판 중에서 화살이 빨간색에 멈출 가능성이 가장 높은 회전판은 누가 만든 회전판인지 ○표 하시오.

| 지훈 | 규리 | 성준 |

> 힌트) 빨간색이 색칠되어 있는 부분을 비교해 봅니다.

3-2 가, 나, 다 중 화살이 파란색에 멈출 가능성이 가장 낮은 회전판은 어느 것입니까?

( )

4-1 화살이 빨간색에 멈출 가능성이 높은 회전판을 만든 친구부터 이름을 차례로 쓰시오.

( )

> 힌트) 빨간색이 많이 색칠되어 있는 회전판부터 알아봅니다.

4-2 화살이 파란색에 멈출 가능성이 높은 회전판부터 차례로 쓰시오.

( )

개념 7 일이 일어날 가능성을 수로 표현해 볼까요

개념 동영상

개념 체크

* 일이 일어날 가능성을 수로 표현하기

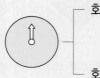
화살이 노란색에 멈출 가능성: — 확실하다.

화살이 초록색에 멈출 가능성: 0 — 불가능하다.

화살이 노란색에 멈출 가능성: $\frac{1}{2}$ — 반반이다.

화살이 초록색에 멈출 가능성: $\frac{1}{2}$ — 반반이다.

화살이 노란색에 멈출 가능성: 0 — 불가능하다.

화살이 초록색에 멈출 가능성: — 확실하다.

1 일어날 가능성이 확실할 때 가능성을 0부터 1까지의 수 중에서 (1 , 0)(으)로 표현할 수 있습니다.

2 일어날 가능성이 반반일 때 가능성을 0부터 1까지의 수 중에서 (1 , $\frac{1}{2}$)로 표현할 수 있습니다.

개념 체크 정답 **1** 1에 ○표 **2** $\frac{1}{2}$에 ○표

1-1 오른쪽 주머니에서 바둑돌 1개를 꺼냈을 때 □ 안에 알맞은 수를 써넣으시오.

(1) 꺼낸 바둑돌이 흰색일 가능성: ☐

(2) 꺼낸 바둑돌이 검은색일 가능성: ☐

힌트 불가능한 것은 0, 확실한 것은 1로 표현합니다.

1-2 주머니 속에 흰색 공이 2개 들어 있습니다. 주머니에서 공 1개를 꺼냈을 때 □ 안에 알맞은 수를 써넣으시오.

(1) 꺼낸 공이 흰색일 가능성: ☐

(2) 꺼낸 공이 검은색일 가능성: ☐

2-1 오른쪽 주머니에서 바둑돌 1개를 꺼냈을 때 꺼낸 바둑돌이 흰색일 가능성을 수로 표현하시오.

(　　　　　)

힌트 가능성이 반반인 것을 수로 표현하면 $\frac{1}{2}$입니다.

2-2 필통 속에 노란색 색연필 1자루와 분홍색 색연필 1자루가 들어 있습니다. 필통에서 색연필 1자루를 꺼냈을 때 꺼낸 색연필이 노란색일 가능성을 수로 표현하시오.

(　　　　　)

3-1 주사위 놀이를 하고 있습니다. 물음에 답하시오.

(1) 주사위를 한 번 굴릴 때 주사위의 눈의 수가 1 이상으로 나올 가능성을 수직선에 ↓로 나타내시오.

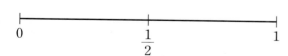

(2) 주사위를 한 번 굴릴 때 주사위의 눈의 수가 7 이상으로 나올 가능성을 수직선에 ↓로 나타내시오.

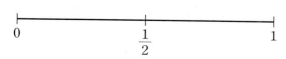

힌트 일이 일어날 가능성을 수로 먼저 표현한 후 수직선에 나타내어 봅니다.

3-2 주사위 놀이를 하고 있습니다. 물음에 답하시오.

(1) 주사위를 한 번 굴릴 때 주사위의 눈의 수가 짝수로 나올 가능성을 수직선에 ↓로 나타내시오.

(2) 주사위를 한 번 굴릴 때 주사위의 눈의 수가 홀수로 나올 가능성을 수직선에 ↓로 나타내시오.

개념 5 일이 일어날 가능성을 말로 표현하기

가능성: 어떠한 상황에서 특정한 일이 일어나길 기대할 수 있는 정도

(익힘책 유형)

01 □ 안에 일이 일어날 가능성의 정도를 알맞게 써넣으시오.

일이 일어날 가능성이 낮습니다. ←	→ 일이 일어날 가능성이 높습니다.
~아닐 것 같다	
	반반이다 확실하다

(교과서 유형)

02 일이 일어날 가능성을 생각해 보고, 알맞게 표현한 곳에 ○표 하시오.

사건	불가능하다	반반이다	확실하다
내일 해가 서쪽에서 뜰 가능성			
100원짜리 동전을 던졌을 때 숫자 면이 나올 가능성			

03 일이 일어날 가능성이 확실한 것을 찾아 기호를 쓰시오.

⊙ 한 명의 아이가 태어났을 때 여자 아이일 가능성
ⓛ 흰색 공만 들어 있는 주머니에서 공을 1개 꺼냈을 때 흰색 공일 가능성

( )

개념 6 일이 일어날 가능성 비교하기

일이 일어날 가능성을 '불가능하다, ~아닐 것 같다, 반반이다, ~일 것 같다, 확실하다'로 나타내어 가능성을 비교해 볼 수 있습니다.

(교과서 유형)

[04~05] 청하와 친구들이 말하는 일이 일어날 가능성을 생각하여 물음에 답하시오.

- 청하: 내년에는 5월이 2월보다 빨리 올 거야.
- 지운: 일 년 중 내 생일이 있어.
- 석훈: 주사위를 던졌을 때 눈의 수가 2일 거야.
- 준영: 동전을 던졌을 때 나온 면은 숫자 면일 거야.
- 희수: 주머니에 든 공깃돌 100개 중 5개만 빨간색이야. 공깃돌 1개를 꺼낼 때 그 공깃돌은 빨간색이 아닐 거야.

04 일이 일어날 가능성을 알아보아 □ 안에 알맞게 이름을 써넣으시오.

~아닐 것 같다	~일 것 같다
	희수

불가능하다	반반이다	확실하다
청하		

05 일이 일어날 가능성이 높은 사람부터 차례로 이름을 쓰시오.

( )

익힘책 유형

06 빨간색, 파란색, 노란색으로 이루어진 회전판과 회전판을 60번 돌려 화살이 멈춘 횟수를 나타낸 표입니다. 일이 일어날 가능성이 비슷한 회전판을 찾아 기호를 쓰시오.

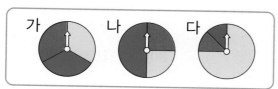

(1)
색깔	빨강	파랑	노랑
횟수(회)	17	22	21

( )

(2)
색깔	빨강	파랑	노랑
횟수(회)	9	10	41

( )

개념 7 일이 일어날 가능성을 수로 표현하기

일이 일어날 가능성을 수로 표현할 수 있습니다.

⇨ ┌ 확실하다: 1
　├ 반반이다: $\frac{1}{2}$
　└ 불가능하다: 0

---

07 10원짜리 동전을 던졌을 때 다음 면이 나올 가능성을 수로 표현하고 수직선에 ↓로 나타내시오.

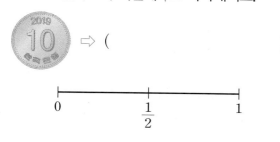 ⇨ ( )

```
├──────────┼──────────┤
0         1/2         1
```

[08~09] 막대자석 2개를 가까이 가져갔을 때 다음 일이 일어날 가능성을 수로 표현하시오.

08
S극과 N극이 붙을 가능성

( )

09
S극과 S극이 붙을 가능성

( )

익힘책 유형

[10~11] 지영이가 구슬 개수 맞히기를 하고 있습니다. 구슬 6개가 들어 있는 주머니에서 손에 잡히는 대로 구슬을 한 개 이상 꺼냈습니다. 물음에 답하시오.

10 꺼낸 구슬의 개수가 짝수일 가능성을 말과 수로 표현하시오.

말 _____

수 _____

11 꺼낸 구슬의 개수가 7개일 가능성을 말과 수로 표현하시오.

말 _____

수 _____

6
평균과 가능성

해결의 창

• 일이 일어날 가능성이 확실한 경우는 1, 불가능한 경우는 0으로 표현할 수 있습니다.
　반대로 표현하지 않도록 주의합니다.
　예) 흰색 공만 들어 있는 상자에서 공 1개를 꺼냈을 때 꺼낸 공이 검은색일 경우: 불가능하므로 ✗ ⓪

[01~02] 영수네 모둠의 윗몸 말아 올리기 기록을 조사하여 나타낸 표입니다. 물음에 답하시오.

윗몸 말아 올리기 기록

이름	영수	희찬	동남	유림
기록(회)	23	18	19	24

01 영수네 모둠의 윗몸 말아 올리기 기록의 평균은 몇 회입니까?

( )

02 윗몸 말아 올리기를 평균보다 많이 한 사람을 모두 찾아 이름을 쓰시오.

( )

[03~04] 회전판을 보고 물음에 답하시오.

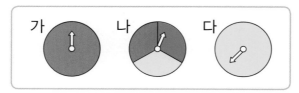

03 회전판을 돌렸을 때 화살이 빨간색에 멈출 가능성이 가장 큰 회전판을 찾아 기호를 쓰시오.

( )

04 다 회전판을 돌렸을 때 화살이 파란색에 멈출 가능성에 대하여 알맞은 칸에 ○표 하시오.

불가능하다	반반이다	확실하다

[05~07] 유라네 모둠과 기훈이네 모둠의 수학 점수를 나타낸 표입니다. 물음에 답하시오.

유라네 모둠의 수학 점수

이름	유라	희정	선민	승현
점수(점)	80	70	70	60

기훈이네 모둠의 수학 점수

이름	기훈	정연	수지	민국
점수(점)	75	80	70	75

05 유라네 모둠의 수학 점수의 평균은 몇 점입니까?

( )

06 기훈이네 모둠의 수학 점수의 평균은 몇 점입니까?

( )

07 유라네 모둠과 기훈이네 모둠 중 어느 모둠이 더 잘했다고 볼 수 있습니까?

( )

08 일이 일어날 가능성이 확실한 것을 고르시오.
.... ( )

① 해가 서쪽에서 뜰 가능성

② 500원짜리 동전을 던졌을 때 그림 면이 나올 가능성

③ 주사위를 던졌을 때 7의 눈이 나올 가능성

④ 검은색 공 4개가 있는 주머니에서 공 1개를 꺼냈을 때 꺼낸 공이 검은색일 가능성

⑤ 1부터 4까지 쓰여진 숫자 카드 4장 중에서 1을 뽑을 가능성

• 정답은 39쪽

09 두 가지 신호가 같은 시간 동안 번갈아 켜지는 신호등이 있습니다. 신호등에 켜진 신호가 보행자 신호일 가능성을 수로 표현하시오.

 정지 신호

 보행자 신호

(   )

10 현규와 지호의 턱걸이 기록입니다. 두 사람이 모두 4회씩 했을 때 누구의 턱걸이 기록의 평균이 몇 번 더 많습니까?

현규의 기록
12　18　16　14

지호의 기록
10　18　11　17

(   ), (   )

[11~12] 주머니에 흰색 바둑돌과 검은색 바둑돌이 다음과 같이 들어 있습니다. 물음에 답하시오.

11 주머니에서 바둑돌을 1개 꺼냈을 때 검은색 바둑돌일 가능성이 0인 주머니를 찾아 기호를 쓰시오.

(   )

12 주머니에서 바둑돌을 1개 꺼냈을 때 흰색 바둑돌일 가능성이 높은 주머니부터 차례로 기호를 쓰시오.

(   )

---

13 진구의 왕복 오래달리기 기록을 나타낸 표입니다. 진구의 왕복 오래달리기 기록의 평균을 두 가지 방법으로 구하시오.

진구의 왕복 오래달리기 기록

측정 시기(월)	3월	4월	5월	6월	7월
기록(회)	90	95	100	90	100

방법 1 예상한 평균 (   )회

방법 2

14 5일 동안 윤호의 스마트폰 사용 시간을 나타낸 표입니다. 스마트폰 하루 사용 시간의 평균이 38분일 때 목요일은 몇 분을 사용했습니까?

스마트폰 사용 시간

요일	월	화	수	목	금
이용 시간(분)	50	25	40		30

(   )

15 카드 중 한 장을 뽑을 때 의 카드를 뽑을 가능성을 수로 표현하시오.

(   )

6
평균과 가능성

16 채용이네 학교 5학년 반별 학생 수를 나타낸 표입니다. 전체 학생 수는 변함없을 때 반을 1개 더 만들면 반별 학생 수의 평균은 몇 명이 됩니까?

반별 학생 수

학급(반)	1	2	3	4
학생 수(명)	35	33	31	36

( )

17 진호의 국어와 수학 두 과목 점수의 평균은 84점이고, 사회는 90점입니다. 국어, 수학, 사회 세 과목 점수의 평균은 몇 점입니까?

( )

18 지호네 모둠의 단체 줄넘기 기록입니다. 평균 30번 이상이 되어야 준결승에 올라갈 수 있다고 할 때, 지호네 모둠이 준결승에 올라가려면 마지막에 적어도 몇 번을 넘어야 합니까?

30	27	29	32	25	33	☐

( )

19 지난 5일 동안 도서실을 방문한 학생 수를 나타낸 표입니다.❶방문한 학생 수의 평균보다 /❷많은 요일에 선생님을 추가로 배정할 때 어느 요일에 배정해야 하는지 모두 찾아 쓰시오.

요일별 방문한 학생 수

요일	월	화	수	목	금
학생 수(명)	42	36	37	43	37

( )

해결의 법칙!

❶ 방문한 학생 수의 평균을 구합니다.

❷ 평균보다 많은 요일을 알아봅니다.

20 준수가 1분씩 6회 동안 기록한 타자 수를 나타낸 표입니다.❶준수가 기록한 타자 수의 평균이 285타일 때, /❷준수의 기록이 가장 좋았을 때는 몇 회인지 구하시오.

회별 타자 수

회	1회	2회	3회	4회	❶5회	6회
타자 수(타)	315	300	274	258		279

( )

해결의 법칙!

❶ 평균을 이용하여 5회의 타자 수를 구합니다.

❷ 준수의 기록이 가장 좋았을 때를 알아봅니다.

창의·융합 문제

· 정답은 39쪽

[1 ~ 2] 현진이네 집과 연수네 집에서는 벼농사를 짓고 있습니다. 두 사람의 대화를 보고 올해 누구네 집에서 농사를 더 잘 지었다고 할 수 있는지 알아보려고 합니다. 물음에 답하시오.

> 현진: 올해 우리 집에서는 논 2400 m²에서 쌀 12000 kg을 생산했어.
>
> 연수: 올해 우리 집에서는 논 150 m²에서 쌀 900 kg을 생산했어.

1 논 1 m²에서 생산한 평균 쌀의 양은 각각 몇 kg입니까?

현진이네 (   ), 연수네 (   )

2 **1**의 결과를 이용하여 누구네 집에서 농사를 더 잘 지었다고 할 수 있는지 이유를 쓰고 답을 구하시오.

이유

답

[3 ~ 4] 준호는 하루에 평균 50분씩 운동을 하기로 하였습니다. 준호의 운동 시간을 보고 하루 평균 50분이 되기 위해 내일은 몇 시 몇 분까지 운동을 해야 하는지 알아보려고 합니다. 물음에 답하시오.

운동을 시작한 시각과 끝낸 시각

	시작 시각	끝낸 시각
어제	오후 5시 10분	오후 5시 50분
오늘	오후 4시 50분	오후 5시 40분
내일	오후 5시 20분	

3 하루 평균 50분이 되려면 내일 운동해야 하는 시간은 몇 분입니까?

(   )

4 준호는 내일 오후 몇 시 몇 분까지 운동을 해야 합니까?

(   )

삼한사온? 아니, 삼한사미!
기대 수명 갉아먹는 미세먼지

미세먼지가 전 세계 인구의 평균 *기대 수명을 2년 가까이 줄어들게 한다는 보고서가 나왔어요.
미국 시카고대 에너지정책연구소는 미세먼지 수치가 기대 수명에 미치는 정도를 수치화한 '대기질 수명 지수'를 분석한 결과, 세계 인구의 평균 기대 수명이 1.8년 감소할 것으로 내다봤어요. 미세먼지는 흡연이나 알코올 및 마약 중독, 비위생 등을 제치고 건강에 가장 해로운 위험 원인으로 조사됐어요. 또한 이번 보고서는 만약 우리가 *세계보건기구(WHO)가 정한 기준으로 초미세먼지를 줄일 수 있다면, *우리나라는 1.4년, 중국은 2.9년, 인도는 4.3년씩 기대 수명이 늘어날 것이라고 전망했어요.
WHO 사무총장은 한 인터뷰에서 "오염된 대기 자체가 새로운 담배"라고 경고하기도 했어요. 미세먼지에 대한 기준을 강화하는 것은 물론, 미세먼지를 줄이기 위한 전 세계의 적극적인 노력이 필요한 시점이에요.

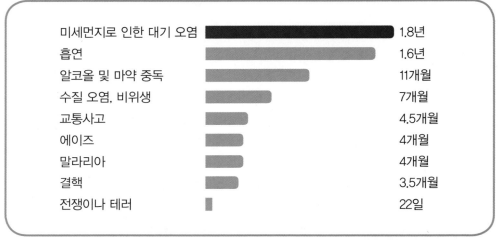

위험 원인에 따른 기대 수명 단축 시간

위험 원인	기대 수명 단축 시간
미세먼지로 인한 대기 오염	1.8년
흡연	1.6년
알코올 및 마약 중독	11개월
수질 오염, 비위생	7개월
교통사고	4.5개월
에이즈	4개월
말라리아	4개월
결핵	3.5개월
전쟁이나 테러	22일

[자료 미국 시카고대 에너지정책연구소]

*기대 수명   0세 출생자가 앞으로 생존할 것으로 기대되는 평균 생존 연수를 말한다.
*세계보건기구   보건이나 위생 등에서 국제적인 협력을 얻기 위해 만든 단체. 전염병이나 풍토병 등의 질병을 퇴치하고 세계 모든 인류의 건강을 위해 노력하는 것을 목표로 한다.
*현재 WHO가 안전하다고 본 초미세먼지(PM2.5)의 연평균 농도는 1 m³당 10 μg(마이크로그램) 이하다. 우리나라의 기준은 1 m³당 15 μg으로 WHO의 기준보다 느슨한 상황이다. (PM2.5는 지름 2.5 μm(마이크로미터) 이하의 먼지. 마이크로미터는 100만분의 1 m. 마이크로그램은 100만분의 1 g.)

「월간 우등생과학 2019년 2월호」에서 발췌

배움으로 행복한 내일을 꿈꾸는
천재교육 커뮤니티 안내

교재 안내부터 구매까지 한 번에!
천재교육 홈페이지

자사가 발행하는 참고서, 교과서에 대한 소개는 물론
도서 구매도 할 수 있습니다. 회원에게 지급되는 별을 모아
다양한 상품 응모에도 도전해 보세요!

다양한 교육 꿀팁에 깜짝 이벤트는 덤!
천재교육 인스타그램

천재교육의 새롭고 중요한 소식을 가장 먼저 접하고 싶다면?
천재교육 인스타그램 팔로우가 필수!
깜짝 이벤트도 수시로 진행되니 놓치지 마세요!

수업이 편리해지는
천재교육 ACA 사이트

오직 선생님만을 위한, 천재교육 모든 교재에 대한 정보가 담긴
아카 사이트에서는 다양한 수업자료 및 부가 자료는 물론
시험 출제에 필요한 문제도 다운로드하실 수 있습니다.

https://aca.chunjae.co.kr

천재교육을 사랑하는 샘들의 모임
천사샘

학원 강사, 공부방 선생님이시라면 누구나 가입할 수 있는 천사샘!
교재 개발 및 평가를 통해 교재 검토진으로 참여할 수 있는 기회는 물론
다양한 교사용 교재 증정 이벤트가 선생님을 기다립니다.

아이와 함께 성장하는 학부모들의 모임공간
튠맘 학습연구소

튠맘 학습연구소는 초·중등 학부모를 대상으로 다양한 이벤트와 함께
교재 리뷰 및 학습 정보를 제공하는 네이버 카페입니다.
초등학생, 중학생 자녀를 둔 학부모님이라면 튠맘 학습연구소로 오세요!

모든 개념을
다 보는
해결의 법칙

개념 해결의 법칙

꼼꼼 풀이집

수학

5·2

재교육

꼼꼼 풀이집

1 수의 범위와 어림하기 ⋯⋯⋯⋯⋯⋯⋯⋯ 2 쪽

2 분수의 곱셈 ⋯⋯⋯⋯⋯⋯⋯⋯⋯⋯⋯⋯ 7 쪽

3 합동과 대칭 ⋯⋯⋯⋯⋯⋯⋯⋯⋯⋯⋯ 16 쪽

4 소수의 곱셈 ⋯⋯⋯⋯⋯⋯⋯⋯⋯⋯⋯ 23 쪽

5 직육면체 ⋯⋯⋯⋯⋯⋯⋯⋯⋯⋯⋯⋯ 30 쪽

6 평균과 가능성 ⋯⋯⋯⋯⋯⋯⋯⋯⋯⋯ 36 쪽

5-2

5~6학년군 수학②

꼼꼼 풀이집

1 수의 범위와 어림하기

STEP 1 개념 파헤치기　10 ~ 15쪽

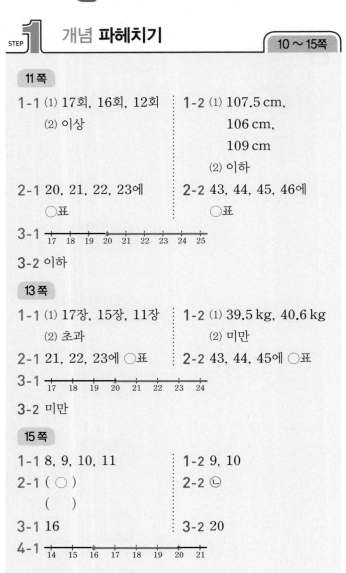

11쪽

1-1 (1) 17회, 16회, 12회
(2) 이상

1-2 (1) 107.5 cm,
106 cm,
109 cm
(2) 이하

2-1 20, 21, 22, 23에 ○표

2-2 43, 44, 45, 46에 ○표

3-1 17 18 19 20 21 22 23 24 25

3-2 이하

13쪽

1-1 (1) 17장, 15장, 11장
(2) 초과

1-2 (1) 39.5 kg, 40.6 kg
(2) 미만

2-1 21, 22, 23에 ○표

2-2 43, 44, 45에 ○표

3-1 17 18 19 20 21 22 23 24

3-2 미만

15쪽

1-1 8, 9, 10, 11

1-2 9, 10

2-1 (○)
( )

2-2 ㉡

3-1 16

3-2 20

4-1 14 15 16 17 18 19 20 21

4-2 14 15 16 17 18 19 20 21

11쪽

1-1 (1) 진아의 봉사활동 횟수가 12회이므로 12회와 같거나 많은 학생의 봉사활동 횟수를 찾아보면
17회(윤이), **16회**(문근), **12회**(미영)입니다.

(2) 진아의 봉사활동 횟수가 12회이므로 봉사활동 횟수가 진아와 같거나 많은 학생은 봉사활동 횟수가 12회와 같거나 많은 학생을 의미합니다.
따라서 봉사활동 횟수가 12회 **이상**인 학생으로 나타낼 수 있습니다.

1-2 (1) 진아의 키가 109 cm이므로 109 cm와 같거나 작은 학생의 키를 찾아보면 **107.5 cm**(윤이),
106 cm(문근), **109 cm**(승찬)입니다.

(2) 진아의 키가 109 cm이므로 키가 진아와 같거나 작은 학생은 키가 109 cm와 같거나 작은 학생을 의미합니다. 따라서 키가 109 cm **이하**인 학생으로 나타낼 수 있습니다.

2-1 생각 열기 ■ 이상인 수는 ■와 같거나 큰 수입니다.
20 이상인 수에는 20이 포함됩니다.
⇨ 20, 21, 22, 23

2-2 46 이하인 수는 46과 같거나 작은 수이므로 46이 포[함]됩니다.
⇨ 43, 44, 45, 46

3-1 생각 열기 기준이 되는 수가 포함되는 경우에는 기준이 되[는] 수에 ●로 표시합니다.
20에 ●로 표시하고 오른쪽으로 선을 긋습니다.

3-2 100에 ●로 표시하고 왼쪽으로 선이 그어져 있으므[로] 100 **이하**인 수입니다.

13쪽

1-1 (1) 윤주의 붙임딱지 수가 10장이므로 10장보다 많은 학[생]의 붙임딱지 수를 찾아보면
17장(현정), **15장**(민하), **11장**(소희)입니다.

(2) 윤주의 붙임딱지 수가 10장이므로 붙임딱지 수가 [윤]주보다 많은 학생은 붙임딱지 수가 10장보다 많은 [학]생을 의미합니다.
따라서 붙임딱지 수가 10장 **초과**인 학생으로 나타[낼] 수 있습니다.

1-2 (1) 윤주의 몸무게가 41 kg이므로 41 kg보다 가벼운 학[생]의 몸무게를 찾아보면
39.5 kg(현정), **40.6 kg**(민하)입니다.

(2) 윤주의 몸무게가 41 kg이므로 몸무게가 윤주보다 [무]게 나가는 학생은 몸무게가 41 kg보다 가벼운 학생[을] 의미합니다.
따라서 몸무게가 41 kg **미만**인 학생으로 나타낼 수 있습니다.

2-1 20 초과인 수는 20보다 큰 수이므로 20은 포함되[지 않]습니다.
⇨ 21, 22, 23

2-2 46 미만인 수는 46보다 작은 수이므로 46은 포함되[지] 않습니다.
⇨ 43, 44, 45

3-1 생각 열기 기준이 되는 수가 포함되지 않는 경우에는 기준이 되는 수에 ○로 표시합니다.
20에 ○로 표시하고 오른쪽으로 선을 긋습니다.

3-2 100에 ○로 표시하고 왼쪽으로 선이 그어져 있으므[로] 100 **미만**인 수입니다.

참고

• 이상과 초과를 나타낼 때는 오른쪽 끝까지 선을 긋습니다.

〈11 이상인 수〉

〈11 초과인 수〉

• 이하와 미만을 나타낼 때는 왼쪽 끝까지 선을 긋습니다.

〈17 이하인 수〉

〈17 미만인 수〉

5쪽

-1 8 이상 11 이하인 수에는 8과 11이 포함됩니다.
⇨ 8, 9, 10, 11

-2 8 초과 11 미만인 수에는 8과 11이 포함되지 않습니다.
⇨ 9, 10

-1 생각 열기 이상과 이하는 기준이 되는 수를 포함하므로 ●로 표시합니다.
8과 11에 ●로 표시하고 8과 11 사이에 선을 그어야 합니다.

-2 8과 11에 ○로 표시하고 8과 11 사이에 선을 그어야 합니다.

-1 생각 열기 ■ 이상 ★ 미만인 수에는 ■는 포함되고 ★은 포함되지 않습니다.
16과 같거나 크고 20보다 작은 수는 16입니다.

-2 16보다 크고 20과 같거나 작은 수는 20입니다.

-1 16에 ●, 20에 ○로 표시하고 16과 20 사이에 선을 긋습니다.

-2 16에 ○, 20에 ●로 표시하고 16과 20 사이에 선을 긋습니다.

STEP 2 개념 확인하기

16 ~ 17쪽

01 17, 18, 19, 20, 21 **02** 15, 16, 17
03 38 이하인 수
04 예 학교에서 우리 집까지 걸어서 8분 이상 걸립니다.
05

---

06 34.9에 ×표 **07** 88 초과인 수
08 46.9, 43.85
09

10 44명 **11** 45, 47, 49, 51에 ○표
12 이상, 미만 **13** 4000원
14 15개

01 17 이상인 수는 17과 같거나 큰 수이므로 모두 찾으면 **17, 18, 19, 20, 21**입니다.

02 17 이하인 수는 17과 같거나 작은 수이므로 모두 찾으면 **15, 16, 17**입니다.

03 38에 ●로 표시하고 왼쪽으로 선이 그어져 있으므로 **38 이하인 수**입니다.

04 서술형 가이드 이상의 의미를 알고 있는지 확인합니다.

채점 기준

상	'8 이상'을 넣어 문장을 바르게 만듦.
중	'8 이상'을 넣어 문장을 만들었으나 미흡함.
하	'8 이상'을 넣어 문장을 만들지 못하였거나 문장 내용이 적절치 못함.

05 35 mm 이상이므로 기준이 되는 수가 포함됩니다.
따라서 기준이 되는 수 35에 ●로 표시하고 오른쪽으로 선을 긋습니다.

06 35 이상인 수에는 35와 같거나 큰 수가 포함됩니다.
따라서 34.9는 35보다 작은 수이므로 포함되지 않습니다.

07 88에 ○로 표시하고 오른쪽으로 선이 그어져 있으므로 **88 초과인 수**입니다.

08

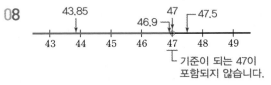

47보다 작은 수를 모두 찾습니다.
⇨ **46.9, 43.85**

09 45명 미만이므로 기준이 되는 수가 포함되지 않습니다.
따라서 기준이 되는 수 45에 ○로 표시하고 왼쪽으로 선을 긋습니다.

10 45명 미만으로 탑승할 수 있으므로 **44명**까지 탑승할 수 있습니다.

주의

사람 수는 자연수 단위로 세므로 버스에 표시된 수보다 1 작은 수까지 탈 수 있습니다.

11 43 초과 53 미만인 수에는 43과 53이 포함되지 않습니다.

12 6에 ●, 10에 ○로 표시하고 6과 10 사이에 선을 그었으므로 6 이상 10 미만인 수입니다.

13 5 kg은 2 kg 초과 5 kg 이하인 범위에 들어가므로 **4000원**입니다.

14 20 초과 35 이하인 수를 나타내므로 21, 22……34, 35로 모두 **15개**입니다.

> 참고
> 21부터 35까지 자연수의 개수
> ⇨ 35-21+1=15(개)

STEP 1 개념 파헤치기   18~25쪽

19쪽

1-1 (1) 310권
　　(2) 310
　　(3) 같습니다.

1-2 (1) 4000원
　　(2) 4000
　　(3) 같습니다.

2-1 3000

2-2 1900

3-1 3509, 3599에 ○표

3-2 4958, 4015

21쪽

1-1 (1) 860개
　　(2) 860
　　(3) 같습니다.

1-2 (1) 16000원
　　(2) 16000
　　(3) 같습니다.

2-1 2000

2-2 1800

3-1 6.6

3-2 6.65

23쪽

1-1 (1) ┼─────┼ ; 33 kg
　　　　32　　33
　　(2) 약 33 kg　(3) 33 kg

1-2 (1) ┼─────┼ ; 140 cm
　　　　140　　141
　　(2) 3　(3) 140 cm

2-1 7210, 7200

2-2 3280, 3300

3-1 9

3-2 9.2

25쪽

1-1 (1) 올림에 ○표
　　(2) 24개

1-2 (1) 올림에 ○표
　　(2) 16개

2-1 (1) 버림에 ○표
　　(2) 4600개

2-2 (1) 버림에 ○표
　　(2) 830개

3-1 152, 161, 144, 154

3-2 39, 42, 41, 39

19쪽

1-1 생각 열기 '최소'는 '가장 적게 잡아도'라는 뜻이므로 올림을 이용해야 합니다.

(1) 공책을 10권씩 묶음으로 살 수 있으므로 최소 310권을 사야 학생 모두에게 나누어 줄 수 있습니다.

$$\overset{10}{\underline{304}} \Rightarrow 310$$

(2) 304 ⇨ **310**

(3) 사야 할 공책 수와 304를 올림하여 십의 자리까지 나타낸 수는 모두 310으로 **같습니다**.

> 참고
> 10권씩 묶음으로 사야 한다면 최소 310권을 사야 하므로 이는 304를 올림하여 십의 자리까지 나타낸 것과 같습니다.

1-2 (1) 천 원짜리 지폐로만 계산하려면 최소 **4000원**을 내야 합니다.

$$\overset{1000}{\underline{3500}} \Rightarrow 4000$$

(2) 3500 ⇨ **4000**

(3) 천 원짜리 지폐로만 낼 때의 값과 3500을 올림하여 천의 자리까지 나타낸 수는 모두 4000으로 **같습니다**.

2-1 생각 열기 올림하여 천의 자리까지 나타내라는 말은 천의 자리 아래 수를 1000으로 보고 올려서 나타내라는 뜻입니다.

$$\overset{1000}{\underline{2351}} \Rightarrow 3000$$

2-2 백의 자리 아래 수인 06을 100으로 보고 1900으로 나타냅니다.

$$\overset{100}{\underline{1806}} \Rightarrow 1900$$

> 주의
> 백의 자리 아래 수를 올림하여 나타낼 때, 십의 자리 숫자가 0이라도 일의 자리 숫자가 0이 아니면 백의 자리로 올림해야 합니다.
> 예 201 ⇨ 300

3-1 백의 자리 아래 수를 100으로 보고 올려서 나타낼 때 3600이 되는 수를 찾습니다.

3740 ⇨ 3800　　3605 ⇨ 3700
3509 ⇨ 3600　　3631 ⇨ 3700
3599 ⇨ 3600

따라서 3600이 되는 수는 **3509, 3599**입니다.

3-2 천의 자리 아래 수를 1000으로 보고 올려서 5000이 되어야 합니다.

4958 ⇨ 5000　　4015 ⇨ 5000
5001 ⇨ 6000　　3989 ⇨ 4000
4000 ⇨ 4000

따라서 5000이 되는 수는 **4958, 4015**입니다.

거 쪽

-1 (1) 863개를 한 상자에 10개씩 포장하면 86상자가 되고 3개가 남습니다. 따라서 포장할 수 있는 사과는 최대 **860**개입니다.

$$863 \Rightarrow 860$$

(2) 일의 자리 숫자 3을 0으로 보고 버림합니다.

$$863 \Rightarrow 860$$

(3) 포장할 수 있는 사과의 수와 863을 버림하여 십의 자리까지 나타낸 수는 모두 860으로 **같습니다.**

> **참고**
> 10개씩 포장하면 포장할 수 있는 사과는 86상자, 즉 860개이므로 이는 863을 버림하여 십의 자리까지 나타낸 것과 같습니다.

-2 (1) 16310원을 1000원짜리 지폐로 바꾼다면 16000원까지 바꾸고 310원이 남습니다. 따라서 천 원짜리 지폐로 바꾼다면 최대 **16000원**까지 바꿀 수 있습니다.

$$16310 \Rightarrow 16000$$

(2) 천의 자리 아래 수인 310을 000으로 봅니다.

$$16310 \Rightarrow 16000$$

(3) 동전을 1000원짜리 지폐로 바꿀 수 있는 금액과 16310을 버림하여 천의 자리까지 나타낸 수는 모두 16000으로 **같습니다.**

-1 천의 자리 아래 수를 0으로 보고 버림합니다.

$$2351 \Rightarrow 2000$$

-2 백의 자리 아래 수를 0으로 보고 버림합니다.

$$1806 \Rightarrow 1800$$

-1 소수 첫째 자리 아래 수를 0으로 보고 버림합니다.

$$6.654 \Rightarrow 6.600 = 6.6$$

-2 소수 둘째 자리 아래 수를 0으로 보고 버림합니다.

$$6.654 \Rightarrow 6.650 = 6.65$$

3 쪽

-1 (1) 수직선에서 32.8은 33에 더 가깝습니다.

(2) 32.8은 33에 더 가까우므로 약 **33 kg**입니다.

(3) $32.8 \Rightarrow 33$

-2 (1) 140.3은 140과 141 중에서 140에 더 가깝습니다.

(2) 140.3에서 소수 첫째 자리 숫자는 3입니다.

(3) 소수 첫째 자리 숫자가 3이므로 버립니다.

$$140.3 \Rightarrow 140$$

-1 • 십의 자리까지: $7205 \Rightarrow 7210$

• 백의 자리까지: $7205 \Rightarrow 7200$

-2 • 십의 자리까지: $3284 \Rightarrow 3280$

• 백의 자리까지: $3284 \Rightarrow 3300$

3-1 $9.163 \Rightarrow$ **9**

3-2 $9.163 \Rightarrow$ **9.2**

1-1 생각 열기 바나나를 모두 담으려면 구하려는 자리의 아래 수까지 포함해야 합니다.

230개를 한 봉지에 10개씩 넣으면 23봉지가 되고, 남은 8개도 한 봉지에 넣어야 하므로 봉지는 최소 $23+1=$ **24(개)** 필요합니다.

1-2 1500개를 한 상자에 100개씩 넣으면 15상자가 되고, 남은 43개도 한 상자에 넣어야 하므로 상자는 최소 $15+1=$ **16(개)** 필요합니다.

2-1 생각 열기 초콜릿을 100개씩 담아 팔면 100개 미만의 초콜릿은 팔 수 없습니다.

초콜릿을 100개씩 46상자에 담아 최대 **4600개**까지 팔 수 있고 남은 87개는 팔 수 없습니다.

2-2 과자를 10개씩 83상자에 담아 최대 **830개**까지 팔 수 있고 남은 5개는 팔 수 없습니다.

3-1 반올림하여 일의 자리까지 나타내려면 소수 첫째 자리 숫자를 살펴보아야 합니다.

나래: $152.4 \Rightarrow$ **152**   충재: $160.8 \Rightarrow$ **161**

혜진: $143.6 \Rightarrow$ **144**   현무: $154.1 \Rightarrow$ **154**

3-2 지우: $38.6 \Rightarrow$ **39**   소망: $42.3 \Rightarrow$ **42**

다연: $40.9 \Rightarrow$ **41**   정원: $39.2 \Rightarrow$ **39**

STEP 2 개념 **확인하기**

01 (1) 700 (2) 1200   **02** 830, 900

03 ㉢   **04** 16대

05 (1) 100 (2) 9200   **06** 650, 600

07 510, 519   **08** 3개

09 (1) 300 (2) 6100   **10** ⑤

11 670000명   **12** 25000명

13 615, 616, 617, 618, 619, 620, 621, 622, 623, 624

01 (1) $678 \Rightarrow 700$ (2) $1123 \Rightarrow 1200$

02 • 십의 자리까지: $825 \Rightarrow 830$

• 백의 자리까지: $825 \Rightarrow 900$

03 ㉠ $200 \Rightarrow 200$ ㉡ $195 \Rightarrow 200$ ㉢ $201 \Rightarrow 300$

04 생각 열기 남는 사람 없이 모두 버스에 타야 합니다.

10명씩 15대에 타면 2명이 남습니다.

남은 2명도 버스를 타야 하므로 버스는 최소 $15+1=$ **16(대)** 필요합니다.

05 생각 열기 버림하여 백의 자리까지 나타내라는 말은 백의 자리 아래를 버림하라는 뜻입니다.
　(1) 100 ⇨ **100**　(2) 9293 ⇨ **9200**

06 • 십의 자리까지: 654 ⇨ **650**
　• 백의 자리까지: 654 ⇨ **600**

07 510 ⇨ 510 (○)　　500 ⇨ 500 (×)
　520 ⇨ 520 (×)　　519 ⇨ 510 (○)

> 다른 풀이
> 버림하여 십의 자리까지 나타내었을 때 510이 되는 자연수는 510부터 519까지이므로 510, 519입니다.

08 1 m씩 자르면 3조각이 되고 86 cm가 남습니다.
　남은 86 cm로는 머리띠를 꾸밀 수 없으므로 버림하면 최대 **3개**까지 꾸밀 수 있습니다.

09 (1) 338 ⇨ **300**　(2) 6081 ⇨ **6100**

10 ① 2575 ⇨ 3000 (○)　② 2680 ⇨ 3000 (○)
　③ 2829 ⇨ 3000 (○)　④ 3232 ⇨ 3000 (○)
　⑤ 3599 ⇨ 4000 (×)

11 667191 ⇨ **670000**

12 24841 ⇨ **25000**

13 615 ⇨ 620, 624 ⇨ 620이므로
　615부터 624까지의 자연수는 반올림하여 십의 자리까지 나타내면 620이 됩니다.

STEP 3 단원 마무리평가　28~31쪽

01 940　　　　**02** 550
03 ⑤　　　　　**04** (1) ×　(2) ○
05 연지, 형민
06
```
├──┼──┼──┼──┼──┼──┼──┼──┼──┤
23 24 25 26 27 28 29 30 31 32
```
07 400, 300　　**08** 140 cm
09 7 초과 10 미만인 수　**10** 9.8
11 예 우리 반에서 몸무게가 45 kg 초과인 학생은 모두 10명입니다. ;
```
예
├──┼──┼──┼──┼──┼──┼──┼──┤
41 42 43 44 45 46 47 48 49
```
12 20, 20.1, 22$\frac{1}{9}$에 ○표,
　17.8, 20, 19$\frac{4}{5}$, 18에 △표
13 166　　　　**14** ①
15 6000원, 650원　**16** <
17 74, 72, 65　**18** 33

---

19 미라　　　　　　　　**20** 740

창의·융합 문제
1 (　)(○)　　　　2 버림

01 올림하여 십의 자리까지 나타내어야 하므로 십의 자리 미만인 일의 자리 숫자 1을 10으로 보고 940으로 나타냅니다.
　931 ⇨ **940**

02 버림하여 십의 자리까지 나타내어야 하므로 십의 자리 미만인 일의 자리 숫자 5를 0으로 보고 550으로 나타냅니다.
　555 ⇨ **550**

03 5 이하인 수에는 5가 포함됩니다.

04 (1) 85 미만인 수에는 85가 포함되지 않습니다.
　(2) 37 초과인 수는 37보다 큰 수입니다.

> 참고
> • ★ 미만인 수 ⇨ ★보다 작은 수
> • ● 초과인 수 ⇨ ●보다 큰 수

05 2점은 20회 이상 25회 미만일 때 받으므로 2점을 받는 학생은 **연지, 형민**입니다.

06 25에 ●, 30에 ○로 표시하고 25와 30 사이에 선을 긋습니다.

07 올림: 311 ⇨ **400**　버림: 311 ⇨ **300**

> 참고
> • 올림: 구하려는 자리 아래 수를 올려서 나타내는 방법
> • 버림: 구하려는 자리 아래 수를 버려서 나타내는 방법

08 137.5 ⇨ 140.0 = 140
　따라서 근우의 키를 올림하여 십의 자리까지 나타내면 **140 cm**입니다.

09 7과 10에 ○로 표시하고 7과 10 사이에 선을 그었으므로 **7 초과 10 미만인 수**입니다.

10 9.75 ⇨ **9.8**

11 서술형 가이드 초과의 의미를 알고 있는지 확인합니다.

> 채점 기준
>
> | 상 | 초과를 넣어 문장을 바르게 만들고 수직선에 나타냄. |
> |---|---|
> | 중 | 문장을 만들었으나 수직선에 바르게 나타내지 못함. |
> | 하 | 문장도 만들지 못하고 수직선에 바르게 나타내지 못함. |

12 20과 같거나 큰 수에 ○표, 20과 같거나 작은 수에 △표 합니다.

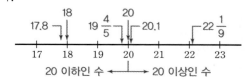

주어진 수는 166과 같거나 큰 수이므로 166 이상인 수입니다. 따라서 □ 안에 들어갈 수 있는 수 중에서 가장 큰 자연수는 **166**입니다.

18에 ○, 22에 ●로 표시하고 18과 22 사이에 선을 그었으므로 18 초과 22 이하인 수입니다. 18 초과 22 이하인 수의 범위에 포함되지 않는 수는 ① **18**입니다.

5000원을 내면 돈이 모자라므로 최소 **6000원**을 내고 6000−5350=**650(원)**을 거슬러 받아야 합니다.

347을 반올림하여 백의 자리까지 나타낸 수는 347 ⇨ **300**입니다.
따라서 **300**<347입니다.

79 ⇨ **80**　　75 ⇨ **80**　　**74** ⇨ **70**
72 ⇨ **70**　　**65** ⇨ **70**　　**61** ⇨ **60**

> **다른 풀이**
>
> 반올림하여 십의 자리까지 나타내었을 때 70이 되는 자연수는 65부터 74까지이므로 **74, 72, 65**입니다.

① 　—————————　32 초과 37 이하인 자연수
　　32　　　37
　　⇨ **33**, 34, 35, 36, 37
② 　—————————　29 이상 34 미만인 자연수
　　29　　　34
　　⇨ 29, 30, 31, 32, **33**
따라서 두 수직선에 나타낸 수의 범위에 모두 포함되는 자연수는 **33**입니다.

학생 수는 자연수이므로 반올림하여 백의 자리까지 나타내면 200이 되는 자연수는 150, 151, 152……247, 248, 249입니다.
따라서 주민이네 학교 학생 수의 범위는
149명 초과 250명 미만,
149명 초과 249명 이하,
150명 이상 250명 미만,
150명 이상 249명 이하로 나타낼 수 있습니다.

7>4>3이므로 가장 큰 세 자리 수를 만들면 743입니다.
이 수를 버림하여 십의 자리까지 나타내면 **740**이 됩니다.

창의·융합 문제

규모 4.0은 규모 4 이상 5 미만의 범위에 속합니다.

생각 열기 어림하여 나타낸 수의 일의 자리 숫자가 0이므로 어림하여 십의 자리까지 나타낸 수입니다.
버림하여 십의 자리까지 나타내면 327 ⇨ 320,
올림하여 십의 자리까지 나타내면 327 ⇨ 330,
반올림하여 십의 자리까지 나타내면 327 ⇨ 330
이므로 **버림**하여 나타낸 것입니다.

2 분수의 곱셈

STEP 1 개념 파헤치기

34 ~ 37쪽

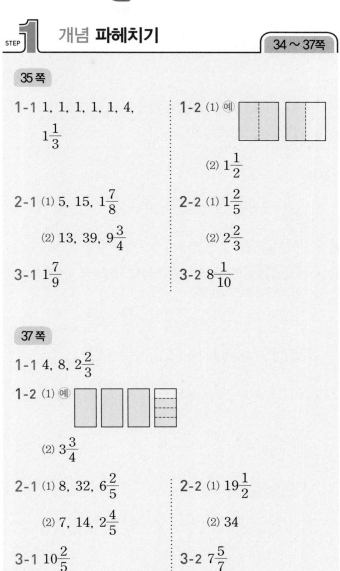

35쪽

1-1　1, 1, 1, 1, 1, 4, $1\frac{1}{3}$

1-2　(1) 예

(2) $1\frac{1}{2}$

2-1　(1) 5, 15, $1\frac{7}{8}$
　　(2) 13, 39, $9\frac{3}{4}$

2-2　(1) $1\frac{2}{5}$
　　(2) $2\frac{2}{3}$

3-1　$1\frac{7}{9}$

3-2　$8\frac{1}{10}$

37쪽

1-1　4, 8, $2\frac{2}{3}$

1-2　(1) 예

(2) $3\frac{3}{4}$

2-1　(1) 8, 32, $6\frac{2}{5}$
　　(2) 7, 14, $2\frac{4}{5}$

2-2　(1) $19\frac{1}{2}$
　　(2) 34

3-1　$10\frac{2}{5}$

3-2　$7\frac{5}{7}$

35쪽

1-1　**생각 열기** $\frac{1}{3}\times4$는 $\frac{1}{3}$을 4번 더한 것과 같습니다.

$$\frac{1}{3}\times4=\frac{1}{3}+\frac{1}{3}+\frac{1}{3}+\frac{1}{3}=\frac{1\times4}{3}=\frac{4}{3}=1\frac{1}{3}$$

1-2　$$\frac{1}{2}\times3=\frac{1}{2}+\frac{1}{2}+\frac{1}{2}=\frac{1\times3}{2}=\frac{3}{2}=1\frac{1}{2}$$

2-1　**생각 열기** (진분수)×(자연수)는 분자와 자연수를 곱하여 계산합니다.

(1) $$\frac{3}{8}\times5=\frac{3\times5}{8}=\frac{15}{8}=1\frac{7}{8}$$

(2) $$\frac{3}{4}\times13=\frac{3\times13}{4}=\frac{39}{4}=9\frac{3}{4}$$

2-2 (1) $\dfrac{7}{\underset{5}{15}} \times \overset{1}{3} = \dfrac{7 \times 1}{5} = \dfrac{7}{5} = 1\dfrac{2}{5}$

(2) $\dfrac{4}{\underset{3}{21}} \times \overset{2}{14} = \dfrac{4 \times 2}{3} = \dfrac{8}{3} = 2\dfrac{2}{3}$

3-1 $\dfrac{2}{9} \times 8 = \dfrac{2 \times 8}{9} = \dfrac{16}{9} = 1\dfrac{7}{9}$

3-2 $\dfrac{9}{10} \times 9 = \dfrac{9 \times 9}{10} = \dfrac{81}{10} = 8\dfrac{1}{10}$

37쪽

1-1 $1\dfrac{1}{3} \times 2 = \dfrac{4}{3} \times 2 = \dfrac{4 \times 2}{3} = \dfrac{8}{3} = 2\dfrac{2}{3}$

1-2 (2) $1\dfrac{1}{4} \times 3 = \dfrac{5}{4} \times 3 = \dfrac{5 \times 3}{4} = \dfrac{15}{4} = 3\dfrac{3}{4}$

2-1 생각 열기 (대분수)×(자연수)는 대분수를 가분수로 바꾸어 계산할 수 있습니다.

(1) $1\dfrac{3}{5} \times 4 = \dfrac{8}{5} \times 4 = \dfrac{8 \times 4}{5} = \dfrac{32}{5} = 6\dfrac{2}{5}$

(2) $1\dfrac{2}{5} \times 2 = \dfrac{7}{5} \times 2 = \dfrac{7 \times 2}{5} = \dfrac{14}{5} = 2\dfrac{4}{5}$

2-2 (1) $3\dfrac{1}{4} \times 6 = \dfrac{13}{\underset{2}{4}} \times \overset{3}{6} = \dfrac{13 \times 3}{2} = \dfrac{39}{2} = 19\dfrac{1}{2}$

(2) $5\dfrac{2}{3} \times 6 = \dfrac{17}{\underset{1}{3}} \times \overset{2}{6} = 34$

> 다른 풀이
>
> (1) $3\dfrac{1}{4} \times 6 = (3 \times 6) + \left(\dfrac{1}{\underset{2}{4}} \times \overset{3}{6}\right) = 18 + \dfrac{3}{2}$
> $= 18 + 1\dfrac{1}{2} = 19\dfrac{1}{2}$
>
> (2) $5\dfrac{2}{3} \times 6 = (5 \times 6) + \left(\dfrac{2}{\underset{1}{3}} \times \overset{2}{6}\right) = 30 + 4 = 34$

3-1 $2\dfrac{3}{5} \times 4 = \dfrac{13}{5} \times 4 = \dfrac{13 \times 4}{5} = \dfrac{52}{5} = 10\dfrac{2}{5}$

3-2 $1\dfrac{2}{7} \times 6 = \dfrac{9}{7} \times 6 = \dfrac{9 \times 6}{7} = \dfrac{54}{7} = 7\dfrac{5}{7}$

STEP 2 개념 확인하기 38~39쪽

01 $2, \dfrac{6}{5}, 1\dfrac{1}{5}$

02 $7, 3, \dfrac{7}{3}, 2\dfrac{1}{3}$; $1, 3, \dfrac{7}{3}, 2\dfrac{1}{3}$; $3, 1, \dfrac{7}{3}, 2\dfrac{1}{3}$

03 (1) $3\dfrac{3}{4}$ (2) $16\dfrac{1}{2}$ **04** $1\dfrac{4}{5}$

05 4판   **06** ㉢

07 $7, \dfrac{14}{5}, 2\dfrac{4}{5}$; $\dfrac{2}{5}, 2, 5, 2\dfrac{4}{5}$

08 (1) $6\dfrac{2}{3}$ (2) $9\dfrac{1}{2}$ **09** (위부터) $5\dfrac{1}{2}, 33$

10 <

01 $\dfrac{3}{5}$에 2를 곱하는 것은 $\dfrac{3}{5}$을 2번 더하는 것과 같습니다.

$\dfrac{3}{5} \times 2 = \dfrac{3}{5} + \dfrac{3}{5} = \dfrac{3}{5} \times 2 = \dfrac{3 \times 2}{5} = \dfrac{6}{5} = 1\dfrac{1}{5}$

02 생각 열기 (진분수)×(자연수)는 진분수의 분자와 자연수를 곱한 뒤 약분하여 계산하거나 진분수의 분모와 자연수를 약분한 뒤 계산합니다.

방법 1 $\dfrac{7}{9} \times 3 = \dfrac{7 \times 3}{9} = \dfrac{\overset{7}{21}}{\underset{3}{9}} = \dfrac{7}{3} = 2\dfrac{1}{3}$

방법 2 $\dfrac{7}{9} \times 3 = \dfrac{7 \times \overset{1}{3}}{\underset{3}{9}} = \dfrac{7}{3} = 2\dfrac{1}{3}$

방법 3 $\dfrac{7}{\underset{3}{9}} \times \overset{1}{3} = \dfrac{7}{3} = 2\dfrac{1}{3}$

03 (1) $\dfrac{3}{4} \times 5 = \dfrac{15}{4} = 3\dfrac{3}{4}$

(2) $\dfrac{11}{\underset{2}{12}} \times \overset{3}{18} = \dfrac{33}{2} = 16\dfrac{1}{2}$

04 $\dfrac{3}{\underset{5}{10}} \times \overset{3}{6} = \dfrac{9}{5} = 1\dfrac{4}{5}$

> 주의
>
> 분수와 자연수의 곱셈에서 약분이 되는 경우에는 분모와 자연수를 약분해야 합니다. 분자와 자연수를 약분하지 않도록 합니다.

05 $\dfrac{1}{\underset{1}{4}} \times \overset{4}{16} = 4$(판)

06 ㉠ $\dfrac{5}{\underset{3}{6}} \times \overset{4}{8} = \dfrac{20}{3} = 6\dfrac{2}{3}$

㉡ $\dfrac{4}{\underset{3}{9}} \times \overset{4}{12} = \dfrac{16}{3} = 5\dfrac{1}{3}$

㉢ $\dfrac{7}{\underset{4}{8}} \times \overset{5}{10} = \dfrac{35}{4} = 8\dfrac{3}{4}$

➡ 곱이 가장 큰 것은 ㉢입니다.

7 생각 열기 (대분수)×(자연수)는 대분수를 가분수로 바꾸어 계산하거나 대분수를 자연수 부분과 분수 부분으로 나누어 계산합니다.

방법 1 $1\frac{2}{5} \times 2 = \frac{7}{5} \times 2 = \frac{7 \times 2}{5} = \frac{14}{5} = 2\frac{4}{5}$

방법 2 $1\frac{2}{5} \times 2 = (1+1) + \left(\frac{2}{5}+\frac{2}{5}\right)$

$= (1 \times 2) + \left(\frac{2}{5} \times 2\right)$

$= 2 + \frac{4}{5} = 2\frac{4}{5}$

8 (1) $3\frac{1}{3} \times 2 = \frac{10}{3} \times 2 = \frac{20}{3} = 6\frac{2}{3}$

(2) $2\frac{3}{8} \times 4 = \frac{19}{\overset{}{8}_{2}} \times \overset{1}{4} = \frac{19}{2} = 9\frac{1}{2}$

9 $2\frac{3}{4} \times 2 = \frac{11}{\overset{}{4}_{2}} \times \overset{1}{2} = \frac{11}{2} = 5\frac{1}{2}$

$2\frac{3}{4} \times 12 = \frac{11}{\overset{}{4}_{1}} \times \overset{3}{12} = 33$

10 $3\frac{7}{12} \times 6 = \frac{43}{\overset{}{12}_{2}} \times \overset{1}{6} = \frac{43}{2} = 21\frac{1}{2}$

$2\frac{4}{15} \times 10 = \frac{34}{\overset{}{15}_{3}} \times \overset{2}{10} = \frac{68}{3} = 22\frac{2}{3}$

$\Rightarrow 21\frac{1}{2} < 22\frac{2}{3}$

개념 파헤치기

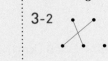

STEP 1

40 ～ 43쪽

41쪽

1-1 6, 4

1-2 (1) 예 [그림] 0 2 4 6 8

(2) 2

2-1 (1) 2, $\frac{4}{5}$

(2) 4, 8, $1\frac{1}{7}$

3-1 [선 연결 그림]

2-2 (1) $1\frac{7}{11}$

(2) $1\frac{2}{3}$

3-2 [선 연결 그림]

43쪽

1-1 5, 5

1-2 (1) 예 [막대그림] 0 3 6 9 , [막대그림] 0 3 6 9

(2) 8

2-1 (1) 9, 27, $5\frac{2}{5}$

(2) 3, 15, $7\frac{1}{2}$

2-2 (1) $15\frac{1}{2}$

(2) 50

3-1 (1) < (2) >

3-2 (○)( )

41쪽

1-1 $6 \times \frac{2}{3} = \frac{\overset{2}{6} \times 2}{\overset{}{3}_{1}} = 4$

1-2 생각 열기 $8 \times \frac{1}{4}$은 8의 $\frac{1}{4}$입니다.

(2) $\overset{2}{8} \times \frac{1}{\overset{}{4}_{1}} = 2$

2-1 생각 열기 (자연수)×(진분수)는 자연수와 분자를 곱하여 계산합니다.

(1) $2 \times \frac{2}{5} = \frac{2 \times 2}{5} = \frac{4}{5}$

(2) $4 \times \frac{2}{7} = \frac{4 \times 2}{7} = \frac{8}{7} = 1\frac{1}{7}$

2-2 (1) $6 \times \frac{3}{11} = \frac{18}{11} = 1\frac{7}{11}$

(2) $\overset{1}{4} \times \frac{5}{\overset{}{12}_{3}} = \frac{5}{3} = 1\frac{2}{3}$

3-1 $\overset{4}{16} \times \frac{3}{\overset{}{4}_{1}} = 12$, $\overset{2}{18} \times \frac{2}{\overset{}{9}_{1}} = 4$

3-2 $\overset{2}{12} \times \frac{5}{\overset{}{6}_{1}} = 10$, $\overset{2}{18} \times \frac{4}{\overset{}{9}_{1}} = 8$

43쪽

1-1 $4 \times 1\frac{1}{4} = \overset{1}{4} \times \frac{5}{\overset{}{4}_{1}} = 5$

1-2 (2) $3 \times 2\frac{2}{3} = 3 \times \left(2+\frac{2}{3}\right) = (3 \times 2) + \left(\overset{1}{3} \times \frac{2}{\overset{}{3}_{1}}\right)$

$= 6 + 2 = 8$

2-1 생각 열기 (자연수)×(대분수)는 대분수를 가분수로 바꾸어 계산할 수 있습니다.

(1) $3 \times 1\frac{4}{5} = 3 \times \frac{9}{5} = \frac{3 \times 9}{5} = \frac{27}{5} = 5\frac{2}{5}$

(2) $5 \times 1\frac{1}{2} = 5 \times \frac{3}{2} = \frac{5 \times 3}{2} = \frac{15}{2} = 7\frac{1}{2}$

2-2 (1) $3 \times 5\frac{1}{6} = \overset{1}{3} \times \frac{31}{\underset{2}{6}} = \frac{31}{2} = 15\frac{1}{2}$

(2) $12 \times 4\frac{1}{6} = \overset{2}{12} \times \frac{25}{\underset{1}{6}} = 50$

> **다른 풀이**
>
> (1) $3 \times 5\frac{1}{6} = (3 \times 5) + \left(\overset{1}{3} \times \frac{1}{\underset{2}{6}} \right) = 15 + \frac{1}{2} = 15\frac{1}{2}$
>
> (2) $12 \times 4\frac{1}{6} = (12 \times 4) + \left(\overset{2}{12} \times \frac{1}{\underset{1}{6}} \right) = 48 + 2 = 50$

3-1 (1) $2 \times 3\frac{2}{5} = 2 \times \frac{17}{5} = \frac{34}{5} = 6\frac{4}{5} \Rightarrow 6\frac{4}{5} < 7$

(2) $10 \times 2\frac{1}{6} = \overset{5}{10} \times \frac{13}{\underset{3}{6}} = \frac{65}{3} = 21\frac{2}{3} \Rightarrow 21\frac{2}{3} > 21$

3-2 $8 \times 1\frac{5}{6} = \overset{4}{8} \times \frac{11}{\underset{3}{6}} = \frac{44}{3} = 14\frac{2}{3} \Rightarrow 14\frac{2}{3} > 14$

STEP 2 개념 확인하기   44 ~ 45쪽

01

02 $21, 4, \frac{21}{4}, 5\frac{1}{4}$; $3, 4, \frac{21}{4}, 5\frac{1}{4}$; $3, 4, \frac{21}{4}, 5\frac{1}{4}$

03 (1) $1\frac{3}{5}$ (2) 40

04

05 $45 \times \frac{7}{10} = 31\frac{1}{2}$; $31\frac{1}{2}$ kg

06 $6, 4, 6, 5, 4\frac{4}{5}$; $\frac{1}{5}, 4\frac{4}{5}$

07 (1) $5\frac{1}{7}$ (2) $14\frac{1}{4}$

08 $5 \times 1\frac{3}{4}$, $5 \times 2\frac{1}{6}$에 ○표

$5 \times \frac{1}{3}$, $5 \times \frac{6}{7}$, $5 \times \frac{7}{9}$에 △표

09 315 cm²   **10** 5 km

---

01 $8 \times \frac{1}{4} = 2$, $8 \times \frac{1}{2} = 4$

8의 $\frac{7}{8}$은 $8 \times \frac{7}{8} = 7$이므로 8보다 작습니다.

$8 \times \frac{3}{4} = 6$이므로 8보다 작습니다.

02 생각 열기 (자연수)×(진분수)는 자연수와 진분수의 분자를 곱한 뒤 약분하여 계산하거나 자연수와 진분수의 분모를 약분한 뒤 계산합니다.

03 (1) $2 \times \frac{4}{5} = \frac{8}{5} = 1\frac{3}{5}$

(2) $\overset{5}{45} \times \frac{8}{\underset{1}{9}} = 40$

04 $7 \times \frac{2}{3} = \frac{14}{3} = 4\frac{2}{3}$, $\overset{2}{8} \times \frac{5}{\underset{3}{12}} = \frac{10}{3} = 3\frac{1}{3}$

05 $\overset{9}{45} \times \frac{7}{\underset{2}{10}} = \frac{63}{2} = 31\frac{1}{2}$ (kg)

서술형 가이드 $45 \times \frac{7}{10}$을 바르게 계산하고 답을 구했는지 확인합니다.

채점 기준	
상	식 $45 \times \frac{7}{10} = 31\frac{1}{2}$을 쓰고 답을 바르게 구했음.
중	식 $45 \times \frac{7}{10}$만 썼음.
하	식을 쓰지 못함.

06 (자연수)×(대분수)의 계산 방법

❶ 대분수를 가분수로 바꾸어 계산하기

❷ 대분수의 자연수 부분과 분수 부분을 나눈 뒤 각각 자연수를 곱하여 계산하기

07 (1) $3 \times 1\frac{5}{7} = 3 \times \frac{12}{7} = \frac{36}{7} = 5\frac{1}{7}$

(2) $6 \times 2\frac{3}{8} = \overset{3}{6} \times \frac{19}{\underset{4}{8}} = \frac{57}{4} = 14\frac{1}{4}$

08 5에 1보다 큰 수(대분수)를 곱하면 계산 결과가 5보다 크고, 1보다 작은 수(진분수)를 곱하면 계산 결과가 5보다 작습니다.

09 생각 열기 (직사각형의 넓이)=(가로)×(세로)

$20 \times 15\frac{3}{4} = \overset{5}{20} \times \frac{63}{\underset{1}{4}} = 315$ (cm²)

10 $3 \times 1\frac{2}{3} = \overset{1}{3} \times \frac{5}{\underset{1}{3}} = 5$ (km)

STEP 1 개념 파헤치기

46 ～ 49쪽

47쪽

1-1 3, 2, 6

1-2 (1) 예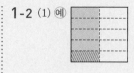

(2) $\dfrac{1}{10}$

2-1 (1) 4, $\dfrac{1}{28}$

(2) 5, $\dfrac{7}{40}$

2-2 (1) $\dfrac{1}{27}$

(2) $\dfrac{5}{24}$

3-1 (1) < (2) <

3-2 (　)(○)

49쪽

1-1 2, 3, $\dfrac{4}{21}$

1-2 (1) 예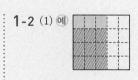

(2) $\dfrac{9}{20}$

2-1 (1) 3, 5, $\dfrac{21}{40}$

(2) 4, 9, $\dfrac{16}{45}$

2-2 (1) $\dfrac{10}{21}$

(2) $\dfrac{10}{27}$

3-1 $\dfrac{35}{72}$

3-2 $\dfrac{21}{50}$

47쪽

1-2 생각 열기 단위분수끼리의 곱셈에서 분자는 그대로 두고 분모끼리 곱합니다.

$$\frac{1}{2} \times \frac{1}{5} = \frac{1}{2 \times 5} = \frac{1}{10}$$

2-1 생각 열기 (진분수)×(단위분수)는 진분수의 분자는 그대로 두고 분모끼리 곱합니다.

2-2 (1) $\dfrac{1}{3} \times \dfrac{1}{9} = \dfrac{1}{3 \times 9} = \dfrac{1}{27}$

(2) $\dfrac{5}{6} \times \dfrac{1}{4} = \dfrac{5}{6 \times 4} = \dfrac{5}{24}$

3-1 (1) $\dfrac{1}{8} \times \dfrac{1}{2} = \dfrac{1}{16} \Rightarrow \dfrac{1}{16} < \dfrac{1}{8}$

(2) $\dfrac{4}{15} \times \dfrac{1}{5} = \dfrac{4}{75} \Rightarrow \dfrac{4}{75} < \dfrac{4}{15}$

참고

어떤 수에 1보다 작은 수를 곱하면 처음 수보다 값이 더 작아집니다.

3-2 $\dfrac{5}{12} \times \dfrac{1}{7} = \dfrac{5}{84} \Rightarrow \dfrac{5}{84} < \dfrac{5}{12}$

49쪽

1-1 $\dfrac{2}{7} \times \dfrac{2}{3}$ 는 $\dfrac{2}{7}$ 의 $\dfrac{2}{3}$ 입니다.

1-2 $\dfrac{3}{5} \times \dfrac{3}{4} = \dfrac{3 \times 3}{5 \times 4} = \dfrac{9}{20}$

2-1 생각 열기 (진분수)×(진분수)는 분자는 분자끼리, 분모는 분모끼리 곱합니다.

2-2 (1) $\dfrac{5}{7} \times \dfrac{2}{3} = \dfrac{5 \times 2}{7 \times 3} = \dfrac{10}{21}$

(2) $\dfrac{\overset{2}{4}}{9} \times \dfrac{5}{\underset{3}{6}} = \dfrac{2 \times 5}{9 \times 3} = \dfrac{10}{27}$

3-1 $\dfrac{7}{12} \times \dfrac{5}{6} = \dfrac{35}{72}$

3-2 $\dfrac{3}{5} \times \dfrac{7}{10} = \dfrac{21}{50}$

STEP 2 개념 확인하기

50 ～ 51쪽

01 (1) $\dfrac{1}{42}$ (2) $\dfrac{1}{75}$

02 $\dfrac{1}{55}$

03 ╳

04 3, 5, $\dfrac{2}{15}$

05 $\dfrac{7}{90}$

06 (○)(　)

07 $\dfrac{2}{27}$

08 (1) $\dfrac{15}{56}$ (2) $\dfrac{25}{54}$

09 $\dfrac{4}{9}$

10 $\dfrac{9}{16}$

11 ㉠, ㉣

12 $\dfrac{3}{20} \times \dfrac{2}{9} = \dfrac{1}{30}$; $\dfrac{1}{30}$ L

13 1, 2에 ○표

01 (1) $\dfrac{1}{6} \times \dfrac{1}{7} = \dfrac{1}{6 \times 7} = \dfrac{1}{42}$

(2) $\dfrac{1}{25} \times \dfrac{1}{3} = \dfrac{1}{25 \times 3} = \dfrac{1}{75}$

02 $\dfrac{1}{5} \times \dfrac{1}{11} = \dfrac{1}{55}$

03 $\dfrac{1}{8} \times \dfrac{1}{6} = \dfrac{1}{48}$, $\dfrac{1}{9} \times \dfrac{1}{5} = \dfrac{1}{45}$

04 생각 열기 (진분수)×(단위분수)는 분자는 그대로 두고 분모끼리 곱합니다.

05 $\dfrac{7}{15} \times \dfrac{1}{6} = \dfrac{7}{15 \times 6} = \dfrac{7}{90}$

06 $\dfrac{\overset{1}{\cancel{4}}}{5} \times \dfrac{1}{\underset{2}{\cancel{8}}} = \dfrac{1}{5 \times 2} = \dfrac{1}{10}$, $\dfrac{\overset{1}{\cancel{3}}}{7} \times \dfrac{1}{\underset{3}{\cancel{9}}} = \dfrac{1}{7 \times 3} = \dfrac{1}{21}$

$\Rightarrow \dfrac{1}{10} > \dfrac{1}{21}$

> **참고**
> 단위분수는 분모가 작을수록 더 큰 수입니다.

07 $\dfrac{\overset{2}{\cancel{4}}}{9} \times \dfrac{1}{\underset{3}{\cancel{6}}} = \dfrac{2}{9 \times 3} = \dfrac{2}{27}$

08 (1) $\dfrac{3}{8} \times \dfrac{5}{7} = \dfrac{3 \times 5}{8 \times 7} = \dfrac{15}{56}$

(2) $\dfrac{5}{6} \times \dfrac{5}{9} = \dfrac{5 \times 5}{6 \times 9} = \dfrac{25}{54}$

09 $\dfrac{4}{5} \times \dfrac{\overset{1}{\cancel{5}}}{9} = \dfrac{4}{9}$

10 $\dfrac{3}{\underset{1}{\cancel{5}}} \times \dfrac{\overset{3}{\cancel{15}}}{16} = \dfrac{9}{16}$

11 $\dfrac{5}{8}$에 1보다 작은 수를 곱한 것을 찾아봅니다.

> **참고**
> ㉠ $\dfrac{5}{8} \times \dfrac{3}{4} = \dfrac{15}{32} < 1$ ㉡ $\dfrac{5}{8} \times \overset{5}{\cancel{10}} = \dfrac{25}{4} = 6\dfrac{1}{4} > 1$
>
> ㉢ $\dfrac{5}{8} \times 3 = \dfrac{15}{8} = 1\dfrac{7}{8} > 1$ ㉣ $\dfrac{\overset{1}{\cancel{5}}}{8} \times \dfrac{9}{\underset{2}{\cancel{10}}} = \dfrac{9}{16} < 1$

12 $\dfrac{\overset{1}{\cancel{3}}}{\underset{10}{\cancel{20}}} \times \dfrac{\overset{1}{\cancel{2}}}{\underset{3}{\cancel{9}}} = \dfrac{1}{30}$ (L)

서술형 가이드 $\dfrac{3}{20} \times \dfrac{2}{9}$ 를 바르게 계산하고 답을 구했는지

확인합니다.

채점 기준	
상	식 $\dfrac{3}{20} \times \dfrac{2}{9} = \dfrac{1}{30}$ 을 쓰고 답을 바르게 구했음.
중	식 $\dfrac{3}{20} \times \dfrac{2}{9}$ 만 썼음.
하	식을 쓰지 못함.

13 $\dfrac{3}{7} \times \dfrac{1}{2} = \dfrac{3}{14}$, $\dfrac{3}{14} > \dfrac{\square}{14}$ 에서 분자의 크기를 비교하면

$3 > \square$ 이므로 $\square$ 안에 들어갈 수 있는 자연수는 1, 2입니다.

STEP 1 개념 파헤치기   52 ~ 55쪽

53쪽

1-1 (1) $\dfrac{6}{7}$ **1-2** (1) $1\dfrac{1}{10}$

(2) $1\dfrac{1}{2}$ (2) $2\dfrac{14}{15}$

2-1 $1\dfrac{5}{9} \times \dfrac{6}{7} = \dfrac{14}{\underset{3}{\cancel{9}}} \times \dfrac{\overset{2}{\cancel{6}}}{\underset{1}{\cancel{7}}} = \dfrac{4}{3} = 1\dfrac{1}{3}$

2-2 (1) $4\dfrac{2}{3} \times \dfrac{3}{4} = \dfrac{\boxed{14}}{\underset{\boxed{1}}{\cancel{3}}} \times \dfrac{\boxed{3}}{\underset{\boxed{2}}{\cancel{4}}} = \dfrac{\boxed{7}}{\boxed{2}} = \boxed{3}\dfrac{\boxed{1}}{\boxed{2}}$

(2) $3\dfrac{3}{5} \times \dfrac{5}{12} = \dfrac{\boxed{18}}{\underset{\boxed{1}}{\cancel{5}}} \times \dfrac{\boxed{5}}{\underset{\boxed{2}}{\cancel{12}}} = \dfrac{\boxed{3}}{\boxed{2}} = \boxed{1}\dfrac{\boxed{1}}{\boxed{2}}$

3-1 $>$ **3-2** $2\dfrac{11}{12} \times \dfrac{3}{7}$에 색칠

55쪽

1-1 5, 5, 25, $4\dfrac{1}{6}$ **1-2** (1) 10

(2) 10, 10, $2\dfrac{1}{10}$

2-1 21, 9, 189, $9\dfrac{9}{20}$ **2-2** (1) $4\dfrac{8}{21}$ (2) $2\dfrac{2}{3}$

3-1 $5\dfrac{4}{5}$ **3-2** $7\dfrac{1}{2}$

53쪽

1-1 **생각 열기** (진분수)×(대분수)는 대분수를 가분수로 바
어 계산할 수 있습니다.

(1) $\dfrac{2}{3} \times 1\dfrac{2}{7} = \dfrac{2}{\underset{1}{\cancel{3}}} \times \dfrac{\overset{3}{\cancel{9}}}{7} = \dfrac{2 \times 3}{1 \times 7} = \dfrac{6}{7}$

(2) $\dfrac{4}{7} \times 2\dfrac{5}{8} = \dfrac{\overset{1}{\cancel{4}}}{7} \times \dfrac{\overset{3}{\cancel{21}}}{\underset{2}{\cancel{8}}} = \dfrac{1 \times 3}{1 \times 2} = \dfrac{3}{2} = 1\dfrac{1}{2}$

1-2 (1) $\dfrac{4}{5} \times 1\dfrac{3}{8} = \dfrac{\overset{1}{\cancel{4}}}{5} \times \dfrac{11}{\underset{2}{\cancel{8}}} = \dfrac{1 \times 11}{5 \times 2} = \dfrac{11}{10} = 1\dfrac{1}{10}$

(2) $\dfrac{8}{9} \times 3\dfrac{3}{10} = \dfrac{\overset{4}{\cancel{8}}}{\underset{3}{\cancel{9}}} \times \dfrac{\overset{11}{\cancel{33}}}{\underset{5}{\cancel{10}}} = \dfrac{4 \times 11}{3 \times 5} = \dfrac{44}{15} = 2\dfrac{14}{15}$

2-1 **생각 열기** (대분수)×(진분수)는 대분수를 가분수로 바
후 약분하여 계산할 수 있습니다.

-2 생각 열기 (대분수)×(진분수)는 대분수를 가분수로 바꾼 다음 약분하여 계산합니다.

-1 $\dfrac{3}{4} \times 2\dfrac{4}{5} = \dfrac{3}{\underset{2}{4}} \times \dfrac{\overset{7}{14}}{5} = \dfrac{21}{10} = 2\dfrac{1}{10}$

$1\dfrac{11}{14} \times \dfrac{7}{10} = \dfrac{\overset{5}{25}}{\underset{2}{14}} \times \dfrac{\overset{1}{7}}{\underset{2}{10}} = \dfrac{5}{4} = 1\dfrac{1}{4}$

$\Rightarrow 2\dfrac{1}{10} > 1\dfrac{1}{4}$

-2 $\dfrac{5}{9} \times 1\dfrac{7}{20} = \dfrac{\overset{1}{5}}{9} \times \dfrac{\overset{3}{27}}{\underset{4}{20}} = \dfrac{3}{4}$

$2\dfrac{11}{12} \times \dfrac{3}{7} = \dfrac{\overset{5}{35}}{\underset{4}{12}} \times \dfrac{\overset{1}{3}}{\underset{1}{7}} = \dfrac{5}{4} = 1\dfrac{1}{4}$

$\Rightarrow \dfrac{3}{4} < 1\dfrac{1}{4}$

5쪽

-1 생각 열기 (대분수)×(대분수)는 (가분수)×(가분수)로 바꾸어 계산합니다.

$2\dfrac{1}{2} \times 1\dfrac{2}{3} = \dfrac{5}{2} \times \dfrac{5}{3} = \dfrac{5 \times 5}{2 \times 3} = \dfrac{25}{6} = 4\dfrac{1}{6}$

-2 (1) 실선으로 둘러싸인 큰 모눈 한 칸을 똑같이 10으로 나누었으므로 작은 모눈 한 칸의 넓이는 $\dfrac{1}{10}$입니다.

(2) 색칠한 직사각형의 칸 수는 $7 \times 3 = 21$(칸)입니다.

색칠한 직사각형의 넓이를 분수로 나타내면 $\dfrac{1}{10}$이 21칸

이므로 $\dfrac{21}{10} = 2\dfrac{1}{10}$입니다.

-1 생각 열기 (대분수)×(대분수)는 대분수를 가분수로 바꾼 뒤 분자는 분자끼리, 분모는 분모끼리 곱합니다.

-2 (1) $3\dfrac{2}{7} \times 1\dfrac{1}{3} = \dfrac{23}{7} \times \dfrac{4}{3} = \dfrac{92}{21} = 4\dfrac{8}{21}$

(2) $1\dfrac{1}{5} \times 2\dfrac{2}{9} = \dfrac{\overset{2}{6}}{5} \times \dfrac{\overset{4}{20}}{\underset{3}{9}} = \dfrac{8}{3} = 2\dfrac{2}{3}$

-1 $1\dfrac{3}{5} \times 3\dfrac{5}{8} = \dfrac{8}{5} \times \dfrac{29}{\underset{1}{8}} = \dfrac{29}{5} = 5\dfrac{4}{5}$

-2 $2\dfrac{1}{4} \times 3\dfrac{1}{3} = \dfrac{\overset{3}{9}}{\underset{2}{4}} \times \dfrac{\overset{5}{10}}{\underset{1}{3}} = \dfrac{15}{2} = 7\dfrac{1}{2}$

STEP 2 개념 확인하기

56 ~ 57쪽

01 (1) 20   (2) 21

(3) 20, 21, $\dfrac{21}{20}$, $1\dfrac{1}{20}$ (4) 7, $\dfrac{21}{20}$, $1\dfrac{1}{20}$

02 (1) $2\dfrac{3}{4}$ (2) $1\dfrac{2}{3}$ **03** $1\dfrac{1}{35}$

04 (교차 연결)

05 $3\dfrac{3}{4}$ m

06 (1) $7\dfrac{3}{20}$ (2) $3\dfrac{15}{28}$ **07** $8\dfrac{1}{3}$

08 $4\dfrac{1}{2}$ **09** (○)(   )

10 $4\dfrac{1}{2} \times 4\dfrac{1}{2} = 20\dfrac{1}{4}$; $20\dfrac{1}{4}$ cm²

11 $24\dfrac{1}{2}$ km

01 생각 열기 (대분수)×(진분수)는 대분수를 가분수로 바꾸어 계산합니다.

02 (1) $\dfrac{5}{8} \times 4\dfrac{2}{5} = \dfrac{5}{\underset{4}{8}} \times \dfrac{\overset{11}{22}}{\underset{1}{5}} = \dfrac{11}{4} = 2\dfrac{3}{4}$

(2) $2\dfrac{7}{9} \times \dfrac{3}{5} = \dfrac{\overset{5}{25}}{\underset{3}{9}} \times \dfrac{\overset{1}{3}}{\underset{1}{5}} = \dfrac{5}{3} = 1\dfrac{2}{3}$

03 $\dfrac{8}{15} \times 1\dfrac{13}{14} = \dfrac{\overset{4}{8}}{\underset{5}{15}} \times \dfrac{\overset{9}{27}}{\underset{7}{14}} = \dfrac{36}{35} = 1\dfrac{1}{35}$

04 $1\dfrac{7}{9} \times \dfrac{3}{4} = \dfrac{\overset{4}{16}}{\underset{3}{9}} \times \dfrac{\overset{1}{3}}{\underset{1}{4}} = \dfrac{4}{3} = 1\dfrac{1}{3}$

$2\dfrac{4}{5} \times \dfrac{5}{7} = \dfrac{\overset{2}{14}}{5} \times \dfrac{\overset{1}{5}}{\underset{1}{7}} = 2$

05 $4\dfrac{1}{6} \times \dfrac{9}{10} = \dfrac{\overset{5}{25}}{\underset{2}{6}} \times \dfrac{\overset{3}{9}}{\underset{2}{10}} = \dfrac{15}{4} = 3\dfrac{3}{4}$ (m)

06 생각 열기 (대분수)×(대분수)는 대분수를 가분수로 바꾼 뒤 분자는 분자끼리, 분모는 분모끼리 곱합니다.

(1) $2\dfrac{3}{5} \times 2\dfrac{3}{4} = \dfrac{13}{5} \times \dfrac{11}{4} = \dfrac{143}{20} = 7\dfrac{3}{20}$

(2) $1\dfrac{4}{7} \times 2\dfrac{1}{4} = \dfrac{11}{7} \times \dfrac{9}{4} = \dfrac{99}{28} = 3\dfrac{15}{28}$

꼼꼼 풀이집

---

07 $2\frac{2}{9} \times 3\frac{3}{4} = \frac{\overset{5}{\cancel{20}}}{\cancel{9}} \times \frac{\overset{5}{\cancel{15}}}{\cancel{4}} = \frac{25}{3} = 8\frac{1}{3}$

08 $2\frac{5}{8} \times 1\frac{5}{7} = \frac{\overset{3}{\cancel{21}}}{\cancel{8}} \times \frac{\overset{3}{\cancel{12}}}{\cancel{7}} = \frac{9}{2} = 4\frac{1}{2}$

09 $1\frac{4}{7} \times 2\frac{1}{3} = \frac{11}{\cancel{7}} \times \frac{\cancel{7}}{3} = \frac{11}{3} = 3\frac{2}{3}$

$1\frac{1}{6} \times 2\frac{4}{7} = \frac{\cancel{7}}{\cancel{6}} \times \frac{\overset{3}{\cancel{18}}}{\cancel{7}} = 3$

$\Rightarrow 3\frac{2}{3} > 3$

10 $4\frac{1}{2} \times 4\frac{1}{2} = \frac{9}{2} \times \frac{9}{2} = \frac{81}{4} = 20\frac{1}{4}$ (cm²)

서술형 가이드 $4\frac{1}{2} \times 4\frac{1}{2}$ 을 바르게 계산하고 답을 구했는지 확인합니다.

채점 기준

상	식 $4\frac{1}{2} \times 4\frac{1}{2} = 20\frac{1}{4}$ 을 쓰고 답을 바르게 구했음.
중	식 $4\frac{1}{2} \times 4\frac{1}{2}$ 만 썼음.
하	식을 쓰지 못함.

참고
(정사각형의 넓이) = (한 변의 길이) × (한 변의 길이)

11 (자동차가 1 L로 갈 수 있는 거리) × (휘발유의 양)

$= 8\frac{3}{4} \times 2\frac{4}{5} = \frac{\overset{7}{\cancel{35}}}{\cancel{4}} \times \frac{\overset{7}{\cancel{14}}}{\cancel{5}} = \frac{49}{2} = 24\frac{1}{2}$ (km)

STEP 3 단원 마무리평가   58 ~ 61쪽

01 (1) 예 ▭▭ ▭▭   (2) $1\frac{1}{5}$

02 $3\frac{5}{8} \times 4 = \frac{29}{\cancel{8}} \times \overset{1}{\cancel{4}} = \frac{29}{2} = 14\frac{1}{2}$

03 (1) $\frac{4}{15}$ (2) $10\frac{4}{5}$ **04** $4\frac{7}{8}$

05 $5\frac{5}{9}$ **06** $5\frac{5}{18}$

---

07 <   **08** ⤬ (선 연결)

09 $11\frac{1}{4}$, $8\frac{4}{7}$

10 $\frac{4}{15} \times \frac{2}{3}$, $\frac{4}{15} \times \frac{8}{9}$ 에 ◯표

11 $\frac{7}{9}$

12 예 대분수를 가분수로 바꾸지 않고 약분하였습니다.

13 예 $3\frac{5}{6} \times 9 = \frac{23}{\cancel{6}} \times \overset{3}{\cancel{9}} = \frac{69}{2} = 34\frac{1}{2}$

14 4060 m²   **15** ②

16 4000원   **17** $9\frac{1}{3}$

18 $\frac{3}{5} \times \frac{1}{5} = \frac{3}{25}$; $\frac{3}{25}$ **19** 25장

20 7개

창의·융합 문제

1) $2\frac{1}{2}$ L   **2)** $15\frac{13}{15}$ L

01 **생각 열기** $\frac{2}{5} \times 3$ 은 $\frac{2}{5}$ 를 3번 더한 것과 같습니다.

$\frac{2}{5} \times 3 = \frac{2}{5} + \frac{2}{5} + \frac{2}{5} = \frac{6}{5} = 1\frac{1}{5}$

02 대분수를 가분수로 바꾸어 계산합니다.

$3\frac{5}{8} \times 4 = \frac{29}{\cancel{8}} \times \overset{1}{\cancel{4}} = \frac{29}{2} = 14\frac{1}{2}$

03 (1) $\frac{3}{5} \times \frac{\overset{1}{\cancel{4}}}{\cancel{9}} = \frac{4}{15}$

(2) $2\frac{4}{7} \times 4\frac{1}{5} = \frac{18}{\cancel{7}} \times \frac{\overset{3}{\cancel{21}}}{5} = \frac{54}{5} = 10\frac{4}{5}$

04 **생각 열기** (진분수) × (자연수)는 진분수의 분자와 자연수를 곱하여 계산합니다.

$\frac{3}{8} \times 13 = \frac{39}{8} = 4\frac{7}{8}$

05 $25 \times \frac{2}{9} = \frac{50}{9} = 5\frac{5}{9}$

06 **생각 열기** (대분수) × (대분수)는 대분수를 가분수로 바꾼 분자는 분자끼리, 분모는 분모끼리 곱합니다.

$3\frac{1}{6} \times 1\frac{2}{3} = \frac{19}{6} \times \frac{5}{3} = \frac{95}{18} = 5\frac{5}{18}$

---

7 [생각 열기] 어떤 수에 1보다 작은 수를 곱하면 처음 수보다 작아집니다.

$$\frac{1}{2} \times \frac{1}{7} = \frac{1}{14} \Rightarrow \frac{1}{14} < \frac{1}{2}$$

8 $\frac{4}{\overset{1}{9}} \times \overset{3}{27} = 12$, $\frac{2}{\overset{1}{5}} \times \overset{5}{25} = 10$

9 (자연수) × (진분수)의 곱셈에서 계산 결과가 가분수이면 대분수로 바꿉니다.

$$15 \times \frac{3}{4} = \frac{45}{4} = 11\frac{1}{4}, \ 15 \times \frac{4}{7} = \frac{60}{7} = 8\frac{4}{7}$$

10 $\frac{4}{15}$에 1보다 작은 수를 곱한 것을 모두 찾아봅니다.

> [참고]
> $\frac{4}{15} \times \frac{2}{3} = \frac{8}{45} < 1$, $\frac{4}{15} \times 7 = \frac{28}{15} = 1\frac{13}{15} > 1$,
> $\frac{4}{15} \times \frac{8}{9} = \frac{32}{135} < 1$

11 $\frac{3}{4} \times 1\frac{13}{15} = \frac{\overset{1}{3}}{\overset{}{4}} \times \frac{\overset{7}{28}}{\overset{5}{15}} = \frac{7}{5} = 1\frac{2}{5}$

$1\frac{2}{5} \times \frac{5}{9} = \frac{7}{5} \times \frac{\overset{1}{5}}{9} = \frac{7}{9}$

12 [서술형 가이드] $3\frac{5}{6} \times 9$의 계산이 잘못된 이유를 바르게 썼는지 확인합니다.

[채점 기준]	
상	계산이 잘못된 이유를 썼음.
중	계산이 잘못된 이유를 썼으나 미흡함.
하	계산이 잘못된 이유를 쓰지 못함.

14 [생각 열기] (직사각형의 넓이) = (가로) × (세로)로 식을 세우고 대분수는 가분수로 바꾸어 계산합니다.

$$80 \times 50\frac{3}{4} = \overset{20}{80} \times \frac{203}{\overset{}{4}} = 4060 \ (\text{m}^2)$$

15 [생각 열기] (단위분수) × (단위분수)는 분자는 그대로 두고 분모끼리 곱합니다.

① $\frac{1}{4} \times \frac{1}{6} = \frac{1}{24}$ ② $\frac{1}{8} \times \frac{1}{8} = \frac{1}{64}$ ③ $\frac{1}{8} \times \frac{1}{5} = \frac{1}{40}$

④ $\frac{1}{9} \times \frac{1}{6} = \frac{1}{54}$ ⑤ $\frac{1}{2} \times \frac{1}{6} = \frac{1}{12}$

$\Rightarrow \frac{1}{64} < \frac{1}{54} < \frac{1}{40} < \frac{1}{24} < \frac{1}{12}$이므로

②<④<③<①<⑤입니다.

16 [생각 열기] 입장권 가격 5000원에 $\frac{4}{5}$를 곱하여 할인된 입장권의 금액을 구합니다.

$$\overset{1000}{5000} \times \frac{4}{\overset{}{5}} = 4000(\text{원})$$

17 ㉠ $1\frac{4}{9} \times 10\frac{1}{2} = \frac{13}{\overset{}{9}} \times \frac{\overset{7}{21}}{2} = \frac{91}{6} = 15\frac{1}{6}$

㉡ $2\frac{1}{3} \times 2\frac{1}{2} = \frac{7}{3} \times \frac{5}{2} = \frac{35}{6} = 5\frac{5}{6}$

$\Rightarrow 15\frac{1}{6} - 5\frac{5}{6} = 14\frac{7}{6} - 5\frac{5}{6} = 9\frac{2}{6} = 9\frac{1}{3}$

18 (수학을 좋아하는 여학생)

$= \underline{(정현이네 \ 반 \ 여학생)} \times \frac{1}{5}$

$= \underline{(정현이네 \ 반 \ 학생)} \times \frac{3}{5} \times \frac{1}{5}$

[서술형 가이드] $\frac{3}{5} \times \frac{1}{5}$을 바르게 계산하고 답을 구했는지 확인합니다.

[채점 기준]	
상	식 $\frac{3}{5} \times \frac{1}{5}$을 쓰고 답을 바르게 구했음.
중	식 $\frac{3}{5} \times \frac{1}{5}$만 썼음.
하	식을 쓰지 못함.

19 동생에게 준 색종이 수: $50 \times \frac{1}{5} = 10(장)$

동생에게 주고 남은 색종이 수: $50 - 10 = 40(장)$

사용한 색종이 수: $\overset{5}{40} \times \frac{3}{\overset{}{8}} = 5 \times 3 = 15(장)$

$\Rightarrow$ 남은 색종이 수: $40 - 15 = 25(장)$

20 $4\frac{1}{2} \times 1\frac{5}{6} = \frac{\overset{3}{9}}{2} \times \frac{11}{\overset{2}{6}} = \frac{33}{4} = 8\frac{1}{4}$이므로

$8\frac{1}{4} > \square\frac{1}{4}$에서 □ 안에 들어갈 수 있는 자연수는 1, 2, 3, 4, 5, 6, 7로 모두 7개입니다.

> [창의·융합 문제]

1) $\frac{1}{2} \times 5 = \frac{5}{2} = 2\frac{1}{2} \ (\text{L})$

2) $6\frac{4}{5} \times 2\frac{1}{3} = \frac{34}{5} \times \frac{7}{3} = \frac{238}{15} = 15\frac{13}{15} \ (\text{L})$

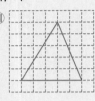 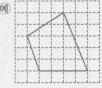

③ 합동과 대칭

STEP 1 개념 파헤치기

64~67쪽

65 쪽

1-1 ( )( )(○)
2-1 가, 마
3-1 예

1-2 나
2-2 가, 바
3-2 예

67 쪽

1-1 대응점
2-1 ㄱㄴ, 6
3-1 ㄱㄹㄷ, 110

1-2 ㄹ, ㅁ, ㅂ
2-2 8 cm
3-2 130°

65 쪽

1-1 왼쪽 도형과 포개었을 때 완전히 겹치는 도형을 찾습니다.

> 참고
> 두 도형이 놓인 방향이 달라도 뒤집거나 돌려서 포개었을 때 완전히 겹치면 서로 합동입니다.

1-2 왼쪽 도형과 포개었을 때 완전히 겹치는 도형을 찾으면 **나**입니다.

2-1 포개었을 때 완전히 겹치는 두 도형을 찾으면 **가**와 **마**입니다.

2-2 도형 **가**를 뒤집거나 돌려서 도형 **바**에 포개면 완전히 겹칩니다.

3-1 포개었을 때 왼쪽 도형과 완전히 겹치도록 똑같은 도형을 그립니다.

3-2 주어진 도형의 꼭짓점과 같은 위치에 점을 찍은 후 점들을 연결하여 그립니다.

67 쪽

1-1 서로 합동인 두 도형을 포개었을 때 완전히 겹치는 점을 **대응점**이라고 합니다.

> 참고
> 서로 합동인 두 도형을 포개었을 때 완전히 겹치는 변을 대응변, 완전히 겹치는 각을 대응각이라고 합니다.

1-2 서로 합동인 두 도형을 포개었을 때 점 ㄱ, 점 ㄴ, 점 ㄷ과 완전히 겹치는 점을 각각 찾으면 점 ㄹ, 점 ㅁ, 점 ㅂ입니다.

2-1 생각 열기 서로 합동인 두 도형에서 각각의 대응변의 길이가 서로 같습니다.
변 ㄹㅁ의 대응변은 변 ㄱㄴ입니다.
⇨ (변 ㄹㅁ)=(변 ㄱㄴ)=6 cm

2-2 변 ㅁㅂ의 대응변은 변 ㄷㄴ입니다.
⇨ (변 ㅁㅂ)=(변 ㄷㄴ)=8 cm

3-1 생각 열기 서로 합동인 두 도형에서 각각의 대응각의 크기가 서로 같습니다.
각 ㅁㅇㅅ의 대응각은 각 ㄱㄹㄷ입니다.
⇨ (각 ㅁㅇㅅ)=(각 ㄱㄹㄷ)=110°

3-2 각 ㅂㅁㅇ의 대응각은 각 ㄴㄱㄹ입니다.
⇨ (각 ㅂㅁㅇ)=(각 ㄴㄱㄹ)=130°

STEP 2 개념 확인하기

68~69쪽

01 나
02 예
03 ㉢
04 ㉢과 ㉥, ㉤과 ㉦
05 나와 자, 바와 사
06 예
07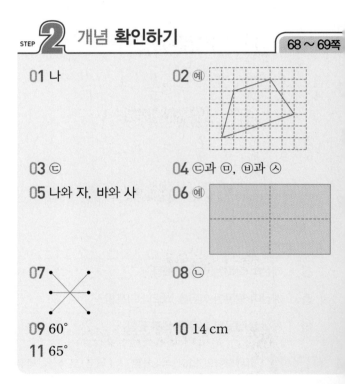
08 ㉡
09 60°
10 14 cm
11 65°

01 도형 가, 다, 라는 모양과 크기가 같아서 포개었을 때 완전히 겹치므로 서로 합동입니다.
따라서 나머지 셋과 서로 합동이 아닌 도형은 **나**입니다.

02 주어진 도형의 꼭짓점과 같은 위치에 점을 찍은 후 점들을 연결하여 그립니다.

03 점선을 따라 잘랐을 때 만들어진 두 도형을 포개었을 때 완전히 겹치는 것을 찾으면 ㉢입니다.

04 포개었을 때 완전히 겹치는 조각을 찾으면 ㉢과 ㉥, ㉤과 ㉦입니다.

05 포개었을 때 완전히 겹치는 도형을 찾으면 **나와 자, 바와 사**입니다.

16 수학 5–2

06 그은 선을 따라 잘랐을 때 만들어진 네 조각이 모두 모양과 크기가 같아야 합니다.

> 참고
>
> 다음과 같이 선을 그을 수도 있습니다.
>
> 예

07 서로 합동인 두 도형을 포개었을 때 완전히 겹치는 변을 찾습니다.

08 ㉠ 각 ㄱㄴㄷ의 대응각은 각 ㅇㅅㅂ입니다.
따라서 대응각끼리 바르게 짝 지은 것은 ㉡입니다.

09 생각 열기 서로 합동인 두 도형에서 각각의 대응각의 크기가 서로 같습니다.
각 ㅁㄹㅂ의 대응각은 각 ㄴㄱㄷ입니다.
삼각형 ㄱㄴㄷ에서
(각 ㄴㄱㄷ)=$180°-70°-50°=60°$입니다.
따라서 (각 ㅁㄹㅂ)=(각 ㄴㄱㄷ)=$60°$입니다.

10 생각 열기 서로 합동인 두 도형에서 각각의 대응변의 길이가 서로 같습니다.
변 ㅇㅅ의 대응변은 변 ㄷㄴ이므로
(변 ㅇㅅ)=(변 ㄷㄴ)=$2\,cm$입니다.
⇨ (직사각형 ㅁㅂㅅㅇ의 둘레)=$\{$(가로)+(세로)$\}×2$
$$=(5+2)×2$$
$$=14\,(cm)$$

11 사각형 ㅈㄹㅁㅂ과 사각형 ㅈㅇㅅㅂ은 서로 합동입니다.

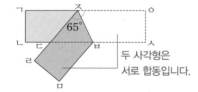

두 사각형은 서로 합동입니다.

서로 합동인 두 도형에서 각각의 대응각의 크기가 서로 같습니다. 각 ㅂㅈㅇ의 대응각은 각 ㅂㅈㄹ이므로
(각 ㅂㅈㅇ)=(각 ㅂㅈㄹ)=$65°$입니다.

STEP 1 개념 파헤치기

70 ~ 73쪽

71쪽

1-1 ( )( )(○) 1-2 나
2-1 다 2-2 가
3-1 3 cm 3-2 7 cm
4-1 85° 4-2 30°

73쪽

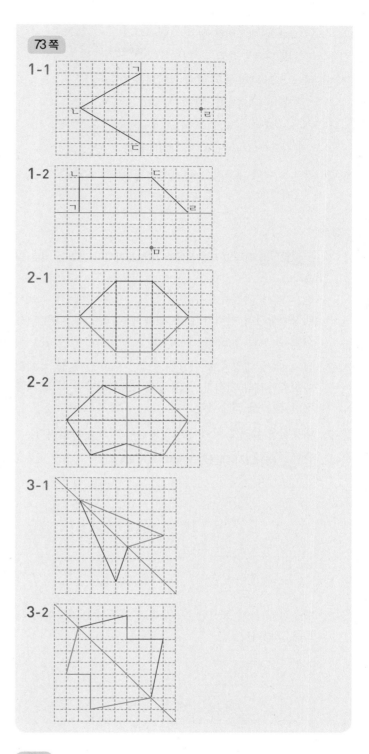

71쪽

1-1 생각 열기 한 직선을 따라 접어서 완전히 겹치는 도형을 선대칭도형이라고 합니다.

1-2 한 직선을 따라 접어서 완전히 겹치는 도형을 찾으면 **나** 입니다.

2-1 생각 열기 선대칭도형이 완전히 겹치도록 접을 수 있는 직선을 대칭축이라고 합니다.

2-2 도형이 완전히 겹치도록 접을 수 있는 직선을 찾으면 **가** 입니다.

3-1 변 ㄷㄹ의 대응변은 변 ㄱㄹ입니다.
⇨ (변 ㄷㄹ)=(변 ㄱㄹ)=**3 cm**

3-2 변 ㄴㄷ의 대응변은 변 ㅂㅁ입니다.
⇨ (변 ㄴㄷ)=(변 ㅂㅁ)=**7 cm**

4-1 각 ㄱㅁㄹ의 대응각은 각 ㄱㄴㄷ입니다.
⇨ (각 ㄱㅁㄹ)=(각 ㄱㄴㄷ)=**85°**

4-2 각 ㄴㄷㄹ의 대응각은 각 ㄴㄱㄹ입니다.
⇨ (각 ㄴㄷㄹ)=(각 ㄴㄱㄹ)=**30°**

73쪽

1-1 생각 열기 각각의 대응점에서 대칭축까지의 거리가 서로 같습니다.
점 ㄴ에서 대칭축에 수선을 긋고, 이 수선에 점 ㄴ에서 대칭축까지의 거리가 같은 선분이 되도록 점 ㄴ의 대응점인 점 ㄹ을 찍습니다.

1-2 점 ㄷ에서 대칭축에 수선을 긋고, 이 수선에 점 ㄷ에서 대칭축까지의 거리가 같은 선분이 되도록 점 ㄷ의 대응점인 점 ㅁ을 찍습니다.

2-2 대응점을 차례로 이어 선대칭도형이 되도록 그립니다.

3-1 생각 열기 먼저 대응점을 찾아 표시합니다.

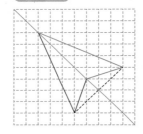

3-2 대응점을 찾아 표시한 후 차례로 이어 선대칭도형이 되도록 그립니다.

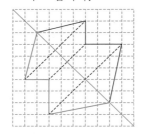

STEP 2 개념 확인하기
74 ~ 75쪽

01 나

02

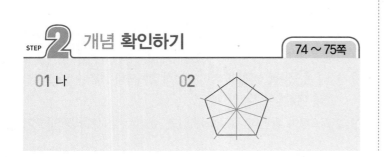

03 6개   **04** ㉢
05 ㅁ ; ㅂㅅ ; ㅁㄹㅇ   **06** 90°
07 (위부터)55, 5   **08** 22 cm
09

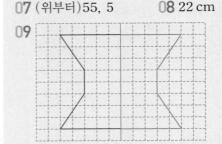

10

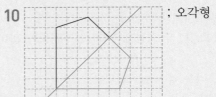

; 오각형

11 310
12 예

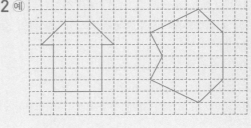

01 한 직선을 따라 접어서 완전히 겹치지 않는 도형을 찾으면 **나**입니다.

02 그은 대칭축을 기준으로 접었을 때 양쪽에 있는 두 도형이 완전히 겹치는지 확인합니다.

03 어떤 직선을 따라 접었을 때 완전히 겹치는지 생각하며 대칭축을 찾습니다.

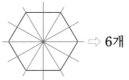 ⇨ 6개

04

4개   8개   셀 수 없이 많음.
⇨ 대칭축의 수가 가장 많은 것은 ㉢입니다.

05 생각 열기 대칭축을 따라 포개었을 때 겹치는 점, 변, 각을 각 찾아봅니다.

06 대응점끼리 이은 선분은 대칭축과 수직으로 만나므로 (각 ㄱㅅㅇ)=90°입니다.

선대칭도형에서 각각의·대응변의 길이가 서로 같고, 각각
의 대응각의 크기가 서로 같습니다.

생각 열기 선대칭도형에서 각각의 대응변의 길이가 서로 같습
니다.

(변 ㄴㄷ)=(변 ㄴㄱ)=2 cm,
(변 ㅁㄹ)=(변 ㅁㅂ)=3 cm,
(변 ㄱㅂ)=(변 ㄷㄹ)=6 cm

⇨ (선대칭도형의 둘레)=(2+6+3)×2=22 (cm)

대응점을 찾아 표시한 후 차례로 이어 선대칭도형이 되도
록 그립니다.

대응점을 찾아 표시한 후 차례로 이어 선대칭도형이 되도
록 그리면 **오각형**이 됩니다.

다음과 같이 직선 ㄱㄴ을 따라 접었을 때 완전히 겹치도록
완성하면 **310**이 됩니다.

대칭축을 정한 후 대칭축을 기준으로 한쪽에 도형의 일부분
을 그린 후 각 점의 대응점을 찾아 선대칭도형을 그립니다.

개념 **파헤치기**

76 ~ 79쪽

77쪽

1-1 ( )(○)( ) | 1-2 ( )( )(○)

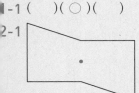 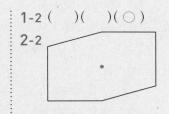

3-1 14 cm | 3-2 3 cm
4-1 140° | 4-2 65°

79쪽

1-1
1-2

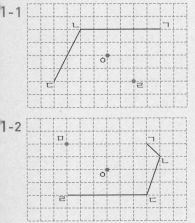

2-1

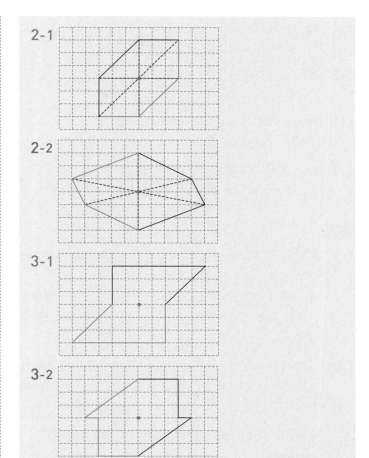

2-2

3-1

3-2

77쪽

1-1 생각 열기 어떤 점을 중심으로 180° 돌렸을 때 처음 도형과
완전히 겹치는 도형을 점대칭도형이라고 합니다.

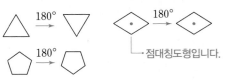

└─점대칭도형입니다.

1-2

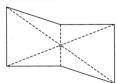

점대칭도형입니다.

2-1 생각 열기 대응점끼리 이은 선분들이 만나는 점을 찾습니다.

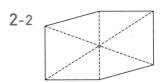

2-2

3. 합동과 대칭 **19**

3-1 변 ㄹㅁ의 대응변은 변 ㄱㄴ입니다.
⇨ (변 ㄹㅁ)=(변 ㄱㄴ)=**14 cm**

3-2 변 ㄴㄷ의 대응변은 변 ㅁㅂ입니다.
⇨ (변 ㄴㄷ)=(변 ㅁㅂ)=**3 cm**

4-1 각 ㄴㄷㄹ의 대응각은 각 ㅁㅂㄱ입니다.
⇨ (각 ㄴㄷㄹ)=(각 ㅁㅂㄱ)=**140°**

4-2 각 ㄱㅇㅅ의 대응각은 각 ㅁㄹㄷ입니다.
⇨ (각 ㄱㅇㅅ)=(각 ㅁㄹㄷ)=**65°**

79 쪽

1-1 생각 열기 각각의 대응점에서 대칭의 중심까지의 거리가 서로 같습니다.
점 ㄴ에서 대칭의 중심을 지나는 직선을 긋고, 이 직선에 선분 ㄴㅇ과 길이가 같은 선분 ㄹㅇ이 되도록 점 ㄹ을 찍습니다.

1-2 점 ㄷ에서 대칭의 중심을 지나는 직선을 긋고, 이 직선에 선분 ㄷㅇ과 길이가 같은 선분 ㅁㅇ이 되도록 점 ㅁ을 찍습니다.

2-2 대응점을 차례로 이어 점대칭도형이 되도록 그립니다.

3-1 생각 열기 먼저 대응점을 찾아 표시합니다.

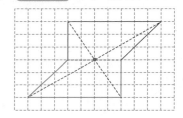

3-2 대응점을 찾아 표시한 후 차례로 이어 점대칭도형이 되도록 그립니다.

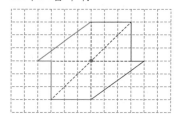

STEP 2 개념 확인하기   80~81쪽

01 나	**02** 점 ㄴ
03 ㄴ ; ㅂㄱ ; ㅁㄹㅂ	**04** 같습니다에 ○표
05 3개	**06** (왼쪽부터) 7, 125
07 ②, ④, ⑤	**08** 52 cm

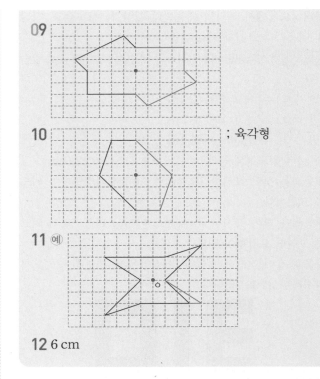

09

10 ; 육각형

11 예

12 6 cm

01 어떤 점을 중심으로 180° 돌렸을 때 처음 도형과 완전히 겹치지 않는 도형을 찾으면 **나**입니다.

02 점 ㄴ을 중심으로 180° 돌렸을 때 처음 도형과 완전히 치므로 대칭의 중심은 **점 ㄴ**입니다.

03 대칭의 중심을 중심으로 180° 돌렸을 때 겹치는 점, 변, 각을 각각 찾아봅니다.

04 각각의 대응점에서 대칭의 중심까지의 거리가 서로 같으므로 선분 ㄱㅇ의 길이와 선분 ㄹㅇ의 길이는 서로 같습니다.

05
ㄱ $\xrightarrow{180°}$ ㄴ   ㄷ $\xrightarrow{180°}$ ㄱ
ㄹ $\xrightarrow{180°}$ ㄹ   ㅁ $\xrightarrow{180°}$ ㅁ
ㅂ $\xrightarrow{180°}$ ㅅ $\xrightarrow{180°}$
ㅋ $\xrightarrow{180°}$ ㅍ $\xrightarrow{180°}$ ㅍ

⇨ 점대칭인 것은 ㄹ, ㅁ, ㅍ으로 모두 **3개**입니다.

06 점대칭도형에서 각각의 대응변의 길이가 서로 같고, 각각의 대응각의 크기가 서로 같습니다.

07 ① △ $\xrightarrow{180°}$ ▽   ② □ $\xrightarrow{180°}$ □
③ ⬠ $\xrightarrow{180°}$ ⬠   ④ ⬡ $\xrightarrow{180°}$ ⬡
⑤ ⯃ $\xrightarrow{180°}$ ⯃

⇨ 점대칭도형: ②, ④, ⑤

(변 ㄱㄴ)=(변 ㅁㅂ)=3 cm,
(변 ㄴㄷ)=(변 ㅂㅅ)=4 cm,
(변 ㄹㅁ)=(변 ㅇㄱ)=16 cm,
(변 ㅇㅅ)=(변 ㄹㄷ)=3 cm
⇨ (점대칭도형의 둘레)=(16+3+4+3)×2
=52 (cm)

대응점을 찾아 표시한 후 차례로 이어 점대칭도형이 되도록 그립니다.
점대칭도형을 완성하면 변이 6개인 **육각형**이 됩니다.
각각의 대응점에서 대칭의 중심까지의 거리가 서로 같아야 합니다.

참고
다음과 같이 그릴 수도 있습니다.
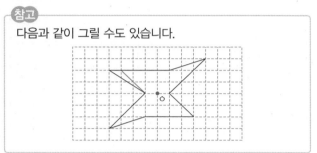

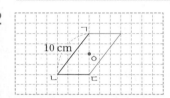

점대칭도형을 완성하면 평행사변형이 되므로
(도형의 둘레)={(변 ㄱㄴ)+(변 ㄴㄷ)}×2=32,
(변 ㄱㄴ)+(변 ㄴㄷ)=16, 10+(변 ㄴㄷ)=16,
(변 ㄴㄷ)=16-10=6 (cm)입니다.

3 단원**마무리평가** 82 ~ 85쪽

01 다
02 대응점, 대응변, 대응각
03 ④
04 6쌍 ; 6쌍
05 3개
06 예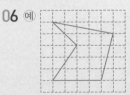
07 ㉠, ㉡, ㉢, ㉤, ㉥
08 ㉠, ㉣, ㉤, ㉥
09 예 도형 가와 도형 나는 모양은 같지만 크기가 다르므로 서로 합동이 아닙니다.
10 ①
11 14 cm
12 10 cm

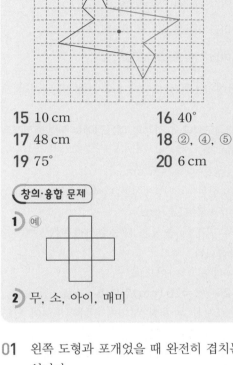

15 10 cm   **16** 40°
17 48 cm   **18** ②, ④, ⑤
19 75°   **20** 6 cm

창의·융합 문제
1 예
2 무, 소, 아이, 매미

01 왼쪽 도형과 포개었을 때 완전히 겹치는 도형을 찾으면 **다**입니다.
02 서로 합동인 두 도형을 포개었을 때 완전히 겹치는 점을 **대응점**, 완전히 겹치는 변을 **대응변**, 완전히 겹치는 각을 **대응각**이라고 합니다.
03 생각 열기 선대칭도형이 완전히 겹치도록 접을 수 있는 직선을 대칭축이라고 합니다.
④ 주어진 선을 따라 접으면 도형이 완전히 겹치지 않습니다.
04 서로 합동인 두 육각형에서 대응변과 대응각은 각각 **6쌍**입니다.
05 생각 열기 어떤 직선을 따라 접어서 완전히 겹치는지 생각하며 대칭축을 찾습니다.
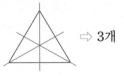 ⇨ 3개
06 주어진 도형의 꼭짓점과 같은 위치에 점을 찍은 후 점들을 연결하여 그립니다.

07 한 직선을 따라 접어서 완전히 겹치는 모양을 찾으면 ㉠, ㉡, ㉢, ㉤, ㉥입니다.

08 어떤 점을 중심으로 180° 돌렸을 때 처음 모양과 완전히 겹치는 모양을 찾으면 ㉠, ㉣, ㉤, ㉥입니다.

09 모양과 크기가 같아서 포개었을 때 완전히 겹치는 두 도형을 서로 합동이라고 합니다.

[서술형 가이드] 크기가 달라서 서로 합동이 아니다라는 말이 들어 있는지 확인합니다.

채점 기준	
상	합동이 아닌 이유를 바르게 씀.
중	합동이 아닌 이유를 썼지만 미흡함.
하	합동이 아닌 이유를 쓰지 못함.

10 ① 대칭축은 선대칭도형의 모양에 따라 1개 또는 여러 개입니다.

11 [생각 열기] 선대칭도형에서 각각의 대응점에서 대칭축까지의 거리가 서로 같습니다.
(선분 ㄴㄹ)=(선분 ㄷㄹ)=7 cm
⇨ (변 ㄴㄷ)=(선분 ㄴㄹ)+(선분 ㄷㄹ)
      =7+7=14 (cm)

12 점대칭도형에서 대칭의 중심은 대응점끼리 이은 선분을 똑같이 둘로 나눕니다.
(선분 ㄴㅈ)=(선분 ㅂㅈ)이므로
(선분 ㄴㅈ)=20÷2=10 (cm)입니다.

13 대응점을 찾아 표시한 후 차례로 이어 선대칭도형이 되도록 그립니다.

14 대응점을 찾아 표시한 후 차례로 이어 점대칭도형이 되도록 그립니다.

15 [생각 열기] 서로 합동인 두 도형은 둘레가 서로 같습니다.
변 ㅁㅂ의 대응변은 변 ㄷㄱ이므로
(변 ㅁㅂ)=(변 ㄷㄱ)=8 cm입니다.
두 삼각형이 서로 합동이므로
(삼각형 ㄹㅁㅂ의 둘레)=(삼각형 ㄱㄴㄷ의 둘레)=24 cm
삼각형 ㄹㅁㅂ에서
(변 ㄹㅁ)=24-6-8=10 (cm)입니다.

16 각 ㄱㄴㄷ의 대응각은 각 ㄹㅁㅂ이므로
(각 ㄱㄴㄷ)=(각 ㄹㅁㅂ)=50°입니다.
삼각형 ㄱㄴㅂ에서
(각 ㄱㅂㄴ)=180°-90°-50°=40°입니다.

17 선대칭도형에서 각각의 대응점에서 대칭축까지의 거리가 서로 같으므로 (선분 ㄷㅂ)=(선분 ㄴㅂ)=6 cm입니다.
(정사각형의 한 변)=(변 ㄴㄷ)
      =(선분 ㄴㅂ)+(선분 ㄷㅂ)
      =6+6=12 (cm)
⇨ (정사각형의 둘레)=(한 변)×4=12×4=48 (cm)

18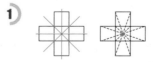
⇨ 선대칭도형: ①, ②, ③, ④, ⑤

① △ 180°→ ▽ ② ▪ 180°→ ▪
③ ⬠ 180°→ ⬠ ④ ⬡ 180°→ ⬡
⑤ ⯃ 180°→ ⯃

⇨ 점대칭도형: ②, ④, ⑤
따라서 선대칭도형도 되고 점대칭도형도 되는 도형은 ②, ④, ⑤입니다.

19 선대칭도형에서 대응점끼리 이은 선분은 대칭축과 수직으로 만나므로 (각 ㄹㅁㅂ)=90°, (각 ㅁㅂㄷ)=90°입니다.
각 ㅁㄹㄷ의 대응각이 각 ㅁㄱㄴ이므로
(각 ㅁㄹㄷ)=(각 ㅁㄱㄴ)=105°입니다.
사각형 ㅁㅂㄷㄹ에서
(각 ㄹㄷㅂ)=360°-105°-90°-90°
      =75°입니다.

20 (선분 ㄱㅇ)=(선분 ㅁㄹ)=10 cm
(선분 ㄱㄴ)=(선분 ㄷㄹ)=(선분 ㅁㅂ)=(선분 ㅅㅇ)
      =5 cm
(선분 ㄴㄷ)+(선분 ㅂㅅ)
=52-(10+10+5+5+5+5)
=52-40=12 (cm)
점대칭도형이므로
(선분 ㅂㅅ)=(선분 ㄴㄷ)=12÷2=6 (cm)입니다.

⎾ 창의·융합 문제 ⏌

1)

[다른 풀이]

⊞⊞⊞⊞⊞ = ⊠⊠⊠⊠⊠이므로
⊞⊞⊞⊞⊞도 답이 될 수 있습니다.

2)

ᄃ ⇨ ㅁ   ㄴ ⇨ ㅅ
ㅇㅏㅣ ⇨ 아이   ㅁㅐㅁㅣ ⇨ 매미

④ 소수의 곱셈

STEP 1 개념 파헤치기

88 ~ 91쪽

89쪽

1-1 1.6, 1.6, 4, 1.6

1-2 1.2, 1.2, 4, 1.2

2-1 (1) 8, 8, 16, 1.6
 (2) 57, 57, 228, 2.28

2-2 (1) 5, 5, 15, 1.5
 (2) 83, 83, 498, 4.98

3-1 3, 21, 21, 2.1

3-2 4, 8, 32, 32, 3.2

91쪽

1-1 3.6, 3.6, 3, 3.6

1-2 3.6, 3.6, 2, 3.6

2-1 (1) 45, 45, 135, 13.5
 (2) 371, 371, 1484,
 14.84

2-2 (1) 17, 17, 85, 8.5
 (2) 598, 598, 3588,
 35.88

3-1 24, 144, 144, 14.4

3-2 27, 216, 216, 21.6

89쪽

1-1 **생각 열기** (■씩 ▲번)＝■＋■＋……＋■＝■×▲
 　　　　　　　　　　　　　　　　▲번

 (0.4씩 4번)＝0.4＋0.4＋0.4＋0.4＝0.4×**4**＝**1.6**
 　　　　　　　　　　4번

1-2 (0.3씩 4번)＝0.3＋0.3＋0.3＋0.3＝0.3×**4**＝**1.2**
 　　　　　　　　　　4번

2-1 (1) 0.8을 $\frac{8}{10}$로 나타내어 계산합니다.

 $\Rightarrow 0.8 \times 2 = \frac{8}{10} \times 2 = \frac{8 \times 2}{10} = \frac{16}{10} = 1.6$

 (2) 0.57을 $\frac{57}{100}$로 나타내어 계산합니다.

 $\Rightarrow 0.57 \times 4 = \frac{57}{100} \times 4 = \frac{57 \times 4}{100} = \frac{228}{100} = 2.28$

2-2 (1) 0.5를 $\frac{5}{10}$로 나타내어 계산합니다.

 $\Rightarrow 0.5 \times 3 = \frac{5}{10} \times 3 = \frac{5 \times 3}{10} = \frac{15}{10} = 1.5$

 (2) 0.83을 $\frac{83}{100}$으로 나타내어 계산합니다.

 $\Rightarrow 0.83 \times 6 = \frac{83}{100} \times 6 = \frac{83 \times 6}{100} = \frac{498}{100} = 4.98$

3-1 0.1이 모두 21개이면 2.1이므로
 0.3×7=**2.1**입니다.

3-2 0.1이 모두 32개이면 3.2이므로
 0.4×8=**3.2**입니다.

91쪽

1-1 (1.2씩 3번)＝1.2＋1.2＋1.2＝1.2×3＝**3.6**
 　　　　　　　　3번

1-2 (1.8씩 2번)＝1.8＋1.8＝1.8×2＝**3.6**
 　　　　　　2번

2-1 (1) $4.5 = 4\frac{5}{10} = \frac{45}{10}$

 $\Rightarrow 4.5 \times 3 = \frac{45}{10} \times 3 = \frac{45 \times 3}{10} = \frac{135}{10} = 13.5$

 (2) $3.71 = 3\frac{71}{100} = \frac{371}{100}$

 $\Rightarrow 3.71 \times 4 = \frac{371}{100} \times 4 = \frac{371 \times 4}{100}$

 $= \frac{1484}{100} = 14.84$

2-2 (1) $1.7 = 1\frac{7}{10} = \frac{17}{10}$

 $\Rightarrow 1.7 \times 5 = \frac{17}{10} \times 5 = \frac{17 \times 5}{10} = \frac{85}{10} = 8.5$

 (2) $5.98 = 5\frac{98}{100} = \frac{598}{100}$

 $\Rightarrow 5.98 \times 6 = \frac{598}{100} \times 6 = \frac{598 \times 6}{100}$

 $= \frac{3588}{100} = 35.88$

3-1 0.1이 모두 144개이면 14.4이므로
 2.4×6=**14.4**입니다.

3-2 0.1이 모두 216개이면 21.6이므로
 2.7×8=**21.6**입니다.

STEP 2 개념 확인하기

92 ~ 93쪽

01 3, 1.8

02 57, 9, 513, 513, 5.13

03 (1) 4.8 (2) 4.44

04 ㉠

05 ⑤

06 준혁 ; 예 72와 3의 곱은 약 200이니까 0.72와 3의 곱
 은 2 정도가 돼.

07 3.5 L

08 (1) 8.4 (2) 72.08

09 1.79×5=(1+0.79)×5=(1×5)+(0.79×5)
 　　　　＝5＋3.95＝8.95

10 (위부터) 27.2, 10.2

11 9.38

12 7.2 m

13 ㉡, ㉢, ㉠

01 0.6씩 3번 뛰어 세면 1.8입니다.
⇨ $0.6 \times 3 = 1.8$

02 $0.57 = 0.01 \times 57$이므로
$0.57 \times 9 = 0.01 \times 57 \times 9 = 0.01 \times 513$입니다.
0.01×513은 0.01이 513개이므로
$0.57 \times 9 = 5.13$입니다.

> **참고**
> 0.57은 소수 두 자리 수이므로 0.01이 57개인 수입니다.

03 (1) $0.6 \times 8 = \dfrac{6}{10} \times 8 = \dfrac{6 \times 8}{10} = \dfrac{48}{10} = 4.8$

(2) $0.74 \times 6 = \dfrac{74}{100} \times 6 = \dfrac{74 \times 6}{100} = \dfrac{444}{100} = 4.44$

> **참고**
> 소수 한 자리 수는 분모가 10인 분수로, 소수 두 자리 수는 분모가 100인 분수로 나타냅니다.

04 ㉠ $0.2 \times 3 = \dfrac{2}{10} \times 3 = \dfrac{2 \times 3}{10} = \dfrac{6}{10} = 0.6$

05 ① $0.9 + 0.9 + 0.9 = 0.9 \times 3 = 2.7$
② $0.9 \times 3 = 2.7$
③ $0.3 \times 9 = 2.7$
④ $\dfrac{9}{10} \times 3 = \dfrac{9 \times 3}{10} = \dfrac{27}{10} = 2.7$
⑤ $0.2 \times 8 = 1.6$
따라서 계산 결과가 다른 식은 ⑤입니다.

06 72와 3의 곱이 약 200이므로 72의 $\dfrac{1}{100}$배인 0.72와 3의
곱은 200의 $\dfrac{1}{100}$배이므로 20 정도가 아니라 2 정도입니다.

서술형 가이드 어림하여 소수의 곱을 알아보는 과정을 알고 잘못 말한 친구를 찾아 바르게 고쳤는지 확인합니다.

채점 기준	
상	계산 결과를 잘못 말한 친구를 찾고 바르게 고침.
중	계산 결과를 잘못 말한 친구를 찾았으나 바르게 고치지 못함.
하	계산 결과를 잘못 말한 친구를 찾지 못함.

07 $0.5 \times 7 = 3.5$ (L)

08 (1) $1.4 \times 6 = \dfrac{14}{10} \times 6 = \dfrac{14 \times 6}{10} = \dfrac{84}{10} = 8.4$

(2) $9.01 \times 8 = \dfrac{901}{100} \times 8 = \dfrac{901 \times 8}{100}$
$= \dfrac{7208}{100} = 72.08$

09 소수를 자연수와 소수 부분으로 나누어 각각의 곱을 구한 후 더합니다.

10 $3.4 \times 8 = 27.2$
$3.4 \times 3 = 10.2$

11 가장 큰 수: 4.69, 가장 작은 수: 2
⇨ $4.69 \times 2 = 9.38$

12 $1.2 \times 6 = 7.2$ (m)

13 ㉠ $2.7 \times 6 = 16.2$
㉡ $5.3 \times 7 = 37.1$
㉢ $8.9 \times 3 = 26.7$
⇨ ㉡ > ㉢ > ㉠

STEP 1 개념 파헤치기

94 ~ 97쪽

95쪽

1-1 4, 12, 1.2	**1-2** 7, 28, 2.8
2-1 (1) 9, 9, 27, 2.7	**2-2** (1) 4, 4, 24, 2.4
(2) 28, 28, 196, 1.96	(2) 86, 86, 1032, 10.32
3-1 3.2	**3-2** 0.95

97쪽

1-1 3.6, 3.6, 9.6	**1-2** 4.8, 4.8, 28.8
2-1 (1) 17, 17, 68, 6.8	**2-2** (1) 24, 24, 72, 7.2
(2) 361, 361, 2527, 25.27	(2) 546, 546, 4914, 49.14
3-1 25.2	**3-2** 32.55

95쪽

1-1 3의 0.4 ⇨ 3의 $\dfrac{4}{10}$ ⇨ $\dfrac{12}{10}$ ⇨ 1.2

1-2 4의 0.7 ⇨ 4의 $\dfrac{7}{10}$ ⇨ $\dfrac{28}{10}$ ⇨ 2.8

2-1 (1) $0.9 = \dfrac{9}{10}$
⇨ $3 \times 0.9 = 3 \times \dfrac{9}{10} = \dfrac{3 \times 9}{10} = \dfrac{27}{10} = 2.7$

(2) $0.28 = \dfrac{28}{100}$
⇨ $7 \times 0.28 = 7 \times \dfrac{28}{100} = \dfrac{7 \times 28}{100}$
$= \dfrac{196}{100} = 1.96$

2-2 (1) $0.4 = \dfrac{4}{10}$
⇨ $6 \times 0.4 = 6 \times \dfrac{4}{10} = \dfrac{6 \times 4}{10} = \dfrac{24}{10} = 2.4$

(2) $0.86=\dfrac{86}{100}$

$\Rightarrow 12\times0.86=12\times\dfrac{86}{100}=\dfrac{12\times86}{100}$

$=\dfrac{1032}{100}=10.32$

1 곱하는 수가 $\dfrac{1}{10}$배가 되면 계산 결과도 $\dfrac{1}{10}$배가 됩니다.

$$8\times4=32$$
$$8\times0.4=3.2$$
$\dfrac{1}{10}$배 $\qquad$ $\dfrac{1}{10}$배

2 곱하는 수가 $\dfrac{1}{100}$배가 되면 계산 결과도 $\dfrac{1}{100}$배가 됩니다.

$$5\times19=95$$
$$5\times0.19=0.95$$
$\dfrac{1}{100}$배 $\qquad$ $\dfrac{1}{100}$배

쪽

1 6의 1배는 6
6의 0.6배는 **3.6** ｝ 6의 1.6배는 **9.6**

2 24의 1배는 24
24의 0.2배는 **4.8** ｝ 24의 1.2배는 **28.8**

1 (1) $1.7=\dfrac{17}{10}$

$\Rightarrow 4\times1.7=4\times\dfrac{17}{10}=\dfrac{4\times17}{10}=\dfrac{68}{10}=6.8$

(2) $3.61=\dfrac{361}{100}$

$\Rightarrow 7\times3.61=7\times\dfrac{361}{100}=\dfrac{7\times361}{100}$

$=\dfrac{2527}{100}=25.27$

2 (1) $2.4=\dfrac{24}{10}$

$\Rightarrow 3\times2.4=3\times\dfrac{24}{10}=\dfrac{3\times24}{10}=\dfrac{72}{10}=7.2$

(2) $5.46=\dfrac{546}{100}$

$\Rightarrow 9\times5.46=9\times\dfrac{546}{100}=\dfrac{9\times546}{100}=\dfrac{4914}{100}=49.14$

1 곱하는 수가 $\dfrac{1}{10}$배가 되면 계산 결과도 $\dfrac{1}{10}$배가 됩니다.

$$2\times126=252$$
$$2\times12.6=25.2$$
$\dfrac{1}{10}$배 $\qquad$ $\dfrac{1}{10}$배

2 곱하는 수가 $\dfrac{1}{100}$배가 되면 계산 결과도 $\dfrac{1}{100}$배가 됩니다.

$$15\times217=3255$$
$$15\times2.17=32.55$$
$\dfrac{1}{100}$배 $\qquad$ $\dfrac{1}{100}$배

STEP 2 개념 확인하기

01 $24\times0.4=24\times\dfrac{4}{10}=\dfrac{96}{10}=9.6$

02 $36\times2=72$
$\dfrac{1}{10}$배 $\qquad$ $\dfrac{1}{10}$배
$36\times0.2=7.2$

03 (1) 4.8 (2) 0.85

04 (교차선 그림) **05** 1.35

06 $40\times0.9=40\times\dfrac{9}{10}=\dfrac{40\times9}{10}=\dfrac{360}{10}=36$

07 6.8 cm

08 (1) 22.4 (2) 14.67 **09** ㉡

10 (위부터) 5.2, 10.56

11 $5\times3.5=17.5$; 17.5 mL

12 25.9 cm²

---

01 소수 한 자리 수는 분모가 10인 분수로 나타내어 계산합니다.

02 곱하는 수가 $\dfrac{1}{10}$배가 되면 계산 결과도 $\dfrac{1}{10}$배가 됩니다.

03 (1) $8\times0.6=8\times\dfrac{6}{10}=\dfrac{8\times6}{10}=\dfrac{48}{10}=4.8$

(2) $5\times0.17=5\times\dfrac{17}{100}=\dfrac{5\times17}{100}=\dfrac{85}{100}=0.85$

04 $11\times0.4=4.4$, $35\times0.7=24.5$, $9\times0.8=7.2$

05 $9\times15=135$

$\Rightarrow$ 0.15는 15의 $\dfrac{1}{100}$배이므로 9×0.15는 135의 $\dfrac{1}{100}$배인 **1.35**입니다.

06 $\dfrac{360}{10}$은 36.0이므로 소수점 아래 끝자리의 0은 생략되어 36입니다.

07 $8\times85=680$에서 $8\times0.85=6.8$이므로 (나) 비커의 물의 높이는 **6.8 cm**입니다.

08 (1) $7\times3.2=7\times\dfrac{32}{10}=\dfrac{224}{10}=22.4$

(2) $9\times1.63=9\times\dfrac{163}{100}=\dfrac{1467}{100}=14.67$

09 ㉡ $1.56=\dfrac{156}{100}$

$8\times1.56=8\times\dfrac{156}{100}=\dfrac{1248}{100}=12.48$

10 $4\times1.3=5.2$, $4\times2.64=10.56$

11 서술형 가이드 인하가 사용한 소금의 양을 구하는 식을 바르게 쓰고 답을 구했는지 확인합니다.

채점 기준

상	식을 바르게 쓰고 답을 구함.
중	식은 바르게 썼으나 답을 구하지 못함.
하	식을 쓰지 못해 답을 구하지 못함.

12 (직사각형의 넓이) = (가로) × (세로)
$$= 7 \times 3.7 = 25.9 \, (\text{cm}^2)$$

STEP 1 개념 파헤치기

100 ~ 105쪽

101쪽

1-1 예

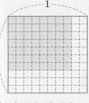

; 56, 0.56, 0.56

1-2 예

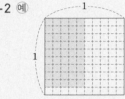

; 45, 0.45, 0.45

2-1 (1) 3, 9, $\frac{27}{100}$, 0.27

(2) 5, 97, $\frac{485}{1000}$, 0.485

2-2 (1) 3, 4, $\frac{12}{100}$, 0.12

(2) 4, 83, $\frac{332}{1000}$, 0.332

3-1 0.184

3-2 0.378

103쪽

1-1 12, 193, 2316, 2.316

1-2 24, 13, 312, 3.12

2-1 5.16

2-2 19.44

3-1 (1)
```
      1.4
  ×   3.8
  ┌─────┐
  │1 1 2│
  └─────┘
  ┌─────┐
  │4 2  │
  └─────┘
  ┌─────┐
  │5.3 2│
  └─────┘
```

(2)
```
      8.0 2
  ×     2.7
  ┌───────┐
  │5 6 1 4│
  └───────┘
  ┌───────┐
  │1 6 0 4│
  └───────┘
  ┌───────┐
  │2 1.6 5 4│
  └───────┘
```

3-2 (1)
```
      2.6
  ×   7.3
  ┌─────┐
  │7 8  │
  └─────┘
  ┌─────┐
  │1 8 2│
  └─────┘
  ┌─────┐
  │1 8.9 8│
  └─────┘
```

(2)
```
      8.5
  ×   3.4 2
  ┌───────┐
  │1 7 0  │
  └───────┘
  ┌───────┐
  │3 4 0  │
  └───────┘
  ┌───────┐
  │2 5 5  │
  └───────┘
  ┌───────┐
  │2 9.0 7 0│
  └───────┘
```

105쪽

1-1 4.7, 47, 470

1-2 18.2, 182, 1820

2-1 53.4, 5.34, 0.534

2-2 2.5, 0.25, 0.025

3-1 (1) 22080　(2) 2.208

3-2 (1) 14880　(2) 1.488

4-1 (1) 7.82　(2) 0.782

4-2 (1) 28.7　(2) 0.287

101쪽

2-1 (1) $0.3 = \frac{3}{10}$, $0.9 = \frac{9}{10}$

⇒ $0.3 \times 0.9 = \frac{3}{10} \times \frac{9}{10} = \frac{27}{100} = 0.27$

(2) $0.5 = \frac{5}{10}$, $0.97 = \frac{97}{100}$

⇒ $0.5 \times 0.97 = \frac{5}{10} \times \frac{97}{100} = \frac{485}{1000} = 0.485$

주의

분자만 곱하지 않도록 주의합니다.

예 $0.3 \times 0.9 = \frac{3}{10} \times \frac{9}{10} = \frac{27}{10} = 2.7$ (×)

2-2 (1) $0.3 = \frac{3}{10}$, $0.4 = \frac{4}{10}$

⇒ $0.3 \times 0.4 = \frac{3}{10} \times \frac{4}{10} = \frac{12}{100} = 0.12$

(2) $0.4 = \frac{4}{10}$, $0.83 = \frac{83}{100}$

⇒ $0.4 \times 0.83 = \frac{4}{10} \times \frac{83}{100} = \frac{332}{1000} = 0.332$

3-1 곱해지는 수가 $\frac{1}{100}$배, 곱하는 수가 $\frac{1}{10}$배가 되면 계산 결과는 $\frac{1}{100} \times \frac{1}{10} = \frac{1}{1000}$(배)가 됩니다.

$$23 \times 8 = 184$$

$\frac{1}{100}$배　　$\frac{1}{10}$배　$\frac{1}{1000}$배

$$0.23 \times 0.8 = 0.184$$

3-2 곱해지는 수가 $\frac{1}{10}$배, 곱하는 수가 $\frac{1}{100}$배가 되면 계산 결과는 $\frac{1}{10} \times \frac{1}{100} = \frac{1}{1000}$(배)가 됩니다.

$$7 \times 54 = 378$$

$\frac{1}{10}$배　　$\frac{1}{100}$배　$\frac{1}{1000}$배

$$0.7 \times 0.54 = 0.378$$

103쪽

1-1 $1.2 = \frac{12}{10}$, $1.93 = \frac{193}{100}$

⇒ $1.2 \times 1.93 = \frac{12}{10} \times \frac{193}{100} = \frac{2316}{1000} = 2.316$

2 $2.4=\dfrac{24}{10},\ 1.3=\dfrac{13}{10}$

   $\Rightarrow 2.4\times1.3=\dfrac{24}{10}\times\dfrac{13}{10}=\dfrac{312}{100}=3.12$

1 곱해지는 수가 $\dfrac{1}{10}$배, 곱하는 수가 $\dfrac{1}{10}$배가 되면 계산 결

  과는 $\dfrac{1}{10}\times\dfrac{1}{10}=\dfrac{1}{100}$(배)가 됩니다.

$$43\times12=516$$
$$\underset{\frac{1}{10}배}{\Big\downarrow}\qquad\underset{\frac{1}{10}배}{\Big\downarrow}\quad\underset{\frac{1}{100}배}{\Big\downarrow}$$
$$4.3\times1.2=\mathbf{5.16}$$

2 곱해지는 수가 $\dfrac{1}{10}$배, 곱하는 수가 $\dfrac{1}{10}$배가 되면 계산 결

  과는 $\dfrac{1}{10}\times\dfrac{1}{10}=\dfrac{1}{100}$(배)가 됩니다.

$$54\times36=1944$$
$$\underset{\frac{1}{10}배}{\Big\downarrow}\qquad\underset{\frac{1}{10}배}{\Big\downarrow}\quad\underset{\frac{1}{100}배}{\Big\downarrow}$$
$$5.4\times3.6=\mathbf{19.44}$$

1 자연수처럼 생각하고 계산한 다음 소수의 크기를 생각하
  여 소수점을 찍습니다.

5쪽

1 $0.47\times10=\underset{\smile}{4.7}$
  $\Rightarrow$ 0이 1개이므로 소수점을 오른쪽으로 1칸 옮깁니다.
  $0.47\times100=\underset{\smile}{47}$
  $\Rightarrow$ 0이 2개이므로 소수점을 오른쪽으로 2칸 옮깁니다.
  $0.47\times1000=\underset{\smile}{470}$
  $\Rightarrow$ 0이 3개이므로 소수점을 오른쪽으로 3칸 옮깁니다.

2 $1.82\times10=\underset{\smile}{18.2}$
  $\Rightarrow$ 0이 1개이므로 소수점을 오른쪽으로 1칸 옮깁니다.
  $1.82\times100=\underset{\smile}{182}$
  $\Rightarrow$ 0이 2개이므로 소수점을 오른쪽으로 2칸 옮깁니다.
  $1.82\times1000=\underset{\smile}{1820}$
  $\Rightarrow$ 0이 3개이므로 소수점을 오른쪽으로 3칸 옮깁니다.

1 $534\times0.1=\underset{\smile}{53.4}$
  $\Rightarrow$ 소수 한 자리 수이므로 소수점을 왼쪽으로 1칸 옮깁니다.
  $534\times0.01=\underset{\smile}{5.34}$
  $\Rightarrow$ 소수 두 자리 수이므로 소수점을 왼쪽으로 2칸 옮깁니다.
  $534\times0.001=\underset{\smile}{0.534}$
  $\Rightarrow$ 소수 세 자리 수이므로 소수점을 왼쪽으로 3칸 옮깁니다.

2 $25\times0.1=\underset{\smile}{2.5}$
  $\Rightarrow$ 소수 한 자리 수이므로 소수점을 왼쪽으로 1칸 옮깁니다.
  $25\times0.01=\underset{\smile}{0.25}$
  $\Rightarrow$ 소수 두 자리 수이므로 소수점을 왼쪽으로 2칸 옮깁니다.
  $25\times0.001=\underset{\smile}{0.025}$
  $\Rightarrow$ 소수 세 자리 수이므로 소수점을 왼쪽으로 3칸 옮깁니다.

3-1 (1) 6.9×3200은 6.9×32보다 32에 0이 2개 더 있으므
    로 220.8에서 소수점을 오른쪽으로 2칸 옮기면
    22080입니다.

    (2) 0.069×32는 6.9×32보다 6.9에 소수점 아래 자리
    수가 2자리 더 늘어났으므로 220.8에서 소수점을 왼
    쪽으로 2칸 옮기면 **2.208**입니다.

3-2 (1) 9300×1.6은 93×1.6보다 93에 0이 2개 더 있으므
    로 148.8에서 소수점을 오른쪽으로 2칸 옮기면
    14880입니다.

    (2) 93×0.016은 93×1.6보다 1.6에 소수점 아래 자리
    수가 2자리 더 늘어났으므로 148.8에서 소수점을 왼
    쪽으로 2칸 옮기면 **1.488**입니다.

4-1 (1) 1.7×4.6의 소수점 아래 자리 수의 합은 2이므로
    782에서 소수점을 왼쪽으로 2칸 옮기면 **7.82**가 됩니다.

    (2) 0.17×4.6의 소수점 아래 자리 수의 합은 3이므로
    782에서 소수점을 왼쪽으로 3칸 옮기면 **0.782**가 됩
    니다.

4-2 (1) 8.2×3.5의 소수점 아래 자리 수의 합은 2이므로
    2870에서 소수점을 왼쪽으로 2칸 옮기면 **28.7**이 됩
    니다.

    (2) 0.82×0.35의 소수점 아래 자리 수의 합은 4이므로
    2870에서 소수점을 왼쪽으로 4칸 옮기면 **0.287**이
    됩니다.

STEP 2 개념 확인하기   106 ~ 107쪽

01 $0.9\times0.8=\dfrac{9}{10}\times\dfrac{8}{10}=\dfrac{72}{100}=0.72$

02 (1) 0.32   (2) 0.552

03   **04** 0.16

05 $\dfrac{1}{10},\ \dfrac{1}{10},\ \dfrac{1}{100}$, 42.78

06 25.2, 11.524   **07** ㉡

08 1.625 L   **09** (1) 8.04   (2) 0.804

10

11 (1) 0.25   (2) 1.27

12 0.15 kg, 1.5 kg, 15 kg

01 소수를 분수로 나타내어 계산한 다음 계산 결과를 소수로
    나타냅니다.

02 (1)
$$8 \times 4 = 32$$
$\frac{1}{10}$배 ↙ ↓ $\frac{1}{10}$배 ↓ $\frac{1}{100}$배
$$0.8 \times 0.4 = 0.32$$

(2)
$$92 \times 6 = 552$$
$\frac{1}{100}$배 ↙ ↓ $\frac{1}{10}$배 ↓ $\frac{1}{1000}$배
$$0.92 \times 0.6 = 0.552$$

03 $0.2 \times 0.6 = 0.12$
$0.37 \times 0.4 = 0.148$

04 $0.8 > 0.7 > 0.4 > 0.2$이므로 가장 큰 수는 0.8, 가장 작은 수는 0.2입니다. ⇨ $0.8 \times 0.2 = 0.16$

05 곱해지는 수가 $\frac{1}{10}$배, 곱하는 수가 $\frac{1}{10}$배가 되면 계산 결과는 $\frac{1}{100}$배가 됩니다.

06
$$\begin{array}{r} 7.2 \\ \times\ 3.5 \\ \hline 3\ 6\ 0 \\ 2\ 1\ 6 \\ \hline 2\ 5.2\ 0 \end{array} \qquad \begin{array}{r} 1.3\ 4 \\ \times\ \ \ 8.6 \\ \hline 8\ 0\ 4 \\ 1\ 0\ 7\ 2 \\ \hline 1\ 1.5\ 2\ 4 \end{array}$$

07 ㉠ $3.02 \times 2.4 = 7.248$
㉡ $6.38 \times 1.7 = 10.846$
⇨ ㉠ < ㉡

08 $1.25 \times 1.3 = 1.625$ (L)

09 (1) 6.7은 소수점 아래 한 자리 수이고, 1.2는 소수점 아래 한 자리 수이므로 결과 값은 소수점 아래 두 자리 수입니다. ⇨ **8.04**

(2) 6.7은 소수점 아래 한 자리 수이고, 0.12는 소수점 아래 두 자리 수이므로 결과 값은 소수점 아래 세 자리 수입니다. ⇨ **0.804**

10 계산 결과의 소수점 아래 자리 수를 확인해 봅니다.
• 6.3×4.9는 (소수 한 자리 수) × (소수 한 자리 수)이므로 계산 결과는 소수 두 자리 수입니다.
• 6.3×0.49는 (소수 한 자리 수) × (소수 두 자리 수)이므로 계산 결과는 소수 세 자리 수입니다.
• 0.63×4.9는 (소수 두 자리 수) × (소수 한 자리 수)이므로 계산 결과는 소수 세 자리 수입니다.
• 630×0.049는 (0이 1개인 수) × (소수 세 자리 수)이므로 계산 결과는 소수 두 자리 수입니다.

> **참고**
> $6.3 \times 4.9 = 30.87$ $0.63 \times 4.9 = 3.087$
> $6.3 \times 0.49 = 3.087$ $630 \times 0.049 = 30.87$

11 (1) 1.27은 127의 0.01배인데 0.3175는 3175의 0.0001배이므로 □는 25의 0.01배인 **0.25**입니다.

(2) 250은 25의 10배인데 317.5는 3175의 0.1배이므로 □는 127의 0.01배인 **1.27**입니다.

12 색연필 10자루: $0.015 \times 10 = 0.15$ (kg)
색연필 100자루: $0.015 \times 100 = 1.5$ (kg)
색연필 1000자루: $0.015 \times 1000 = 15$ (kg)

STEP 3 단원 마무리평가   **108 ~ 111쪽**

01 3, 1.8   **02** 0.42
03 (1) 2.8   (2) 5.1
04 $6 \times 0.3 = 6 \times \frac{3}{10} = \frac{18}{10} = 1.8$
05 •　　•
    ✕
   •　　•
   •　　•
06 (1) 1.41   (2) 9.975
07 ㉢
08 22.5   **09** <   **10** ③
11 예) $5 \times 4.4 = 5 \times \frac{44}{10} = \frac{5 \times 44}{10} = \frac{220}{10} = 22$
12 31.62   **13** 13.5시간
14 0.28   **15** ㉢
16 $10.3 \times 9 = 92.7$; 92.7 cm^2
17 ㉠   **18** 0.48 kg
19 8   **20** 54.6 kg

> **창의·융합 문제**
> **1** 목성
> **2** 1745.2원, 17452원, 174520원

01 0.6을 3번 더한 값과 같습니다.
⇨ $0.6 + 0.6 + 0.6 = 0.6 \times 3 = 1.8$

02 색칠된 모눈은 가로로 6칸, 세로로 7칸이므로 모두 $6 \times 7 = 42$(칸)입니다.
색칠된 모눈은 0.01이 42칸이므로 **0.42**입니다.

03 (1) $0.7 \times 4 = \frac{7}{10} \times 4 = \frac{7 \times 4}{10} = \frac{28}{10} = 2.8$

(2) $0.85 \times 6 = \frac{85}{100} \times 6 = \frac{85 \times 6}{100} = \frac{510}{100} = 5.1$

04 $0.3 = \frac{3}{10}$

05 곱하는 수의 0이 하나씩 늘어날 때마다 곱의 소수점을 오른쪽으로 한 칸씩 옮깁니다.
$1.43 \times 10 = 14.3$
└ 0이 1개이므로 소수점을 오른쪽으로 1칸 옮깁니다.
$1.43 \times 100 = 143$
└ 0이 2개이므로 소수점을 오른쪽으로 2칸 옮깁니다.
$1.43 \times 1000 = 1430$
└ 0이 3개이므로 소수점을 오른쪽으로 3칸 옮깁니다.

06 (1)
$$\begin{array}{r} 4.7 \\ \times\ 0.3 \\ \hline 1.4\ 1 \end{array}$$

(2)
$$\begin{array}{r} 1.7\ 5 \\ \times\ \ \ 5.7 \\ \hline 1\ 2\ 2\ 5 \\ 8\ 7\ 5 \\ \hline 9.9\ 7\ 5 \end{array}$$

7
$\underset{\frac{1}{100}배}{\ \ 68\times27=1836\ \ }$
$68\times0.27=18.36$

ⓛ $\underset{\frac{1}{10}배}{\ \ 68\times27=1836\ \ }$
$68\times2.7=183.6$

ⓒ $\underset{\frac{1}{1000}배}{\ \ 68\times27=1836\ \ }$
$68\times0.027=1.836$

참고

곱하는 수의 소수점 아래 자리 수만큼 소수점을 왼쪽으로 옮겨 구할 수도 있습니다.

ⓐ $68\times\underset{\llcorner}{0.27}=18.36$
└ 소수 두 자리 수이므로 소수점을 왼쪽으로 2칸 옮깁니다.

ⓑ $68\times\underset{\llcorner}{2.7}=183.6$
└ 소수 한 자리 수이므로 소수점을 왼쪽으로 1칸 옮깁니다.

ⓒ $68\times\underset{\llcorner}{0.027}=1.836$
└ 소수 세 자리 수이므로 소수점을 왼쪽으로 3칸 옮깁니다.

8 $3.75\times6=\dfrac{375}{100}\times6=\dfrac{375\times6}{100}=\dfrac{2250}{100}=22.50=\mathbf{22.5}$

9 $2.5\times7=17.5,\ 3.2\times6=19.2 \Rightarrow 17.5<19.2$

10 ① $1.67\times10=16.7$
② $167\times0.1=16.7$
③ $167\times0.01=1.67$
④ $0.167\times100=16.7$
⑤ $0.0167\times1000=16.7$
따라서 곱이 나머지와 다른 하나는 ③입니다.

11 가장 큰 수: 8.5
가장 작은 수: 3.72
$\Rightarrow 8.5\times3.72=31.620=\mathbf{31.62}$

12 (주희가 9일 동안 독서를 한 시간)
$=1.5\times9=\mathbf{13.5}$(시간)

13 ⓐ $0.4\times0.9=0.36$
ⓑ $0.8\times0.8=0.64$ $\Big\}\Rightarrow 0.64-0.36=\mathbf{0.28}$

14 ⓐ (소수 두 자리 수)×(소수 한 자리 수)
$=$(소수 세 자리 수)
ⓑ (소수 한 자리 수)×(소수 두 자리 수)
$=$(소수 세 자리 수)
ⓒ (소수 두 자리 수)×(소수 두 자리 수)
$=$(소수 네 자리 수)
$\Rightarrow$ ⓐ과 ⓑ은 소수 세 자리 수가 되고 ⓒ은 소수 네 자리 수가 되므로 곱의 소수점 아래 자리 수가 다른 하나는 ⓒ입니다.

참고

ⓐ $0.83\times0.6=0.498$ (소수 세 자리 수)
ⓑ $0.9\times0.32=0.288$ (소수 세 자리 수)
ⓒ $0.17\times0.45=0.0765$ (소수 네 자리 수)

16 서술형 가이드 직사각형의 넓이를 구하는 식을 알고 식과 답을 바르게 썼는지 확인합니다.

채점 기준

상	식을 바르게 쓰고 답을 구함.
중	식은 바르게 썼으나 답을 구하지 못함.
하	식을 쓰지 못해 답을 구하지 못함.

17 ⓐ 4.6의 소수점을 오른쪽으로 두 자리 옮겨서 460이 되었으므로 □=100입니다.
ⓑ 3.2의 소수점을 오른쪽으로 한 자리 옮겨서 32가 되었으므로 □=10입니다.
ⓒ 20의 소수점을 왼쪽으로 세 자리 옮겨서 0.02가 되었으므로 □=0.001입니다.
$\Rightarrow 100>10>0.001$이므로 ⓐ의 □ 안에 들어갈 수가 가장 큽니다.

참고

• 계산 결과가 곱해지는 수보다 소수점이 오른쪽에 있을 때는 곱하는 수의 0이 늘어납니다.
• 계산 결과가 곱해지는 수보다 소수점이 왼쪽에 있을 때는 곱하는 수의 소수점 아래 자리 수가 늘어납니다.

18 $0.12\times4=\mathbf{0.48}\,(\text{kg})$

19 $2.4\times3.6=8.64$
$8.64>$□이므로 □ 안에 들어갈 수 있는 가장 큰 자연수는 8입니다.

20 (오빠의 몸무게)$=$(은지의 몸무게)$\times1.2$
$\qquad\qquad\quad=32.5\times1.2=39.00=39\,(\text{kg})$
(어머니의 몸무게)$=$(오빠의 몸무게)$\times1.4$
$\qquad\qquad\qquad=39\times1.4=\mathbf{54.6}\,(\text{kg})$

창의·융합 문제

1 (태양에서 수성까지의 상대적인 거리)×13
$=0.4\times13=5.2$
$\Rightarrow$ 상대적인 거리가 5.2인 행성은 **목성**입니다.

2 10위안 $\Rightarrow 174.52\times10=\mathbf{1745.2}$(원)
└ 소수점을 오른쪽으로 1칸 옮깁니다.
100위안 $\Rightarrow 174.52\times100=\mathbf{17452}$(원)
└ 소수점을 오른쪽으로 2칸 옮깁니다.
1000위안 $\Rightarrow 174.52\times1000=\mathbf{174520}$(원)
└ 소수점을 오른쪽으로 3칸 옮깁니다.

참고

소수점을 오른쪽으로 옮길 자리가 없을 때에는 0을 써넣습니다. 예 174.52 $\Rightarrow$ 174520

5 직육면체

115 쪽

1-1 직육면체

2-1

[모서리]
[꼭짓점]

3-1 ( )(○)( )
( )(○)(○)

1-2 직사각형

2-2

[모서리]
[면]

3-2 (○)( )(○)
(○)( )( )

117 쪽

1-1 6

2-1 6

3-1 (○)( )( )
( )( )(○)

1-2 정사각형

2-2 8

3-2 ( )(○)( )
( )(○)( )

115 쪽

1-1 직사각형 6개로 둘러싸인 도형을 **직육면체**라고 합니다.

1-2 직육면체는 **직사각형** 6개로 둘러싸인 도형입니다.

2-1 면과 면이 만나는 선분을 **모서리**라고 하고, 모서리와 모서리가 만나는 점을 **꼭짓점**이라고 합니다.

2-2 선분으로 둘러싸인 부분을 **면**이라고 하고, 면과 면이 만나는 선분을 **모서리**라고 합니다.

3-1 직사각형 6개로 둘러싸인 도형을 찾습니다.

3-2 직사각형 6개로 둘러싸인 도형을 찾습니다.

117 쪽

1-1 정사각형 6개로 둘러싸인 도형을 정육면체라고 합니다.

1-2 정육면체는 **정사각형** 6개로 둘러싸인 도형입니다.

2-1 보이는 면이 3개, 보이지 않는 면이 3개이므로 모두
3+3=6(개)입니다.

2-2 보이는 꼭짓점이 7개, 보이지 않는 꼭짓점이 1개이므로
모두 7+1=8(개)입니다.

3-1 정사각형 6개로 둘러싸인
도형을 찾습니다.

3-2 정사각형 6개로 둘러싸인 도형을 찾습니다.

01 면, 모서리, 꼭짓점 02 ㉠, ㉡

03
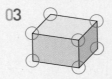

04 (1) 6개 (2) 12개 (3) 8개

05 3개

06 예 직육면체는 직사각형 6개로 둘러싸여 있어야 하는데 사다리꼴이 있으므로 직육면체가 아닙니다.

07 정사각형 08 6, 12, 8

09 ( )(×)(○) 10 (○)
(×)(○)(×) (×)
(○)

11 예 면의 수가 같습니다.
; 예 직육면체의 면은 직사각형이지만 정육면체의 면은
정사각형입니다.

12 4개 13 7

01 직육면체의 구성
┌ **면**: 선분으로 둘러싸인 부분
├ **모서리**: 면과 면이 만나는 선분
└ **꼭짓점**: 모서리와 모서리가 만나는 점

02 생각 열기 직육면체의 정의를 생각해 봅니다.
직사각형 6개로 둘러싸인 도형을 찾으면 ㉠, ㉡입니다.
㉢은 삼각형인 면이 있으므로 직육면체가 아닙니다.

03 직육면체에서 보이는 꼭짓점은 7개입니다.

04 (1) 직육면체의 면은 **6**개입니다.
(2) 직육면체의 모서리는 **12**개입니다.
(3) 직육면체의 꼭짓점은 **8**개입니다.

05 직육면체에서 보이는 면은 **3**개, 보이지 않는 면은 3개입니다.

서술형 가이드 직육면체가 어떤 도형인지 알고 주어진 도형이 직육면체가 아닌 이유를 바르게 썼는지 알아봅니다.

채점 기준

상	직육면체가 아닌 이유를 바르게 씀.
중	직육면체가 아닌 이유를 썼으나 미흡함.
하	직육면체가 아닌 이유를 쓰지 못함.

정육면체의 면은 모두 **정사각형**입니다.
정육면체의 면은 **6**개입니다.
정육면체의 모서리는 **12**개입니다.
정육면체의 꼭짓점은 **8**개입니다.
정사각형 6개로 둘러싸인 도형을 정육면체라고 합니다.
직사각형이 아닌 다른 면이 있으면 직육면체가 아닙니다.
정육면체는 직육면체라고 할 수 있습니다.
정육면체는 면이 모두 정사각형이므로 크기가 모두 같습니다. 정육면체의 모서리는 모두 12개입니다.
정육면체는 직육면체라고 할 수 있습니다.

서술형 가이드 직육면체와 정육면체의 특징을 알아 공통점과 차이점을 1가지씩 썼는지 확인합니다.

채점 기준

상	직육면체와 정육면체의 공통점과 차이점을 1가지씩 씀.
중	직육면체와 정육면체의 공통점과 차이점 중 1가지만 씀.
하	직육면체와 정육면체의 공통점과 차이점을 모두 쓰지 못함.

보이지 않는 면: 3개, 보이지 않는 꼭짓점: 1개
➡ 3+1=**4(개)**
정육면체는 모서리의 길이가 모두 같습니다.
따라서 정육면체의 모든 모서리의 길이는 **7 cm**입니다.

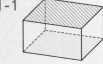

개념 파헤치기

120 ~ 123쪽

121 쪽

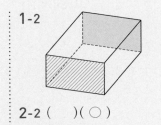

1-1

1-2

2-1 (   )(○)

2-2 (   )(○)
(○)(○)

3-1 ㄱㄴㄷㄹ, ㄴㄷㅅㅂ, ㄷㅅㅇㄹ

3-2 ㄱㄴㄷㄹ, ㄱㄴㅂㅁ, ㄴㄷㅅㅂ

123 쪽

1-1 (   )(○) 1-2 (○)(   )
2-1   2-2

3-1   3-2

121 쪽

1-1~1-2 직육면체에서 마주 보고 있는 면은 서로 평행합니다.

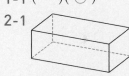

2-1~2-2 색칠한 면과 만나는 면은 서로 수직으로 만납니다.
3-1 꼭짓점 ㄷ을 포함하는 면을 모두 찾아봅니다. 꼭짓점 ㄷ과 만나는 면을 모두 찾으면 **면 ㄱㄴㄷㄹ**, **면 ㄴㄷㅅㅂ**, **면 ㄷㅅㅇㄹ**입니다.

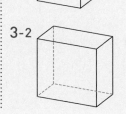

참고
꼭짓점 ㄷ과 만나는 면은 면을 읽을 때 꼭짓점 ㄷ이 포함됩니다.

3-2 꼭짓점 ㄴ과 만나는 면을 모두 찾으면 **면 ㄱㄴㄷㄹ, 면 ㄱㄴㅂㅁ, 면 ㄴㄷㅅㅂ**입니다.

123 쪽

1-1 ➡ 보이지 않는 모서리를 실선으로 그렸기 때문에 잘못 그린 것입니다.

1-2 ➡ 보이는 모서리가 3개이기 때문에 잘못 그린 것입니다.

참고
바르게 그리면 다음과 같습니다.

 또는

2-1~2-2 모서리가 4개씩 평행하도록 보이지 않는 모서리를 그려야 합니다.

참고

⇦ 같은 색 모서리끼리는 서로 평행합니다.

3-1~3-2 빠진 모서리를 그려 넣어 봅니다. 이때 보이는 모서리는 실선으로, 보이지 않는 모서리는 점선으로 그립니다.

STEP 2 개념 **확인하기** 124 ~ 125쪽

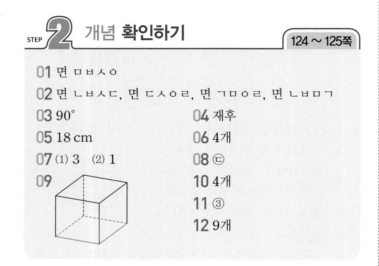

01 면 ㅁㅂㅅㅇ
02 면 ㄴㅂㅅㄷ, 면 ㄷㅅㅇㄹ, 면 ㄱㅁㅇㄹ, 면 ㄴㅂㅁㄱ
03 90°   **04** 재후
05 18 cm   **06** 4개
07 (1) 3 (2) 1 **08** ㉡
09   **10** 4개
                   11 ③
                   12 9개

01 서로 평행한 면은 서로 마주 보고 있는 면입니다.
따라서 면 ㄱㄴㄷㄹ과 마주 보고 있는 면을 찾으면 **면 ㅁㅂㅅㅇ**입니다.

02 서로 수직인 면은 주어진 면과 만나는 면입니다.
따라서 면 ㄱㄴㄷㄹ과 만나는 면을 찾으면 **면 ㄴㅂㅅㄷ**, **면 ㄷㅅㅇㄹ**, **면 ㄱㅁㅇㄹ**, **면 ㄴㅂㅁㄱ**입니다.

03

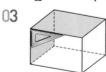

직육면체에서 서로 만나는 면은 수직이므로 두 면이 만나서 이루는 각의 크기는 **90°**입니다.

04 한 면과 만나는 면은 모두 4개이므로 **재후**가 잘못 설명했습니다.

05 면 ㄴㅂㅅㄷ과 평행한 면은 서로 마주 보고 있는 면이므로 면 ㄱㅁㅇㄹ입니다.
⇨ (면 ㄱㅁㅇㄹ의 모서리의 길이의 합)
= 2+7+2+7
= **18 (cm)**

06 직육면체에서 한 면에 수직인 면은 **4개**입니다.

07 생각 열기 겨냥도에는 보이는 부분과 보이지 않는 부분이 있습니다.

	보이는 부분	보이지 않는 부분
면	3개	3개
모서리	9개	3개
꼭짓점	7개	1개

08 보이는 모서리는 실선으로, 보이지 않는 모서리는 점선으로 그린 것을 찾습니다.
㉠ 보이는 모서리를 점선으로 그렸습니다.
㉡ 보이지 않는 모서리를 실선으로 그렸습니다.

09 모서리가 4개씩 평행하도록 그립니다. 이때 보이는 모서리는 실선으로, 보이지 않는 모서리는 점선으로 그려야 합니다.

10 생각 열기 보이는 모서리는 9개입니다.

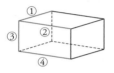

겨냥도에서 실선으로 나타내야 하는 모서리는 보이는 부분이므로 9개입니다. 주어진 그림에 실선인 모서리가 5개만 그려져 있으므로 9-5=**4(개)** 더 실선으로 그려야 겨냥도를 완성할 수 있습니다.

11 ③ 보이는 꼭짓점의 수는 7개입니다.

참고

주어진 겨냥도는 보이는 모서리는 실선으로, 보이진 않는 모서리는 점선으로 그렸습니다.①
보이는 면은 3개, 보이지 않는 면은 3개입니다.②
보이는 모서리는 9개, 보이지 않는 모서리는 3개입니다.④
보이는 꼭짓점은 7개, 보이지 않는 꼭짓점은 1개입니다.⑤

12 면은 3개, 모서리는 9개, 꼭짓점은 7개 보일 때가 가장 많이 보입니다.

STEP 1 개념 **파헤치기** 126 ~ 129쪽

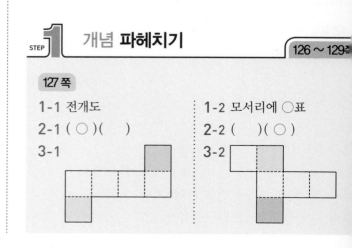

127 쪽

1-1 전개도   1-2 모서리에 ○표
2-1 (○)( )   2-2 ( )(○)
3-1   3-2

129쪽

1-1 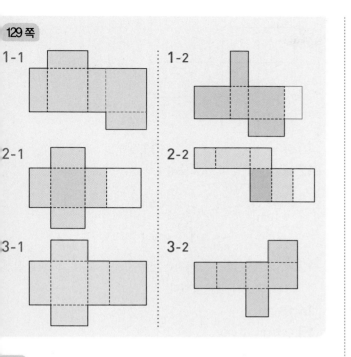 **1-2**

2-1 **2-2**

3-1 **3-2**

7쪽

1-1~1-2 정육면체의 모서리를 잘라서 펼친 그림을 정육면체의 **전개도**라고 합니다.

1-1 오른쪽 그림은 면이 5개입니다.

1-2 왼쪽 그림은 겹치는 면이 있습니다.

1-1~3-2 생각 열기 전개도를 접었을 때 모양을 생각해 봅니다. 전개도를 접었을 때 색칠한 면과 만나지 않는 면을 색칠합니다.

9쪽

1-1 잘리지 않는 모서리는 점선으로 그립니다.

1-2 잘린 모서리는 실선으로 그립니다.

2-1 직육면체에서 한 면과 수직인 면은 4개입니다. 직육면체에서 서로 만나는 면은 수직이므로 색칠한 면과 만나는 면을 찾아봅니다.

2-2 전개도를 접었을 때 색칠한 면과 만나는 면을 찾아봅니다.

3-1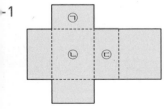

면 ㉡을 바닥에 놓고 면 ㉠과 면 ㉢을 접어 올리면 ──으로 표시한 선분과 ──으로 표시한 선분이 겹칩니다.

3-2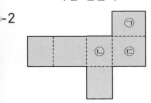

면 ㉢을 바닥에 놓고 면 ㉠과 면 ㉡을 접어 올리면 ──으로 표시한 선분과 ──으로 표시한 선분이 겹칩니다.

STEP 2 개념 확인하기

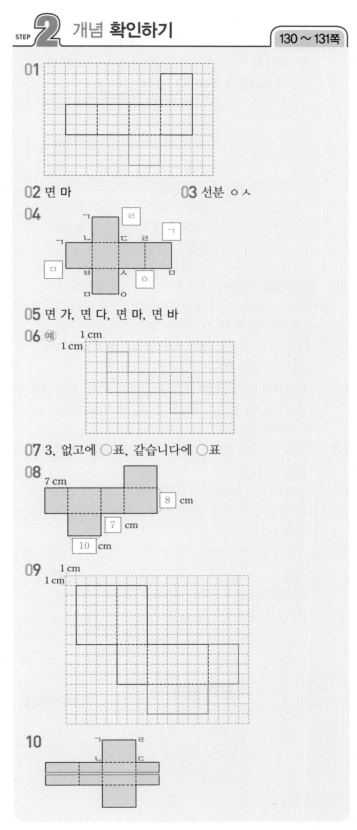

02 면 마 **03** 선분 ㅇㅅ

05 면 가, 면 다, 면 마, 면 바

07 3, 없고에 ○표, 같습니다에 ○표

01 서로 만나는 모서리의 길이는 같게 그립니다.

02 정육면체에서 서로 마주 보는 면이 평행하므로 면 다와 평행한 면은 **면 마**입니다.

03 전개도를 접으면 점 ㄹ은 점 ㅇ, 점 ㅁ은 점 ㅅ과 만나므로 선분 ㄹㅁ은 **선분 ㅇㅅ**과 겹칩니다.

5. 직육면체 **33**

04 전개도를 잘라서 펼쳤을 때 꼭짓점의 위치를 생각해 봅니다.

> 참고
> 전개도에서 주어진 면을 겨냥도에서 찾아 □ 안에 알맞은 기호를 써넣을 수 있습니다.
> ⑩ 면 ㄱㄴㅂ□ ⇨ 겨냥도에서 찾으면 □ 안에 알맞은 기호는 ㅁ입니다.
> 면 ㄱㄴㄷ□ ⇨ 겨냥도에서 찾으면 □ 안에 알맞은 기호는 ㄹ입니다.
> 면 ㄷㄹ□ㅅ ⇨ 겨냥도에서 찾으면 □ 안에 알맞은 기호는 ㅇ입니다.
> 면 ㄹㅇㅁ□ ⇨ 겨냥도에서 찾으면 □ 안에 알맞은 기호는 ㄱ입니다.

05 생각 열기 정육면체에서 만나는 면은 서로 수직입니다.
면 라와 만나는 면이 수직인 면이므로 면 라와 만나는 면을 찾으면 **면 가, 면 다, 면 마, 면 바**입니다.

06 모양과 크기가 같은 면 6개를 접었을 때, 서로 겹치는 면이 없도록 그립니다.

07 직육면체의 전개도에는 모양과 크기가 같은 면이 3쌍 있습니다. 전개도를 접었을 때 겹치는 면이 없어야 하고, 만나는 모서리의 길이가 같아야 합니다.

08 접었을 때 서로 겹치는 변의 길이가 같도록 직육면체의 전개도를 그립니다.

09 모양과 크기가 같은 면이 3쌍인지, 접었을 때 만나는 모서리의 길이가 같은지, 서로 겹치는 면이 없는지 살펴보며 완성합니다.

10 전개도의 각 점을 써넣은 후 지나가는 자리를 알아봅니다.

> 참고
> 색 테이프는 선분 ㄱㅁ, 선분 ㄴㅂ, 선분 ㄷㅅ, 선분 ㄹㅇ을 지나갑니다.

STEP 3 단원 마무리평가 132 ~ 135쪽

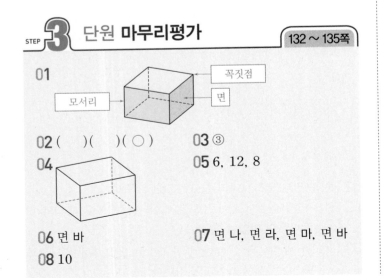

01

02 ( )( )(○)   **03** ③

04

05 6, 12, 8

06 면 바   **07** 면 나, 면 라, 면 마, 면 바

08 10

09

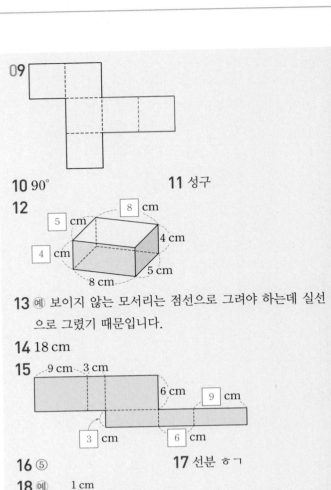

10 90°   **11** 성규

12

13 ⑩ 보이지 않는 모서리는 점선으로 그려야 하는데 실선으로 그렸기 때문입니다.

14 18 cm

15

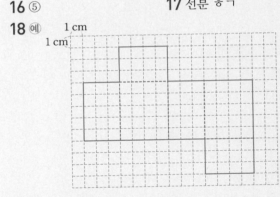

16 ⑤   **17** 선분 ㅎㄱ

18 ⑩

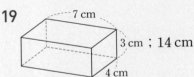

19

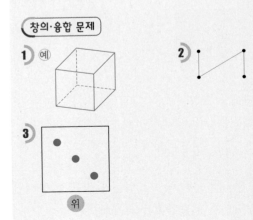
3 cm ; 14 cm

20 80 cm

> 창의·융합 문제

1) ⑩

2)

3)

면: 선분으로 둘러싸인 부분

모서리: 면과 면이 만나는 선분

꼭짓점: 모서리와 모서리가 만나는 점

정사각형 6개로 둘러싸인 도형을 찾습니다.

직사각형 6개로 둘러싸인 도형을 찾습니다.

③

직육면체의 겨냥도는 보이지 않는 모서리는 점선으로 그립니다.

정육면체는 면이 6개, 모서리가 12개, 꼭짓점이 8개입니다.

 참고

• 직육면체와 정육면체의 공통점과 차이점

    ┌ 공통점: 면의 수(6개), 모서리의 수(12개),
    │   꼭짓점의 수(8개)
    └ 차이점: 면의 모양, 크기가 같은 면의 수, 길이가 같은
         모서리의 수

면 라와 평행한 면은 접었을 때 마주 보는 면이므로 면 라에서 한 면 건너뛴 **면 바**입니다.

면 가와 평행한 면 다를 제외한 나머지 네 면이 면 가와 수직입니다.

정육면체는 모든 모서리의 길이가 같습니다. 따라서 주어진 정육면체의 모서리의 길이는 모두 **10 cm**입니다.

정육면체의 전개도는 정사각형 6개로 이루어져 있습니다. 이때, 잘린 모서리는 실선으로, 잘리지 않는 모서리는 점선으로 그립니다.

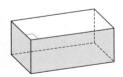 ⇨ 직육면체에서 맞닿는 면은 서로 수직으로 만나므로 두 면이 만나서 이루는 각의 크기는 **90°**입니다.

정육면체에서 마주 보고 있는 두 면은 서로 평행하므로 잘못 말한 사람은 **성구**입니다.

서로 평행한 모서리끼리 길이가 같습니다.

 서술형 가이드 직육면체의 겨냥도 그리는 방법을 알고 있는지 확인합니다.

채점 기준

상	직육면체의 겨냥도를 잘못 그린 이유를 바르게 씀.
중	직육면체의 겨냥도를 잘못 그린 이유를 썼으나 미흡함.
하	직육면체의 겨냥도를 잘못 그린 이유를 쓰지 못함.

14 생각 열기 직육면체의 각 면의 모양은 직사각형입니다.

색칠한 면은 오른쪽과 같은 직사각형이므로 모서리 길이의 합은

$2+7+2+7=18$ (cm)입니다.

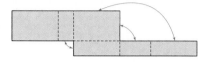

15 전개도를 접었을 때 겹치는 선분끼리 길이가 같습니다.

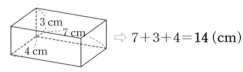

16 ⑤ 모서리의 길이가 모두 같은 것은 정육면체입니다.

직육면체는 서로 평행한 모서리끼리 길이가 같습니다.

17 전개도를 접었을 때 점 ㅌ은 점 ㅎ과 만나고 점 ㅋ은 점 ㄱ과 만나므로 선분 ㅌㅋ과 겹치는 선분은 **선분 ㅎㄱ**입니다.

18 직육면체의 전개도를 여러 가지로 그릴 수 있습니다.

19 직육면체에서 평행한 모서리는 길이가 같으므로 점선으로 그린 세 모서리의 길이를 알아봅니다.

⇨ $7+3+4=14$ (cm)

20 직육면체에서 평행한 모서리는 3개씩 4쌍이므로 같은 길이의 모서리가 4개씩 있습니다.

⇨ $(6+10+4)×4=20×4=80$ (cm)

창의·융합 문제

1 정육면체의 겨냥도를 그립니다.

주의

정육면체이므로 정사각형 6개로 둘러싸인 모양을 그려야 합니다.

2 쌓기나무 4개로는 직육면체(   )를, 8개로는 직육면체

(   )와 정육면체(   )를 만들 수 있습니다.

3

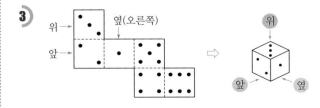

6 평균과 가능성

STEP 1 개념 파헤치기
138 ~ 145쪽

139쪽

1-1 예 30개	1-2 예 27명
2-1 ( )(○)	2-2 ( ) (○)
3-1 ㉢	3-2 27명

141쪽

1-1 5	1-2 6
2-1 10 cm	2-2 12 cm
3-1 5 cm	3-2 6 cm

143쪽

1-1 예 3, 3	1-2 예 40, 40
2-1 13, 60	2-2 344회
3-1 4, $\dfrac{60}{4}$, 15	3-2 $\dfrac{344}{4}$, 86

145쪽

1-1 6개, 5개	1-2 18초, 17초
2-1 성주에 ○표	2-2 윤호에 ○표
3-1 72 m	3-2 128번

139쪽

1-1~1-2 자료의 평균을 예상해 봅니다.

2-1 한 상자에 들어 있는 시침핀의 수를 고르게 하여 정합니다.

2-2 한 학급당 학생 수를 고르게 하여 정합니다.

3-1 [생각 열기] 평균은 자료의 값을 모두 더한 수를 자료의 수로 나눈 값인 것을 생각해 봅니다.

한 상자에 들어 있는 시침핀의 수인 30, 31, 32, 29, 28을 모두 더해 자료의 수인 5로 나누면 평균을 구할 수 있습니다.

(한 상자에 들어 있는 평균 시침핀의 수)
$$=\frac{30+31+32+29+28}{5}=\frac{150}{5}=30(개)$$

3-2 (유정이네 학교 5학년 학급당 평균 학생 수)
$$=\frac{26+28+25+29}{4}=\frac{108}{4}=27(명)$$

141쪽

1-1 정우의 7개에서 2개를 덜어 미라, 초아에게 각각 1개씩 옮기면 세 사람의 연결큐브가 모두 5개로 같아집니다.

1-2 유나의 8개에서 2개를 덜어 현우, 병호에게 각각 1개씩 옮기면 세 사람의 연결큐브가 모두 6개로 같아집니다.

2-1 (두 종이테이프 길이를 더한 수)
$$=4+6=10 \text{ (cm)}$$

2-2 (두 리본 길이를 더한 수)
$$=5+7=12 \text{ (cm)}$$

3-1 (두 종이테이프 길이의 평균)
$$=10÷2=5 \text{ (cm)}$$

3-2 (두 리본 길이의 평균)
$$=12÷2=6 \text{ (cm)}$$

143쪽

1-1 4회의 2점을 1회로, 5회에서 1점은 1회로, 1점은 3회 옮기면 모두 3점으로 기록이 고르게 됩니다.

> **참고**
> 그래프로 나타내어 ○를 옮겨 알아볼 수 있습니다.

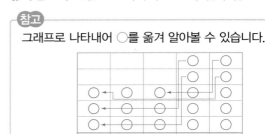

1-2 경호의 10분을 윤권이에게, 은지의 10분을 민수에게 기면 모두 40분으로 기록이 고르게 됩니다.

2-1 (진주의 줄넘기 기록을 모두 더한 수)
$$=15+17+15+13=60(번)$$

2-2 (종호의 왕복 오래달리기 기록을 모두 더한 수)
$$=80+88+86+90=344(회)$$

3-1 줄넘기 기록의 합은 60이고 자료의 수는 4회 넘었으므로 4입니다.
$$(평균)=\frac{60}{4}=15(번)$$

3-2 왕복 오래달리기 기록의 합은 344회이고 측정 시기의 는 4개월 했으므로 4입니다.
$$(평균)=\frac{344}{4}=86(회)$$

145쪽

1-1 [생각 열기] $(평균)=\dfrac{(자료의 값을 모두 더한 수)}{(자료의 수)}$

성주: $\dfrac{9+5+4}{3}=\dfrac{18}{3}=6(개)$

현애: $\dfrac{6+4+2+8}{4}=\dfrac{20}{4}=5(개)$

1-2 미라: $\dfrac{18+21+19+14}{4}=\dfrac{72}{4}=18(초)$

윤호: $\dfrac{17+20+14}{3}=\dfrac{51}{3}=17(초)$

2-1 고리 던지기 기록의 평균을 비교하면 6>5입니다.
⇨ 성주가 현애보다 더 많으므로 성주를 대표 선수로 아야 합니다.

2 100 m 달리기 기록의 평균을 비교하면
18(미라) > 17(윤호)입니다.
⇨ 윤호가 미라보다 평균 기록이 더 빠르므로 윤호를 대표 선수로 뽑아야 합니다.

1 (공 던지기 기록을 모두 더한 수)
= (평균) × (던진 횟수)
= 18 × 4
= 72 (m)

2 (훌라후프 돌리기 기록을 모두 더한 수)
= 32 × 4
= 128(번)

2 개념 확인하기

146 ~ 147쪽

01 6권, 7권　　　　　　**02** 윤지네 모둠

03 44개

04

요일별 최고 기온

05

요일별 최고 기온

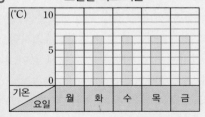

06 7 ℃　　　　　　**07** 예 40분

08 40분　　　　　　**09** 예 105점

10 경아네 모둠, 1번　　　**11** 미애

12 142명

(신명이네 모둠의 도서 대출 책 수의 평균)
$= \dfrac{3+6+4+11}{4} = \dfrac{24}{4} = 6$(권)

(윤지네 모둠의 도서 대출 책 수의 평균)
$= \dfrac{7+6+5+9+8}{5} = \dfrac{35}{5} = 7$(권)

02 6권 < 7권이므로 **윤지네 모둠**이 더 많이 읽었다고 볼 수 있습니다.

03 (정주네 모둠이 접은 종이배 수)
= 36 + 45 + 52 + 48 + 39 = 220(개)
⇨ (평균) = 220 ÷ 5 = **44**(개)

04 월요일은 7칸, 화요일은 4칸, 수요일은 5칸, 목요일은 9칸, 금요일은 10칸으로 막대를 그려 나타냅니다.

05 목요일의 2칸을 수요일로, 금요일의 3칸을 화요일로 옮겨 나타내면 막대의 높이를 고르게 할 수 있습니다.

06 그래프 막대의 높이를 고르게 나타낸 것을 보아 평균은 **7 ℃**인 것을 알 수 있습니다.

07 주어진 자료는 각각 5분씩 차이나므로 평균을 중간값인 40분으로 예상할 수 있습니다.

08 생각 열기 전체 독서한 시간을 더한 수를 날수로 나누어 평균을 구할 수 있습니다.
(성민이가 독서한 시간의 평균)
$= \dfrac{35+50+45+40+30}{5} = \dfrac{200}{5} = 40$(분)

09 (네 경기 동안 얻은 점수의 평균)
$= \dfrac{95+103+100+106}{4} = \dfrac{404}{4} = 101$(점)

평균이 높아지려면 네 경기 동안 얻은 점수의 평균인 101점보다 높은 점수를 얻으면 됩니다.
따라서 다섯 번째 경기에서 101점보다 높은 점수를 얻어야 합니다.

10 (원재네 모둠) $= \dfrac{20+32+29}{3} = \dfrac{81}{3} = 27$(번)

(경아네 모둠) $= \dfrac{16+31+37}{3} = \dfrac{84}{3} = 28$(번)

⇨ **경아네 모둠**이 평균 28 − 27 = **1**(번) 더 많습니다.

11 생각 열기 자료의 수가 다를 때에는 자료의 값을 모두 더한 수가 아닌 평균을 비교해야 합니다.
(윤석이의 제자리 멀리뛰기 평균 기록)
$= \dfrac{78+84+77+81}{4} = \dfrac{320}{4} = 80$ (cm)

(미애의 제자리 멀리뛰기 평균 기록)
$= \dfrac{76+82+88}{3} = \dfrac{246}{3} = 82$ (cm)

⇨ 제자리 멀리뛰기 기록의 평균을 비교하면
80(윤석) < 82(미애)이므로 제자리 멀리뛰기를 더 잘한 사람은 **미애**입니다.

12 (전체 학생 수) = 135 × 6 = 810(명)
(5학년을 제외한 학생 수를 모두 더한 수)
= 127 + 135 + 140 + 138 + 128 = 668(명)
⇨ (5학년 학생 수) = 810 − 668 = **142**(명)

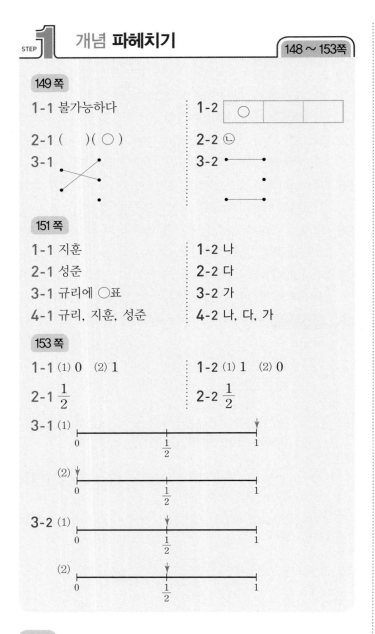

꼼꼼 풀이집

STEP 1 개념 파헤치기
148~153쪽

149쪽

1-1 불가능하다

1-2 (표 첫 칸에 ○)

2-1 ( )(○)

2-2 ㉡

3-1 (선 연결)

3-2 (선 연결)

151쪽

1-1 지훈   1-2 나

2-1 성준   2-2 다

3-1 규리에 ○표   3-2 가

4-1 규리, 지훈, 성준   4-2 나, 다, 가

153쪽

1-1 (1) 0 (2) 1   1-2 (1) 1 (2) 0

2-1 $\frac{1}{2}$ 2-2 $\frac{1}{2}$

3-1 (1) (수직선 1에 화살표)

(2) (수직선 0에 화살표)

3-2 (1) (수직선 $\frac{1}{2}$에 화살표)

(2) (수직선 $\frac{1}{2}$에 화살표)

149쪽

1-1 동전만 들어 있는 저금통에서 지폐를 꺼낼 가능성은 '**불가능하다**'입니다.

1-2 사과나무에서는 사과만 열리므로 딸기가 열릴 가능성은 '불가능하다'입니다.

2-1 • 해는 동쪽에서 뜨므로 내일 아침에 서쪽에서 해가 뜰 가능성은 '불가능하다'입니다.
   • 2의 배수는 모두 짝수이므로 가능성은 '확실하다'입니다.

2-2 ㉠ 50원짜리 동전을 던지면 숫자 면 또는 그림 면이 나오므로 그림 면이 나올 가능성은 '반반이다'입니다.
   ㉡ 계산기로 ⬚1⬚ ⬚+⬚ ⬚1⬚ ⬚=⬚ 을 누르면 2가 나오므로 가능성은 '확실하다'입니다.

3-1 • ⬚1⬚, ⬚2⬚ 중에서 한 장을 뽑으면 ⬚1⬚ 또는 ⬚2⬚가 나오므로 ⬚1⬚이 나올 가능성은 '반반이다'입니다.

38 수학 5–2

• 1월의 날수는 31일이므로 1월의 날수가 30일일 가능성은 '불가능하다'입니다.

3-2 • 주사위에는 눈의 수가 8이 없기 때문에 나온 눈의 수 8일 가능성은 '불가능하다'입니다.
   • 해는 서쪽으로 지므로 오늘 저녁에 해가 서쪽으로 가능성은 '확실하다'입니다.

151쪽

1-1 **생각 열기** 파란색이 색칠된 부분의 넓이를 비교해 봅니다.
빨간색과 파란색이 반씩 색칠되어 있는 **지훈**이가 만든 회전판이 화살이 빨간색에 멈출 가능성과 파란색에 멈 가능성이 비슷합니다.

1-2 파란색이 더 많이 색칠되어 있는 회전판은 **나**입니다.

2-1 **성준**이가 만든 회전판에는 파란색밖에 없으므로 빨간에 멈추는 것은 불가능합니다.

2-2 빨간색과 파란색이 비슷하게 색칠되어 있는 회전판을 으면 **다**입니다.

3-1 빨간색이 가장 많이 색칠되어 있는 회전판은 규리가 든 회전판입니다.

3-2 가, 나, 다 중 파란색이 색칠되어 있는 넓이가 가장 좁 것은 **가**입니다.

4-2 파란색이 많이 색칠되어 있는 회전판부터 차례로 알아 면 **나, 다, 가**입니다.

153쪽

1-1 **생각 열기** 일이 일어날 가능성이 '불가능하다'이면 '0', '반이다'이면 '$\frac{1}{2}$', '확실하다'이면 '1'로 표현할 수 있습니다.
(1) 흰색 바둑돌을 꺼내는 것은 불가능하므로 꺼낸 바둑돌이 흰색일 가능성을 수로 표현하면 0입니다.
(2) 검은색 바둑돌을 꺼내는 것은 확실하므로 꺼낸 바둑돌이 검은색일 가능성을 수로 표현하면 1입니다.

1-2 (1) 흰색 공을 꺼내는 것은 확실하므로 꺼낸 공이 흰색 가능성을 수로 표현하면 1입니다.
(2) 검은색 공을 꺼내는 것은 불가능하므로 꺼낸 공이 은색일 가능성을 수로 표현하면 0입니다.

2-1 흰색 바둑돌과 검은색 바둑돌이 1개씩 들어 있으므로 색 바둑돌을 꺼낼 가능성은 '반반이다'입니다. 가능성 반반인 경우를 수로 표현하면 $\frac{1}{2}$입니다.

2-2 필통 속에 노란색 색연필과 분홍색 색연필이 1자루씩 어 있으므로 노란색 색연필을 꺼낼 가능성은 '반반이다' 니다. 가능성이 반반인 경우를 수로 표현하면 $\frac{1}{2}$입니다

3-1 (1) 주사위를 한 번 굴릴 때 주사위의 눈의 수가 1 이상로 나올 가능성은 '확실하다'이므로 1에 ↓로 나타 니다.

2 ⑴ 주사위를 한 번 굴릴 때 주사위의 눈의 수가 짝수인 2, 4, 6이 나올 가능성은 '반반이다'이므로 $\frac{1}{2}$에 ↓로 나타냅니다.

개념 확인하기 154 ~ 155쪽

01 (왼쪽부터) 불가능하다, ~일 것 같다

02

	○	
	○	

03 ㉡

04 (왼쪽부터) 석훈, 준영, 지운

05 지운, 희수, 준영, 석훈, 청하

06 ⑴ 가 ⑵ 다

07 $\frac{1}{2}$;

```
0        1/2        1
```

08 1

09 0

10 반반이다 ; $\frac{1}{2}$

11 불가능하다 ; 0

일이 일어날 가능성이 낮은 것은 '**불가능하다**', 높은 편인 것은 '**~일 것 같다**'입니다.

· 해가 서쪽에서 뜨는 것은 '불가능하다'입니다.
· 100원짜리 동전을 던지면 숫자 면 또는 그림 면이 나오므로 숫자 면이 나올 가능성은 '반반이다'입니다.

㉠ 한 명의 아이가 태어나면 남자 아이 또는 여자 아이이므로 태어난 아이가 여자 아이일 가능성은 '반반이다'입니다.

㉡ 흰색 공만 들어 있는 주머니에서 공을 1개 꺼냈을 때 공은 항상 흰색이므로 꺼낸 공이 흰색일 가능성은 '확실하다'입니다.

· 청하: 5월은 항상 2월보다 뒤에 있으므로 5월이 2월보다 빨리 올 가능성은 '불가능하다'입니다.
· 지운: 일 년 중 하루는 반드시 내 생일이므로 내 생일이 있을 가능성은 '확실하다'입니다.
· 석훈: 주사위의 눈의 수는 1부터 6까지 있으므로 눈의 수가 2일 가능성은 '~아닐 것 같다'입니다.
· 준영: 동전은 그림 면과 숫자 면이 있으므로 던졌을 때 나온 면이 숫자 면일 가능성은 '반반이다'입니다.
· 희수: 주머니의 공깃돌 100개 중 빨간색 공깃돌은 5개이므로 공깃돌 1개를 꺼낼 때 빨간색이 아닐 가능성은 '~일 것 같다'입니다.

일이 일어날 가능성이 높은 사람부터 차례로 이름을 쓰면 **지운, 희수, 준영, 석훈, 청하**입니다.

06 가: 빨강, 파랑, 노랑이 각각 전체의 $\frac{1}{3}$이므로 ⑴의 표와 일이 일어날 가능성이 가장 비슷합니다.
다: 노랑이 전체의 $\frac{3}{4}$이고, 빨강과 파랑이 각각 전체의 $\frac{1}{8}$이므로 ⑵의 표와 일이 일어날 가능성이 가장 비슷합니다.

07 10원짜리 동전을 던졌을 때 숫자 면이 나올 가능성은 '반반이다'이므로 수로 표현하면 $\frac{1}{2}$입니다.

08 자석에서 S극과 N극이 붙는 것은 확실하므로 가능성을 수로 표현하면 1입니다.

09 자석에서 S극과 S극이 붙는 것은 불가능하므로 가능성을 수로 표현하면 0입니다.

10 꺼낸 구슬의 개수가 2개, 4개, 6개일 때 짝수이므로 가능성은 '반반이다'입니다. ⇨ $\frac{1}{2}$

11 꺼낸 구슬이 7개일 가능성은 '**불가능하다**'입니다. ⇨ 0

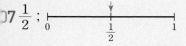

단원 마무리평가 156 ~ 159쪽

01 21회

02 영수, 유림

03 가

04

	○	

05 70점

06 75점

07 기훈이네 모둠

08 ④

09 $\frac{1}{2}$

10 현규, 1번

11 ㉡

12 ㉡, ㉣, ㉠, ㉢

13 **방법 1** 예 95
; 예 평균을 95로 예상하고 고르게 하면 95, 95, 95, 95, 95로 나타낼 수 있으므로 평균은 95회입니다.
방법 2 예 $\frac{90+95+100+90+100}{5}=\frac{475}{5}=95$(회)

14 45분

15 $\frac{1}{2}$

16 27명

17 86점

18 34번

19 월요일, 목요일

20 1회

창의·융합 문제

1 5 kg, 6 kg

2 예 논 1 m²에서 생산한 평균 쌀의 양을 비교하면 5<6이므로 연수네 집에서 농사를 더 잘 지었다고 할 수 있습니다. ; 연수네 집

3 60분

4 오후 6시 20분

 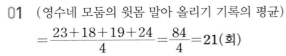

01 (영수네 모둠의 윗몸 말아 올리기 기록의 평균)
$$= \frac{23+18+19+24}{4} = \frac{84}{4} = 21(회)$$

02 21회보다 많이 한 사람을 찾으면 **영수, 유림**입니다.

03 **가** 회전판은 빨간색이므로 화살이 빨간색에 멈출 가능성은 1입니다.

04 **다** 회전판은 노란색이므로 화살이 파란색에 멈추는 것은 '불가능하다'입니다.

05 $\dfrac{80+70+70+60}{4} = \dfrac{280}{4} = 70(점)$

06 $\dfrac{75+80+70+75}{4} = \dfrac{300}{4} = 75(점)$

07 70점<75점이므로 **기훈이네 모둠**이 더 잘했다고 볼 수 있습니다.

08 일이 일어날 가능성을 알아봅니다.
① 불가능하다   ② 반반이다   ③ 불가능하다
④ 확실하다   ⑤ ~아닐 것 같다

09 정지 신호와 보행자 신호가 켜질 가능성은 각각 $\dfrac{1}{2}$입니다.

10 현규: $\dfrac{12+18+16+14}{4} = \dfrac{60}{4} = 15(번)$

지호: $\dfrac{10+18+11+17}{4} = \dfrac{56}{4} = 14(번)$

⇨ **현규**의 평균이 $15-14=1$(번) 더 많습니다.

11 ⓒ 주머니는 흰색 바둑돌만 있으므로 검은색 바둑돌을 꺼낼 가능성은 '불가능하다'입니다.

12 ⓒ 반반이다   ⓒ 확실하다
ⓒ 불가능하다   ⓒ ~일 것이다
⇨ ⓒ, ⓒ, ⓒ, ⓒ

13 서술형 가이드 평균을 구하는 여러 가지 방법 중 두 가지 방법을 이용하여 구했는지 확인합니다.

채점 기준	
상	두 가지 방법으로 바르게 구함.
중	한 가지 방법으로 바르게 구함.
하	한 가지 방법으로도 구하지 못함.

14 (5일 동안 사용한 시간을 모두 더한 수)
$$=38×5=190(분)$$
(목요일을 제외한 시간을 모두 더한 수)
$$=50+25+40+30=145(분)$$
⇨ (목요일)$=190-145=45(분)$

15 ◆ 카드가 3장, ♣ 카드가 3장이므로 카드 중 한 장을 뽑을 때 ◆의 카드를 뽑을 가능성은 '반반이다'입니다. 이 경우를 수로 표현하면 $\dfrac{1}{2}$입니다.

16 (5학년 전체 학생 수)
$$=35+33+31+36=135(명)$$
반을 1개 더 만들면 반이 모두 $4+1=5$(개)가 됩니다.
⇨ (반별 학생 수의 평균)$=135÷5=27(명)$

17 (국어와 수학 점수를 더한 수)
$$=84×2=168(점)$$
(세 과목 점수를 더한 수)
$$=168+90=258(점)$$
⇨ (평균)$=258÷3=86(점)$

18 $30+27+29+32+25+33+$□가 $30×7=210$과 (같)거나 커야 합니다.
$176+$□$=210$일 때, □$=34$이므로 마지막에 적어도 3(4)번을 넘어야 준결승에 올라갑니다.

19 $\dfrac{42+36+37+43+37}{5} = \dfrac{195}{5} = 39(명)$

39명보다 많은 요일은 **월요일, 목요일**입니다.

20 (6회 동안 전체 타자 수)$=285×6=1710(타)$
(5회를 제외한 타자 수)$=315+300+274+258+27($)
$$=1426(타)$$
⇨ (5회의 타자 수)$=1710-1426=284(타)$
따라서 준수의 기록이 가장 좋았을 때는 315타인 **1회**입니다.

창의·융합 문제

1) 현진이네: $12000÷2400=5$ (kg)
연수네: $900÷150=6$ (kg)

2) 서술형 가이드 논 $1\,m^2$에서 생산한 평균 쌀의 양을 비교하는 내용이 들어 있는지 확인합니다.

채점 기준	
상	이유를 쓰고 답을 바르게 구함.
중	이유는 썼지만 답이 틀림.
하	이유를 쓰지 못하고 답도 구하지 못함.

3) (3일 동안 운동한 시간을 모두 더한 수)
$$=50×3=150(분)$$
(어제 운동한 시간)
$$=오후 5시 50분-오후 5시 10분=40분$$
(오늘 운동한 시간)
$$=오후 5시 40분-오후 4시 50분=50분$$
어제와 오늘 운동한 시간은 $40+50=90(분)$이므로 내(일)
운동해야 하는 시간은 $150-90=60(분)$입니다.

4) 오후 5시 20분$+60$분$=$오후 6시 20분

수학의 해법이 풀리다!

해결의 법칙
시리즈

단계별 맞춤 학습

개념, 유형, 응용의 단계별 교재로
교과서 차시에 맞춘 쉬운 개념부터
응용·심화까지 수학 완전 정복

혼자서도 OK!

이미지로 구성된 핵심 개념과 셀프 체크,
모바일 코칭 시스템과 동영상 강의로
자기주도 학습 및 홈스쿨링에 최적화

300여 명의 검증

수학의 메카 천재교육 집필진과
300여 명의 교사·학부모의
검증을 거쳐 탄생한 친절한 교재

흔들리지 않는 탄탄한 수학의 완성! (초등 1~6학년 / 학기별)

참 잘했어요

수학의 모든 개념 문제를 풀 정도로
실력이 성장한 것을 축하하며
이 상장을 드립니다.

이름 _____

날짜 _____ 년 ____ 월 ____ 일

어떤 교과서를 쓰더라도 ALWAYS

우등생 시리즈

국어/수학 | 초 1~6(학기별), 사회/과학 | 초 3~6학년(학기별)

세트 구성 | 초 1~2(국/수), 초 3~6(국/사/과, 국/수/사/과)

POINT 1

동영상 강의와 스케줄표로
쉽고 빠른 홈스쿨링 학습서

POINT 2

모든 교과서의 개념과
문제 유형을 빠짐없이 수록

POINT 3

온라인 성적 피드백 &
오답노트 앱(수학) 제공

개념 해결의 법칙

연산의 법칙

수학

5·2

개념 해결의 법칙

연산의 법칙

차례

1 수의 범위와 어림하기 ·········· 2쪽

1. 이상과 이하 알아보기
2. 초과와 미만 알아보기
3. 이상과 이하, 초과와 미만 활용하기
4. 올림 알아보기
5. 버림 알아보기
6. 반올림 알아보기

2 분수의 곱셈 ·········· 8쪽

1. (진분수)×(자연수) 계산하기
2. (대분수)×(자연수) 계산하기
3. (자연수)×(진분수) 계산하기
4. (자연수)×(대분수) 계산하기
5. (단위분수)×(단위분수),
   (진분수)×(단위분수) 계산하기
6. (진분수)×(진분수) 계산하기
7. 세 분수의 곱셈 계산하기
8. (대분수)×(진분수), (진분수)×(대분수)
   계산하기
9. (대분수)×(대분수) 계산하기

4 소수의 곱셈 ·········· 20쪽

1. (1보다 작은 소수)×(자연수) 계산하기
2. (1보다 큰 소수)×(자연수) 계산하기
3. (자연수)×(1보다 작은 소수) 계산하기
4. (자연수)×(1보다 큰 소수) 계산하기
5. (1보다 작은 소수)×(1보다 작은 소수)
   계산하기
6. (1보다 큰 소수)×(1보다 큰 소수)
   계산하기
7. 자연수와 소수의 곱셈에서 곱의 소수점
   위치 알아보기
8. 소수끼리의 곱셈에서 곱의 소수점 위치
   알아보기

정답 ·········· 29쪽

1. 이상과 이하 알아보기

- 20, 21.7, 23.4, 25.1 등과 같이 20과 같거나 큰 수를 20 이상 인 수라고 합니다.

  ```
  ├┼┼┼┼┼┼┼┼┼┼┼┼┼┼┼┼┼┤
  18  19  20  21  22  23  24  25  26
  ```

- 23.0, 22.8, 20.1, 19.6 등과 같이 23과 같거나 작은 수를 23 이하 인 수라고 합니다.

  ```
  ├┼┼┼┼┼┼┼┼┼┼┼┼┼┼┼┼┼┤
  18  19  20  21  22  23  24  25  26
  ```

정답은 29쪽

[01~04] 수의 범위에 알맞은 수를 모두 찾아 쓰시오.

01

| 2 5 7 11 14 19 23 |

(1) 14 이상인 수

( )

(2) 14 이하인 수

( )

02

| 8 10 13 22 26 37 44 |

(1) 22 이상인 수

( )

(2) 22 이하인 수

( )

03

| 4 18 27 29 36 39 49 |

(1) 28 이상인 수

( )

(2) 28 이하인 수

( )

04

| 9 15 24 28 31 38 42 |

(1) 30 이상인 수

( )

(2) 30 이하인 수

( )

[05~09] 수의 범위를 수직선에 나타내어 보시오.

05

| 15 이상인 수 |

```
├──┼──┼──┼──┼──┼──┼──┤
13  14  15  16  17  18  19  20
```

06

| 15 이하인 수 |

```
├──┼──┼──┼──┼──┼──┼──┤
11  12  13  14  15  16  17  18
```

07

| 24 이상인 수 |

```
├─────┼─────┼─────┤
21        25        29
```

08

| 31 이하인 수 |

```
├──┼──┼──┼──┼──┼──┼──┤
28                  33  34
```

09

| 41 이상인 수 |

```
├──┼──┼──┼──┼──┼──┤
            44  45  46
```

2. 초과와 미만 알아보기

• 18.1, 19.6, 20, 21.5 등과 같이 18보다 큰 수를 18 │ 초과 │인 수라고 합니다.

16 17 18 19 20 21 22 23 24

• 18.9, 17, 16.5, 15.4 등과 같이 19보다 작은 수를 19 │ 미만 │인 수라고 합니다.

13 14 15 16 17 18 19 20 21

정답은 29쪽

[01~04] 수의 범위에 알맞은 수를 모두 찾아 쓰시오.

01 2 5 7 11 14 19 23

(1) 11 초과인 수
(   )

(2) 11 미만인 수
(   )

02 8 16 27 29 31 37 44

(1) 28 초과인 수
(   )

(2) 28 미만인 수
(   )

03 9 18 23 29 33 39 47

(1) 30 초과인 수
(   )

(2) 30 미만인 수
(   )

04 13 26 30 43 45 57 61

(1) 44 초과인 수
(   )

(2) 44 미만인 수
(   )

[05~09] 수의 범위를 수직선에 나타내어 보시오.

05 16 초과인 수

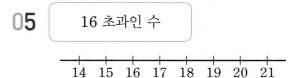
14 15 16 17 18 19 20 21

06 16 미만인 수

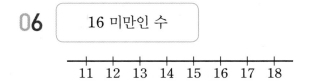
11 12 13 14 15 16 17 18

07 23 초과인 수

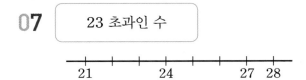
21   24   27 28

08 32 미만인 수

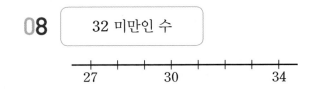
27   30   34

09 39 초과인 수

42 43

3. 이상과 이하, 초과와 미만 활용하기

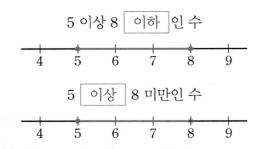

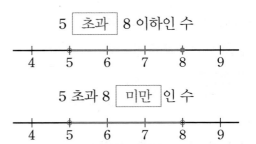

정답은 29쪽

[01 ~ 02] 수의 범위에 알맞은 수를 모두 찾아 쓰시오.

01

| 2 5 7 11 14 19 23 |

(1) 5 이상 14 이하인 수
( )

(2) 5 이상 14 미만인 수
( )

(3) 5 초과 14 이하인 수
( )

(4) 5 초과 14 미만인 수
( )

02

| 13 26 30 43 45 57 61 |

(1) 26 이상 61 이하인 수
( )

(2) 26 이상 61 미만인 수
( )

(3) 26 초과 61 이하인 수
( )

(4) 26 초과 61 미만인 수
( )

[03 ~ 07] 수의 범위를 수직선에 나타내어 보시오.

03
| 15 이상 19 이하인 수 |

14 15 16 17 18 19 20 21

04
| 16 이상 21 미만인 수 |

15 16 17 18 19 20 21 22

05
| 17 초과 22 이하인 수 |

16 17 18 19 20 21 22 23

06
| 23 초과 28 미만인 수 |

21 22 23 24 25 26 27 28

07
| 24 이상 29 이하인 수 |

23 24 25 26 27 28 29 30

4. 올림 알아보기

구하려는 자리 아래 수를 올려서 나타내는 방법을 | 올림 |이라고 합니다.

⇨ 243을 올림하여 십의 자리까지 나타내면 | 250 |이고, 243을 올림하여 백의 자리까지 나타내면 | 300 |이 됩니다.

정답은 29쪽

[01 ~ 08] 주어진 수를 올림하여 십의 자리까지 나타내면 얼마인지 쓰시오.

[09 ~ 16] 주어진 수를 올림하여 백의 자리까지 나타내면 얼마인지 쓰시오.

01 | 38 |

(   )

02 | 51 |

(   )

03 | 60 |

(   )

04 | 89 |

(   )

05 | 95 |

(   )

06 | 103 |

(   )

07 | 236 |

(   )

08 | 350 |

(   )

09 | 252 |

(   )

10 | 496 |

(   )

11 | 557 |

(   )

12 | 691 |

(   )

13 | 808 |

(   )

14 | 930 |

(   )

15 | 1065 |

(   )

16 | 2967 |

(   )

5. 버림 알아보기

학습 POINT

구하려는 자리 아래 수를 버려서 나타내는 방법을 버림 이라고 합니다.

⇨ 243을 버림하여 십의 자리까지 나타내면 240 이고, 243을 버림하여 백의 자리까지 나타내면 200 이 됩니다.

정답은 29쪽

[01 ~ 08] 주어진 수를 버림하여 십의 자리까지 나타내면 얼마인지 쓰시오.

01　38

（　　　　　　）

02　51

（　　　　　　）

03　60

（　　　　　　）

04　89

（　　　　　　）

05　95

（　　　　　　）

06　103

（　　　　　　）

07　236

（　　　　　　）

08　350

（　　　　　　）

[09 ~ 16] 주어진 수를 버림하여 백의 자리까지 나타내면 얼마인지 쓰시오.

09　252

（　　　　　　）

10　496

（　　　　　　）

11　557

（　　　　　　）

12　691

（　　　　　　）

13　808

（　　　　　　）

14　930

（　　　　　　）

15　1065

（　　　　　　）

16　2967

（　　　　　　）

6. 반올림 알아보기

학습 POINT

구하려는 자리 바로 아래 자리의 숫자가 0, 1, 2, 3, 4이면 버리고, 5, 6, 7, 8, 9이면 올리는 방법을 [반올림]이라고 합니다.

⇨ 243을 반올림하여 십의 자리까지 나타내면 [240]이고, 243을 반올림하여 백의 자리까지 나타내면 [200]이 됩니다.

정답은 29쪽

[01 ~ 08] 주어진 수를 반올림하여 십의 자리까지 나타내면 얼마인지 쓰시오.

01 [38]

(   )

02 [51]

(   )

03 [60]

(   )

04 [89]

(   )

05 [95]

(   )

06 [103]

(   )

07 [236]

(   )

08 [350]

(   )

[09 ~ 16] 주어진 수를 반올림하여 백의 자리까지 나타내면 얼마인지 쓰시오.

09 [252]

(   )

10 [496]

(   )

11 [557]

(   )

12 [691]

(   )

13 [808]

(   )

14 [930]

(   )

15 [1065]

(   )

16 [2967]

(   )

1. (진분수)×(자연수) 계산하기

학습 POINT

방법 1 $\dfrac{3}{8} \times 4 = \dfrac{3 \times 4}{8} = \dfrac{\overset{3}{\cancel{12}}}{\underset{2}{\cancel{8}}} = \dfrac{3}{2} = \boxed{1}\,\dfrac{\boxed{1}}{\boxed{2}}$

방법 2 $\dfrac{3}{\underset{2}{\cancel{8}}} \times \overset{1}{\cancel{4}} = \dfrac{3}{2} = \boxed{1}\,\dfrac{\boxed{1}}{\boxed{2}}$

정답은 30쪽

[01~14] 계산을 하시오.

01 $\dfrac{3}{4} \times 5$

02 $\dfrac{6}{7} \times 4$

03 $\dfrac{2}{9} \times 8$

04 $\dfrac{3}{10} \times 12$

05 $\dfrac{11}{12} \times 18$

06 $\dfrac{4}{21} \times 14$

07 $\dfrac{3}{8} \times 10$

08 $\dfrac{11}{15} \times 25$

09 $\dfrac{3}{4} \times 16$

10 $\dfrac{5}{6} \times 30$

11 $\dfrac{5}{9} \times 6$

12 $\dfrac{9}{16} \times 12$

13 $\dfrac{7}{18} \times 15$

14 $\dfrac{13}{24} \times 36$

2. (대분수)×(자연수) 계산하기

학습 POINT

방법 1 $1\frac{1}{3} \times 2 = \frac{4}{3} \times 2 = \frac{4 \times 2}{3} = \frac{8}{3} = \boxed{2\frac{2}{3}}$

방법 2 $1\frac{1}{3} \times 2 = \left(1 + \frac{1}{3}\right) \times 2 = (1 \times 2) + \left(\frac{1}{3} \times 2\right) = 2 + \frac{2}{3} = \boxed{2\frac{2}{3}}$

정답은 30쪽

[01~09] □ 안에 알맞은 수를 써넣으시오.

01 $2\frac{2}{3} \times 2 = \frac{\square}{3} \times 2 = \frac{\square \times 2}{3}$
$= \frac{\square}{3} = \square\frac{\square}{3}$

02 $1\frac{3}{5} \times 3 = \frac{\square}{5} \times 3 = \frac{\square \times 3}{5}$
$= \frac{\square}{5} = \square\frac{\square}{5}$

03 $2\frac{3}{7} \times 3 = \frac{\square}{7} \times 3 = \frac{\square \times 3}{7}$
$= \frac{\square}{7} = \square\frac{\square}{7}$

04 $3\frac{3}{8} \times 6 = \frac{\square}{\underset{4}{8}} \times \overset{3}{6} = \frac{\square \times 3}{4}$
$= \frac{\square}{4} = \square\frac{\square}{4}$

05 $2\frac{7}{9} \times 6 = \frac{\square}{\underset{3}{9}} \times \overset{2}{6} = \frac{\square \times 2}{3}$
$= \frac{\square}{3} = \square\frac{\square}{3}$

06 $1\frac{3}{4} \times 3 = \left(1 + \frac{\square}{4}\right) \times 3$
$= (1 \times 3) + \left(\frac{\square}{4} \times 3\right)$
$= 3 + \frac{\square}{4} = \square\frac{\square}{4}$

07 $2\frac{1}{6} \times 7 = \left(2 + \frac{\square}{6}\right) \times 7$
$= (2 \times 7) + \left(\frac{\square}{6} \times 7\right)$
$= 14 + \frac{\square}{6} = \square\frac{\square}{6}$

08 $2\frac{5}{8} \times 3 = \left(2 + \frac{\square}{8}\right) \times 3$
$= (2 \times 3) + \left(\frac{\square}{8} \times 3\right)$
$= 6 + \frac{\square}{8} = \square\frac{\square}{8}$

09 $1\frac{4}{9} \times 6 = \left(1 + \frac{\square}{9}\right) \times 6$
$= (1 \times 6) + \left(\frac{\square}{\underset{3}{9}} \times \overset{2}{6}\right)$
$= 6 + \frac{\square}{3} = \square\frac{\square}{3}$

[10 ~ 25] 계산을 하시오.

10 $4\frac{2}{3} \times 4$

18 $1\frac{3}{5} \times 4$

11 $2\frac{5}{6} \times 7$

19 $3\frac{7}{12} \times 6$

12 $3\frac{2}{7} \times 2$

20 $2\frac{3}{4} \times 12$

13 $1\frac{3}{8} \times 5$

21 $5\frac{2}{3} \times 6$

14 $3\frac{2}{5} \times 7$

22 $3\frac{3}{8} \times 2$

15 $2\frac{3}{8} \times 4$

23 $2\frac{4}{15} \times 10$

16 $1\frac{5}{9} \times 6$

24 $1\frac{5}{16} \times 8$

17 $3\frac{1}{3} \times 2$

25 $1\frac{5}{6} \times 4$

3. (자연수)×(진분수) 계산하기

방법 1 $6 \times \dfrac{2}{9} = \dfrac{6 \times 2}{9} = \dfrac{\overset{4}{\cancel{12}}}{\underset{3}{\cancel{9}}} = \dfrac{4}{3} = \boxed{1}\,\dfrac{\boxed{1}}{3}$

방법 2 $\overset{2}{\cancel{6}} \times \dfrac{2}{\underset{3}{\cancel{9}}} = \dfrac{4}{3} = \boxed{1}\,\dfrac{\boxed{1}}{3}$

정답은 30쪽

[01~14] 계산을 하시오.

01 $2 \times \dfrac{4}{5}$

02 $4 \times \dfrac{2}{7}$

03 $3 \times \dfrac{5}{8}$

04 $5 \times \dfrac{7}{9}$

05 $6 \times \dfrac{3}{11}$

06 $15 \times \dfrac{1}{4}$

07 $14 \times \dfrac{7}{10}$

08 $40 \times \dfrac{17}{35}$

09 $12 \times \dfrac{5}{6}$

10 $45 \times \dfrac{8}{9}$

11 $36 \times \dfrac{8}{15}$

12 $81 \times \dfrac{19}{36}$

13 $20 \times \dfrac{9}{16}$

14 $8 \times \dfrac{5}{12}$

4. (자연수)×(대분수) 계산하기

학습 POINT

방법 1 $\quad 4 \times 2\frac{1}{3} = 4 \times \frac{7}{3} = \frac{4 \times 7}{3} = \frac{28}{3} = \boxed{9\frac{1}{3}}$

방법 2 $\quad 4 \times 2\frac{1}{3} = 4 \times \left(2 + \frac{1}{3}\right) = (4 \times 2) + \left(4 \times \frac{1}{3}\right) = 8 + \frac{4}{3} = 8 + 1\frac{1}{3} = \boxed{9\frac{1}{3}}$

정답은 30쪽

[01 ~ 09] □ 안에 알맞은 수를 써넣으시오.

01 $\quad 3 \times 2\frac{1}{4} = 3 \times \frac{\boxed{}}{4} = \frac{3 \times \boxed{}}{4}$

$= \frac{\boxed{}}{4} = \boxed{}\frac{\boxed{}}{4}$

02 $\quad 2 \times 1\frac{2}{5} = 2 \times \frac{\boxed{}}{5} = \frac{2 \times \boxed{}}{5}$

$= \frac{\boxed{}}{5} = \boxed{}\frac{\boxed{}}{5}$

03 $\quad 3 \times 2\frac{4}{7} = 3 \times \frac{\boxed{}}{7} = \frac{3 \times \boxed{}}{7}$

$= \frac{\boxed{}}{7} = \boxed{}\frac{\boxed{}}{7}$

04 $\quad 6 \times 1\frac{3}{8} = 6 \times \frac{\boxed{}}{8} = \frac{6 \times \boxed{}}{8}$

$= \frac{\boxed{}}{8} = \frac{\boxed{}}{4} = \boxed{}\frac{\boxed{}}{4}$

05 $\quad 6 \times 2\frac{8}{9} = 6 \times \frac{\boxed{}}{9} = \frac{6 \times \boxed{}}{9}$

$= \frac{\boxed{}}{9} = \frac{\boxed{}}{3}$

$= \boxed{}\frac{\boxed{}}{3}$

06 $\quad 2 \times 3\frac{4}{5} = 2 \times \left(3 + \frac{\boxed{}}{5}\right)$

$= (2 \times 3) + \left(2 \times \frac{\boxed{}}{5}\right)$

$= 6 + \frac{\boxed{}}{5} = \boxed{}\frac{\boxed{}}{5}$

07 $\quad 7 \times 1\frac{5}{6} = 7 \times \left(1 + \frac{\boxed{}}{6}\right)$

$= (7 \times 1) + \left(7 \times \frac{\boxed{}}{6}\right)$

$= 7 + \frac{\boxed{}}{6} = \boxed{}\frac{\boxed{}}{6}$

08 $\quad 4 \times 3\frac{5}{8} = 4 \times \left(3 + \frac{\boxed{}}{8}\right)$

$= (4 \times 3) + \left(\overset{1}{4} \times \frac{\boxed{}}{\underset{2}{8}}\right)$

$= 12 + \boxed{}\frac{\boxed{}}{2} = \boxed{}\frac{\boxed{}}{2}$

09 $\quad 12 \times 2\frac{7}{9} = 12 \times \left(2 + \frac{\boxed{}}{9}\right)$

$= (12 \times 2) + \left(\overset{4}{12} \times \frac{\boxed{}}{\underset{3}{9}}\right)$

$= 24 + \frac{\boxed{}}{3} = \boxed{}\frac{\boxed{}}{3}$

[10 ~ 25] 계산을 하시오.

10 $2 \times 2\frac{2}{3}$

11 $3 \times 1\frac{3}{4}$

12 $2 \times 1\frac{3}{5}$

13 $3 \times 2\frac{2}{7}$

14 $3 \times 1\frac{4}{5}$

15 $5 \times 2\frac{1}{2}$

16 $3 \times 1\frac{5}{6}$

17 $12 \times 3\frac{1}{8}$

18 $12 \times 4\frac{1}{6}$

19 $10 \times 1\frac{7}{12}$

20 $15 \times 2\frac{4}{9}$

21 $3 \times 5\frac{1}{6}$

22 $14 \times 1\frac{5}{21}$

23 $6 \times 2\frac{3}{8}$

24 $20 \times 1\frac{3}{4}$

25 $15 \times 3\frac{2}{9}$

5. (단위분수)×(단위분수), (진분수)×(단위분수) 계산하기

• (단위분수) × (단위분수)

$$\frac{1}{7} \times \frac{1}{4} = \frac{1}{7 \times 4} = \boxed{\frac{1}{28}}$$

결과는 항상 단위분수입니다.

• (진분수) × (단위분수)

방법 1 $\frac{3}{4} \times \frac{1}{2} = \left(\frac{1}{4} \times \frac{1}{2}\right) \times 3 = \frac{1}{4 \times 2} \times 3$

$$= \frac{1 \times 3}{4 \times 2} = \boxed{\frac{3}{8}}$$

방법 2 $\frac{3}{4} \times \frac{1}{2} = \frac{3 \times 1}{4 \times 2} = \boxed{\frac{3}{8}}$

정답은 31쪽

[01 ~ 21] 계산을 하시오.

01 $\frac{1}{2} \times \frac{1}{5}$

02 $\frac{1}{4} \times \frac{1}{3}$

03 $\frac{1}{7} \times \frac{1}{3}$

04 $\frac{1}{5} \times \frac{1}{9}$

05 $\frac{1}{6} \times \frac{1}{4}$

06 $\frac{1}{8} \times \frac{1}{2}$

07 $\frac{1}{9} \times \frac{1}{9}$

08 $\frac{2}{5} \times \frac{1}{3}$

09 $\frac{3}{4} \times \frac{1}{4}$

10 $\frac{5}{7} \times \frac{1}{6}$

11 $\frac{3}{7} \times \frac{1}{8}$

12 $\frac{7}{8} \times \frac{1}{9}$

13 $\frac{1}{7} \times \frac{5}{6}$

14 $\frac{1}{9} \times \frac{2}{7}$

15 $\frac{3}{5} \times \frac{1}{3}$

16 $\frac{2}{5} \times \frac{1}{4}$

17 $\frac{3}{4} \times \frac{1}{6}$

18 $\frac{4}{5} \times \frac{1}{8}$

19 $\frac{6}{7} \times \frac{1}{9}$

20 $\frac{1}{6} \times \frac{3}{8}$

21 $\frac{1}{8} \times \frac{4}{9}$

본책 48~49쪽과 함께 공부하세요.

6. (진분수)×(진분수) 계산하기

학습 POINT

방법 1 $\dfrac{3}{5} \times \dfrac{7}{9} = \dfrac{\overset{1}{3} \times 7}{5 \times \underset{3}{9}} = \dfrac{\boxed{7}}{\boxed{15}}$

방법 2 $\dfrac{\overset{1}{3}}{5} \times \dfrac{7}{\underset{3}{9}} = \dfrac{\boxed{7}}{\boxed{15}}$

정답은 31쪽

[01~21] 계산을 하시오.

01 $\dfrac{2}{3} \times \dfrac{2}{3}$

02 $\dfrac{3}{4} \times \dfrac{3}{5}$

03 $\dfrac{2}{5} \times \dfrac{4}{5}$

04 $\dfrac{4}{5} \times \dfrac{2}{9}$

05 $\dfrac{5}{6} \times \dfrac{7}{8}$

06 $\dfrac{5}{7} \times \dfrac{5}{6}$

07 $\dfrac{5}{7} \times \dfrac{3}{8}$

08 $\dfrac{3}{8} \times \dfrac{3}{5}$

09 $\dfrac{5}{8} \times \dfrac{7}{9}$

10 $\dfrac{7}{8} \times \dfrac{3}{5}$

11 $\dfrac{7}{9} \times \dfrac{8}{9}$

12 $\dfrac{3}{10} \times \dfrac{3}{4}$

13 $\dfrac{3}{4} \times \dfrac{2}{5}$

14 $\dfrac{5}{6} \times \dfrac{3}{8}$

15 $\dfrac{3}{10} \times \dfrac{50}{63}$

16 $\dfrac{9}{14} \times \dfrac{2}{5}$

17 $\dfrac{14}{15} \times \dfrac{6}{7}$

18 $\dfrac{3}{16} \times \dfrac{8}{9}$

19 $\dfrac{5}{6} \times \dfrac{4}{9}$

20 $\dfrac{11}{24} \times \dfrac{3}{4}$

21 $\dfrac{5}{7} \times \dfrac{9}{35}$

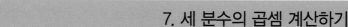
7. 세 분수의 곱셈 계산하기

학습 POINT

방법 1 $\dfrac{3}{4}\times\dfrac{5}{9}\times\dfrac{6}{7}=\dfrac{3\times5\times6}{4\times9\times7}=\dfrac{\boxed{5}}{\boxed{14}}$

방법 2 $\dfrac{3}{4}\times\dfrac{5}{9}\times\dfrac{6}{7}=\dfrac{\boxed{5}}{\boxed{14}}$

정답은 31쪽

[01~14] 계산을 하시오.

01 $\dfrac{1}{2}\times\dfrac{1}{3}\times\dfrac{1}{5}$

08 $\dfrac{4}{7}\times\dfrac{5}{6}\times\dfrac{3}{10}$

02 $\dfrac{1}{6}\times\dfrac{1}{2}\times\dfrac{1}{2}$

09 $\dfrac{2}{15}\times\dfrac{1}{4}\times\dfrac{6}{7}$

03 $\dfrac{2}{3}\times\dfrac{4}{5}\times\dfrac{1}{7}$

10 $\dfrac{5}{8}\times\dfrac{3}{4}\times\dfrac{4}{15}$

04 $\dfrac{3}{4}\times\dfrac{1}{5}\times\dfrac{7}{8}$

11 $\dfrac{2}{5}\times\dfrac{9}{14}\times\dfrac{5}{6}$

05 $\dfrac{1}{8}\times\dfrac{3}{7}\times\dfrac{3}{5}$

12 $\dfrac{3}{5}\times\dfrac{3}{4}\times\dfrac{4}{5}$

06 $\dfrac{5}{6}\times\dfrac{7}{8}\times\dfrac{5}{9}$

13 $\dfrac{2}{3}\times\dfrac{7}{8}\times\dfrac{4}{15}$

07 $\dfrac{6}{7}\times\dfrac{8}{9}\times\dfrac{5}{7}$

14 $\dfrac{5}{6}\times\dfrac{2}{7}\times\dfrac{1}{12}$

8. (대분수)×(진분수), (진분수)×(대분수) 계산하기

학습 POINT

• (대분수)×(진분수)

$$1\frac{1}{2}\times\frac{3}{4}=\frac{3}{2}\times\frac{3}{4}=\frac{3\times3}{2\times4}=\frac{9}{8}=\boxed{1\frac{1}{8}}$$

• (진분수)×(대분수)

$$\frac{3}{4}\times1\frac{1}{2}=\frac{3}{4}\times\frac{3}{2}=\frac{3\times3}{4\times2}=\frac{9}{8}=\boxed{1\frac{1}{8}}$$

정답은 31쪽

[01 ~ 14] 계산을 하시오.

01 $2\frac{1}{3}\times\frac{2}{5}$

02 $1\frac{1}{4}\times\frac{3}{4}$

03 $3\frac{1}{5}\times\frac{2}{3}$

04 $2\frac{1}{6}\times\frac{5}{7}$

05 $3\frac{4}{7}\times\frac{4}{5}$

06 $3\frac{3}{4}\times\frac{8}{9}$

07 $4\frac{3}{8}\times\frac{6}{7}$

08 $\frac{5}{6}\times1\frac{1}{7}$

09 $\frac{3}{5}\times2\frac{1}{4}$

10 $\frac{2}{7}\times3\frac{1}{5}$

11 $\frac{4}{5}\times3\frac{1}{3}$

12 $\frac{5}{6}\times4\frac{1}{2}$

13 $\frac{4}{9}\times4\frac{2}{7}$

14 $\frac{7}{8}\times1\frac{1}{9}$

9. (대분수)×(대분수) 계산하기

방법 1　$2\dfrac{1}{3} \times 3\dfrac{1}{2} = \dfrac{7}{3} \times \dfrac{7}{2} = \dfrac{7 \times 7}{3 \times 2} = \dfrac{49}{6} = \boxed{8\dfrac{1}{6}}$

방법 2　$2\dfrac{1}{3} \times 3\dfrac{1}{2} = \left(2\dfrac{1}{3} \times 3\right) + \left(2\dfrac{1}{3} \times \dfrac{1}{2}\right) = (6+1) + \left(1+\dfrac{1}{6}\right) = \boxed{8\dfrac{1}{6}}$

정답은 31쪽

[01~10] ☐ 안에 알맞은 수를 써넣으시오.

01 $2\dfrac{1}{3} \times 1\dfrac{1}{4} = \dfrac{7}{3} \times \dfrac{\Box}{4} = \dfrac{7 \times \Box}{3 \times 4}$
$= \dfrac{\Box}{12} = \Box\dfrac{\Box}{12}$

06 $2\dfrac{1}{3} \times 2\dfrac{3}{5} = \dfrac{7}{3} \times \dfrac{\Box}{5} = \dfrac{7 \times \Box}{3 \times 5}$
$= \dfrac{\Box}{15} = \Box\dfrac{\Box}{15}$

02 $2\dfrac{3}{4} \times 1\dfrac{1}{6} = \dfrac{\Box}{4} \times \dfrac{7}{6} = \dfrac{\Box \times 7}{4 \times 6}$
$= \dfrac{\Box}{24} = \Box\dfrac{\Box}{24}$

07 $3\dfrac{1}{4} \times 1\dfrac{5}{6} = \dfrac{\Box}{4} \times \dfrac{11}{6} = \dfrac{\Box \times 11}{4 \times 6}$
$= \dfrac{\Box}{24} = \Box\dfrac{\Box}{24}$

03 $2\dfrac{1}{4} \times 3\dfrac{1}{3} = \dfrac{\overset{3}{\cancel{9}}}{\underset{2}{\cancel{4}}} \times \dfrac{\Box}{\underset{1}{\cancel{3}}} = \dfrac{3 \times \Box}{2 \times 1}$
$= \dfrac{\Box}{2} = \Box\dfrac{\Box}{2}$

08 $1\dfrac{1}{8} \times 3\dfrac{1}{3} = \dfrac{\overset{3}{\cancel{9}}}{\underset{4}{\cancel{8}}} \times \dfrac{\Box}{\underset{1}{\cancel{3}}} = \dfrac{3 \times \Box}{4 \times 1}$
$= \dfrac{\Box}{4} = \Box\dfrac{\Box}{4}$

04 $1\dfrac{5}{6} \times 2\dfrac{4}{5} = \dfrac{\Box}{\underset{3}{\cancel{6}}} \times \dfrac{\overset{7}{\cancel{14}}}{5} = \dfrac{\Box \times 7}{3 \times 5}$
$= \dfrac{\Box}{15} = \Box\dfrac{\Box}{15}$

09 $2\dfrac{1}{7} \times 3\dfrac{1}{9} = \dfrac{\Box}{\underset{1}{\cancel{7}}} \times \dfrac{\overset{4}{\cancel{28}}}{\underset{3}{\cancel{9}}} = \dfrac{\Box \times 4}{1 \times 3}$
$= \dfrac{\Box}{3} = \Box\dfrac{\Box}{3}$

05 $2\dfrac{1}{2} \times 1\dfrac{3}{4}$
$= \left(2\dfrac{1}{2} \times 1\right) + \left(2\dfrac{1}{2} \times \dfrac{3}{4}\right)$
$= 2\dfrac{1}{2} + \left(\Box\dfrac{\Box}{2} + \dfrac{\Box}{8}\right)$
$= \Box\dfrac{\Box}{8}$

10 $2\dfrac{1}{6} \times 3\dfrac{4}{7}$
$= \left(2\dfrac{1}{6} \times 3\right) + \left(2\dfrac{1}{6} \times \dfrac{4}{7}\right)$
$= \left(6+\dfrac{1}{2}\right) + \left(\Box\dfrac{\Box}{7} + \dfrac{\Box}{21}\right)$
$= \Box\dfrac{\Box}{42}$

[11~26] 계산을 하시오.

11 $2\frac{1}{3} \times 1\frac{2}{5}$

19 $1\frac{3}{5} \times 3\frac{5}{8}$

12 $3\frac{1}{4} \times 1\frac{4}{7}$

20 $2\frac{2}{9} \times 3\frac{3}{4}$

13 $4\frac{1}{5} \times 2\frac{1}{4}$

21 $3\frac{2}{7} \times 1\frac{1}{6}$

14 $4\frac{1}{7} \times 2\frac{5}{6}$

22 $2\frac{5}{8} \times 1\frac{5}{7}$

15 $3\frac{1}{8} \times 2\frac{7}{9}$

23 $1\frac{1}{5} \times 2\frac{2}{9}$

16 $1\frac{1}{8} \times 2\frac{1}{3}$

24 $1\frac{4}{21} \times 1\frac{3}{10}$

17 $2\frac{1}{4} \times 3\frac{1}{3}$

25 $2\frac{7}{9} \times 3\frac{3}{5}$

18 $2\frac{2}{5} \times 1\frac{5}{6}$

26 $8\frac{1}{2} \times 1\frac{3}{7}$

1. (1보다 작은 소수)×(자연수) 계산하기

학습 POINT

자연수의 곱셈을 한 후 곱에 소수점을 찍습니다.

$$
\begin{array}{r} 0.4 \\ \times\ \ 7 \\ \hline \end{array}
\Rightarrow
\begin{array}{r} 4 \\ \times\ 7 \\ \hline 2\,8 \end{array}
\Rightarrow
\begin{array}{r} 0.4 \\ \times\ \ 7 \\ \hline \boxed{2.8} \end{array}
$$

0.4는 4의 $\frac{1}{10}$배이므로 0.4×7은 28의 $\frac{1}{10}$배인 2.8입니다.

정답은 32쪽

[01~15] 계산을 하시오.

01
$$\begin{array}{r} 0.4 \\ \times\ \ 3 \\ \hline \end{array}$$

06
$$\begin{array}{r} 0.2\,4 \\ \times\ \ \ \ 4 \\ \hline \end{array}$$

11
$$\begin{array}{r} 0.3 \\ \times\ 2\,1 \\ \hline \end{array}$$

02
$$\begin{array}{r} 0.6 \\ \times\ \ 7 \\ \hline \end{array}$$

07
$$\begin{array}{r} 0.3\,5 \\ \times\ \ \ \ 5 \\ \hline \end{array}$$

12
$$\begin{array}{r} 0.7 \\ \times\ 1\,1 \\ \hline \end{array}$$

03
$$\begin{array}{r} 0.5 \\ \times\ \ 5 \\ \hline \end{array}$$

08
$$\begin{array}{r} 0.8\,2 \\ \times\ \ \ \ 4 \\ \hline \end{array}$$

13
$$\begin{array}{r} 0.8 \\ \times\ 3\,1 \\ \hline \end{array}$$

04
$$\begin{array}{r} 0.3 \\ \times\ \ 8 \\ \hline \end{array}$$

09
$$\begin{array}{r} 0.1\,7 \\ \times\ \ \ \ 3 \\ \hline \end{array}$$

14
$$\begin{array}{r} 0.5\,6 \\ \times\ \ 2\,3 \\ \hline \end{array}$$

05
$$\begin{array}{r} 0.9 \\ \times\ \ 6 \\ \hline \end{array}$$

10
$$\begin{array}{r} 0.6\,6 \\ \times\ \ \ \ 2 \\ \hline \end{array}$$

15
$$\begin{array}{r} 0.3\,4 \\ \times\ \ 1\,7 \\ \hline \end{array}$$

2. (1보다 큰 소수)×(자연수) 계산하기

학습 POINT

자연수의 곱셈을 한 후 곱에 소수점을 찍습니다.

$$
\begin{array}{r}
1.4\,8 \\
\times \quad 6 \\
\hline
\end{array}
\Rightarrow
\begin{array}{r}
1\,4\,8 \\
\times \quad 6 \\
\hline
8\,8\,8
\end{array}
\Rightarrow
\begin{array}{r}
1.4\,8 \\
\times \quad 6 \\
\hline
\boxed{8.8\,8}
\end{array}
$$

1.48은 148의 $\dfrac{1}{100}$배이므로

1.48×6은 888의 $\dfrac{1}{100}$배인

8.88입니다.

정답은 32쪽

[01~15] 계산을 하시오.

01
$$
\begin{array}{r}
1.4 \\
\times \quad 2 \\
\hline
\end{array}
$$

02
$$
\begin{array}{r}
2.9 \\
\times \quad 7 \\
\hline
\end{array}
$$

03
$$
\begin{array}{r}
3.5 \\
\times \quad 9 \\
\hline
\end{array}
$$

04
$$
\begin{array}{r}
3.2 \\
\times \quad 8 \\
\hline
\end{array}
$$

05
$$
\begin{array}{r}
2.4 \\
\times \quad 6 \\
\hline
\end{array}
$$

06
$$
\begin{array}{r}
6.3\,3 \\
\times \quad 5 \\
\hline
\end{array}
$$

07
$$
\begin{array}{r}
2.7\,1 \\
\times \quad 5 \\
\hline
\end{array}
$$

08
$$
\begin{array}{r}
4.3\,8 \\
\times \quad 9 \\
\hline
\end{array}
$$

09
$$
\begin{array}{r}
4.6\,2 \\
\times \quad 4 \\
\hline
\end{array}
$$

10
$$
\begin{array}{r}
8.0\,4 \\
\times \quad 6 \\
\hline
\end{array}
$$

11
$$
\begin{array}{r}
5.1 \\
\times \quad 2\,7 \\
\hline
\end{array}
$$

12
$$
\begin{array}{r}
8.4 \\
\times \quad 3\,3 \\
\hline
\end{array}
$$

13
$$
\begin{array}{r}
3.1\,6 \\
\times \quad 2\,6 \\
\hline
\end{array}
$$

14
$$
\begin{array}{r}
7.0\,3 \\
\times \quad 1\,6 \\
\hline
\end{array}
$$

15
$$
\begin{array}{r}
3.7\,2 \\
\times \quad 3\,4 \\
\hline
\end{array}
$$

3. (자연수)×(1보다 작은 소수) 계산하기

학습 POINT

자연수의 곱셈을 한 후 곱에 소수점을 찍습니다.

$$
\begin{array}{r} 3 \\ \times\,0.5 \\ \hline \end{array}
\Rightarrow
\begin{array}{r} 3 \\ \times\,5 \\ \hline 1\,5 \end{array}
\Rightarrow
\begin{array}{r} 3 \\ \times\,0.5 \\ \hline \boxed{1.5} \end{array}
$$

> 0.5는 5의 $\frac{1}{10}$배이므로
> 3×0.5는 15의 $\frac{1}{10}$배인
> 1.5입니다.

정답은 32쪽

[01 ~ 15] 계산을 하시오.

01
$$\begin{array}{r} 7 \\ \times\,0.8 \\ \hline \end{array}$$

06
$$\begin{array}{r} 9 \\ \times\,0.2\,5 \\ \hline \end{array}$$

11
$$\begin{array}{r} 2\,2 \\ \times\,0.3 \\ \hline \end{array}$$

02
$$\begin{array}{r} 9 \\ \times\,0.6 \\ \hline \end{array}$$

07
$$\begin{array}{r} 2 \\ \times\,0.2\,6 \\ \hline \end{array}$$

12
$$\begin{array}{r} 1\,2 \\ \times\,0.8 \\ \hline \end{array}$$

03
$$\begin{array}{r} 6 \\ \times\,0.4 \\ \hline \end{array}$$

08
$$\begin{array}{r} 4 \\ \times\,0.3\,2 \\ \hline \end{array}$$

13
$$\begin{array}{r} 3\,6 \\ \times\,0.0\,2 \\ \hline \end{array}$$

04
$$\begin{array}{r} 3 \\ \times\,0.9 \\ \hline \end{array}$$

09
$$\begin{array}{r} 9 \\ \times\,0.3\,6 \\ \hline \end{array}$$

14
$$\begin{array}{r} 3\,7 \\ \times\,0.1\,7 \\ \hline \end{array}$$

05
$$\begin{array}{r} 5 \\ \times\,0.7 \\ \hline \end{array}$$

10
$$\begin{array}{r} 8 \\ \times\,0.4\,4 \\ \hline \end{array}$$

15
$$\begin{array}{r} 6\,4 \\ \times\,0.6\,3 \\ \hline \end{array}$$

4. (자연수)×(1보다 큰 소수) 계산하기

자연수의 곱셈을 한 후 곱에 소수점을 찍습니다.

$$\begin{array}{r} 5 \\ \times\ 1.2\,7 \end{array} \Rightarrow \begin{array}{r} 5 \\ \times\ 1\,2\,7 \\ \hline 6\,3\,5 \end{array} \Rightarrow \begin{array}{r} 5 \\ \times\ 1.2\,7 \\ \hline \boxed{6.3\,5} \end{array}$$

1.27은 127의 $\dfrac{1}{100}$배이므로

5×1.27은 635의 $\dfrac{1}{100}$배인

6.35입니다.

정답은 32쪽

[01~15] 계산을 하시오.

01
$$\begin{array}{r} 4 \\ \times\ 1.6 \end{array}$$

06
$$\begin{array}{r} 3 \\ \times\ 1.8\,4 \end{array}$$

11
$$\begin{array}{r} 2\,1 \\ \times\ 3.6 \end{array}$$

02
$$\begin{array}{r} 8 \\ \times\ 2.3 \end{array}$$

07
$$\begin{array}{r} 9 \\ \times\ 2.5\,6 \end{array}$$

12
$$\begin{array}{r} 1\,4 \\ \times\ 2.6 \end{array}$$

03
$$\begin{array}{r} 5 \\ \times\ 3.4 \end{array}$$

08
$$\begin{array}{r} 2 \\ \times\ 7.3\,4 \end{array}$$

13
$$\begin{array}{r} 2\,9 \\ \times\ 1.7\,2 \end{array}$$

04
$$\begin{array}{r} 2 \\ \times\ 8.7 \end{array}$$

09
$$\begin{array}{r} 7 \\ \times\ 3.4\,6 \end{array}$$

14
$$\begin{array}{r} 4\,5 \\ \times\ 3.2\,4 \end{array}$$

05
$$\begin{array}{r} 6 \\ \times\ 5.2 \end{array}$$

10
$$\begin{array}{r} 8 \\ \times\ 4.5\,2 \end{array}$$

15
$$\begin{array}{r} 6\,3 \\ \times\ 1.0\,5 \end{array}$$

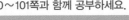

5. (1보다 작은 소수)×(1보다 작은 소수) 계산하기

학습 POINT

자연수의 곱셈을 한 후 곱에 소수점을 찍습니다.

$$\begin{array}{r} 0.9 \\ \times\ 0.5 \\ \hline \end{array} \Rightarrow \begin{array}{r} 9 \\ \times\ 5 \\ \hline 4\ 5 \end{array} \Rightarrow \begin{array}{r} 0.9 \\ \times\ 0.5 \\ \hline \boxed{0.4\ 5} \end{array}$$

0.9는 9의 $\frac{1}{10}$배이고

0.5는 5의 $\frac{1}{10}$배이므로

0.9×0.5는 45의 $\frac{1}{100}$배인

0.45입니다.

정답은 32쪽

[01~15] 계산을 하시오.

01
$$\begin{array}{r} 0.3 \\ \times\ 0.7 \\ \hline \end{array}$$

06
$$\begin{array}{r} 0.2 \\ \times\ 0.9 \\ \hline \end{array}$$

11
$$\begin{array}{r} 0.4 \\ \times\ 0.7 \\ \hline \end{array}$$

02
$$\begin{array}{r} 0.5 \\ \times\ 0.3 \\ \hline \end{array}$$

07
$$\begin{array}{r} 0.4 \\ \times\ 0.4 \\ \hline \end{array}$$

12
$$\begin{array}{r} 0.2 \\ \times\ 0.8 \\ \hline \end{array}$$

03
$$\begin{array}{r} 0.7 \\ \times\ 0.8 \\ \hline \end{array}$$

08
$$\begin{array}{r} 0.3 \\ \times\ 0.8 \\ \hline \end{array}$$

13
$$\begin{array}{r} 0.6 \\ \times\ 0.8 \\ \hline \end{array}$$

04
$$\begin{array}{r} 0.4 \\ \times\ 0.6 \\ \hline \end{array}$$

09
$$\begin{array}{r} 0.9 \\ \times\ 0.4 \\ \hline \end{array}$$

14
$$\begin{array}{r} 0.5 \\ \times\ 0.7 \\ \hline \end{array}$$

05
$$\begin{array}{r} 0.8 \\ \times\ 0.4 \\ \hline \end{array}$$

10
$$\begin{array}{r} 0.6 \\ \times\ 0.6 \\ \hline \end{array}$$

15
$$\begin{array}{r} 0.9 \\ \times\ 0.9 \\ \hline \end{array}$$

[16~33] 계산을 하시오.

16
0.0 3
× 0.9

17
0.0 7
× 0.4

18
0.0 8
× 0.8

19
0.2
× 0.0 6

20
0.9
× 0.0 8

21
0.6
× 0.0 7

22
0.3 8
× 0.7

23
0.6 6
× 0.9

24
0.4 5
× 0.5

25
0.2 3
× 0.6

26
0.2
× 0.5 2

27
0.7
× 0.3 6

28
0.4
× 0.2 8

29
0.5
× 0.7 7

30
0.4 5
× 0.6 3

31
0.8 2
× 0.5 8

32
0.2 7
× 0.1 4

33
0.3 6
× 0.2 5

6. (1보다 큰 소수)×(1보다 큰 소수) 계산하기

학습 POINT

자연수의 곱셈을 한 후 곱에 소수점을 찍습니다.

$$\begin{array}{r} 1.2 \\ \times\ 3.4 \\ \hline \end{array}$$ ⇨ $$\begin{array}{r} 1\ 2 \\ \times\ 3\ 4 \\ \hline 4\ 8 \\ 3\ 6 \\ \hline 4\ 0\ 8 \end{array}$$ ⇨ $$\begin{array}{r} 1.2 \\ \times\ 3.4 \\ \hline 4\ 8 \\ 3\ 6 \\ \hline 4.0\ 8 \end{array}$$

1.2는 12의 $\frac{1}{10}$배이고

3.4는 34의 $\frac{1}{10}$배이므로

1.2×3.4는 408의 $\frac{1}{100}$배인

4.08입니다.

정답은 32쪽

[01~12] 계산을 하시오.

01
$$\begin{array}{r} 2.3 \\ \times\ 4.7 \\ \hline \end{array}$$

05
$$\begin{array}{r} 2.5\ 6 \\ \times\ \ \ 1.8 \\ \hline \end{array}$$

09
$$\begin{array}{r} 1.7 \\ \times\ 2.8\ 4 \\ \hline \end{array}$$

02
$$\begin{array}{r} 3.1 \\ \times\ 5.2 \\ \hline \end{array}$$

06
$$\begin{array}{r} 3.4\ 3 \\ \times\ \ \ 3.2 \\ \hline \end{array}$$

10
$$\begin{array}{r} 5.7 \\ \times\ 3.8\ 9 \\ \hline \end{array}$$

03
$$\begin{array}{r} 1.7 \\ \times\ 3.8 \\ \hline \end{array}$$

07
$$\begin{array}{r} 5.3\ 7 \\ \times\ \ \ 4.9 \\ \hline \end{array}$$

11
$$\begin{array}{r} 9.3 \\ \times\ 3.8\ 2 \\ \hline \end{array}$$

04
$$\begin{array}{r} 4.5 \\ \times\ 2.5 \\ \hline \end{array}$$

08
$$\begin{array}{r} 8.1\ 4 \\ \times\ \ \ 2.8 \\ \hline \end{array}$$

12
$$\begin{array}{r} 2.6\ 4 \\ \times\ 2.3\ 7 \\ \hline \end{array}$$

7. 자연수와 소수의 곱셈에서 곱의 소수점 위치 알아보기

곱하는 수의 0이 하나씩 늘어날 때마다 곱의 소수점을 오른쪽으로 한 칸씩 옮깁니다.

$$3.4 \times 27 = 91.8$$

$$3.4 \times 270 = \boxed{918}$$

0이 1개 늘어남.

곱하는 소수의 소수점 아래 자리 수가 하나씩 늘어날 때마다 곱의 소수점을 왼쪽으로 한 칸씩 옮깁니다.

$$3.4 \times 27 = 91.8$$

$$0.034 \times 27 = \boxed{0.918}$$

소수점 아래 자리 수가
2개 늘어남.

정답은 32쪽

[01~10] 보기 를 이용하여 계산을 하시오.

01
보기
$$1.8 \times 56 = 100.8$$

1.8×560
1.8×5600

02
보기
$$5.3 \times 28 = 148.4$$

5.3×280
5.3×2800

03
보기
$$34 \times 2.4 = 81.6$$

340×2.4
3400×2.4

04
보기
$$25 \times 5.3 = 132.5$$

250×5.3
2500×5.3

05
보기
$$42 \times 4.7 = 197.4$$

420×4.7
4200×4.7

06
보기
$$2.4 \times 23 = 55.2$$

0.24×23
0.024×23

07
보기
$$7.2 \times 46 = 331.2$$

0.72×46
0.072×46

08
보기
$$18 \times 6.7 = 120.6$$

18×0.67
18×0.067

09
보기
$$46 \times 1.4 = 64.4$$

46×0.14
46×0.014

10
보기
$$13 \times 8.2 = 106.6$$

13×0.82
13×0.082

8. 소수끼리의 곱셈에서 곱의 소수점 위치 알아보기

소수끼리의 곱셈에서 곱의 소수점 위치는 자연수끼리 계산한 결과에 곱하는 두 수의 소수점 아래 자리 수를 더한 것만큼 소수점을 왼쪽으로 옮깁니다.

$$34 \times 23 = 782$$

$3.4 \times 2.3 = \boxed{7.82}$

소수 한 자리 수　소수 한 자리 수　소수 두 자리 수

$0.34 \times 2.3 = \boxed{0.782}$

소수 두 자리 수　소수 한 자리 수　소수 세 자리 수

정답은 32쪽

[01~10] 보기를 이용하여 계산을 하시오.

01 보기
$26 \times 42 = 1092$

2.6×4.2

0.26×4.2

06 보기
$18 \times 72 = 1296$

1.8×7.2

0.18×7.2

02 보기
$54 \times 37 = 1998$

5.4×3.7

0.54×3.7

07 보기
$24 \times 24 = 576$

0.24×2.4

2.4×2.4

03 보기
$63 \times 15 = 945$

6.3×1.5

6.3×0.15

08 보기
$49 \times 14 = 686$

0.49×1.4

4.9×0.14

04 보기
$33 \times 28 = 924$

0.33×2.8

3.3×0.28

09 보기
$63 \times 37 = 2331$

6.3×0.37

0.63×0.37

05 보기
$19 \times 54 = 1026$

0.19×5.4

1.9×5.4

10 보기
$34 \times 25 = 850$

3.4×2.5

0.34×0.25

정답 연산의 법칙

1 수의 범위와 어림하기

2쪽 1. 이상과 이하 알아보기

01 (1) 14, 19, 23 (2) 2, 5, 7, 11, 14
02 (1) 22, 26, 37, 44 (2) 8, 10, 13, 22
03 (1) 29, 36, 39, 49 (2) 4, 18, 27
04 (1) 31, 38, 42 (2) 9, 15, 24, 28
05 13 14 15 16 17 18 19 20
06 11 12 13 14 15 16 17 18
07 21 25 29
08 28 33 34
09 44 45 46

3쪽 2. 초과와 미만 알아보기

01 (1) 14, 19, 23 (2) 2, 5, 7
02 (1) 29, 31, 37, 44 (2) 8, 16, 27
03 (1) 33, 39, 47 (2) 9, 18, 23, 29
04 (1) 45, 57, 61 (2) 13, 26, 30, 43
05 14 15 16 17 18 19 20 21
06 11 12 13 14 15 16 17 18
07 21 24 27 28
08 27 30 34
09 42 43

4쪽 3. 이상과 이하, 초과와 미만 활용하기

01 (1) 5, 7, 11, 14 (2) 5, 7, 11
  (3) 7, 11, 14 (4) 7, 11
02 (1) 26, 30, 43, 45, 57, 61
  (2) 26, 30, 43, 45, 57
  (3) 30, 43, 45, 57, 61 (4) 30, 43, 45, 57
03 14 15 16 17 18 19 20 21
04 15 16 17 18 19 20 21 22
05 16 17 18 19 20 21 22 23
06 21 22 23 24 25 26 27 28
07 23 24 25 26 27 28 29 30

5쪽 4. 올림 알아보기

01 40
02 60
03 60
04 90
05 100
06 110
07 240
08 350
09 300
10 500
11 600
12 700
13 900
14 1000
15 1100
16 3000

6쪽 5. 버림 알아보기

01 30
02 50
03 60
04 80
05 90
06 100
07 230
08 350
09 200
10 400
11 500
12 600
13 800
14 900
15 1000
16 2900

7쪽 6. 반올림 알아보기

01 40
02 50
03 60
04 90
05 100
06 100
07 240
08 350
09 300
10 500
11 600
11 700
13 800
14 900
15 1100
16 3000

2 분수의 곱셈

8쪽 1. (진분수)×(자연수) 계산하기

01 $3\frac{3}{4}$

02 $3\frac{3}{7}$

03 $1\frac{7}{9}$

04 $3\frac{3}{5}$

05 $16\frac{1}{2}$

06 $2\frac{2}{3}$

07 $3\frac{3}{4}$

08 $18\frac{1}{3}$

09 12

10 25

11 $3\frac{1}{3}$

12 $6\frac{3}{4}$

13 $5\frac{5}{6}$

14 $19\frac{1}{2}$

9쪽 2. (대분수)×(자연수) 계산하기

01 8, 8, 16, $5\frac{1}{3}$

02 8, 8, 24, $4\frac{4}{5}$

03 17, 17, 51, $7\frac{2}{7}$

04 27, 27, 81, $20\frac{1}{4}$

05 25, 25, 50, $16\frac{2}{3}$

06 3, 3, 9, $5\frac{1}{4}$

07 1, 1, 7, $15\frac{1}{6}$

08 5, 5, 15, $7\frac{7}{8}$

09 4, 4, 8, $8\frac{2}{3}$

10쪽 2. (대분수)×(자연수) 계산하기

10 $18\frac{2}{3}$

11 $19\frac{5}{6}$

12 $6\frac{4}{7}$

13 $6\frac{7}{8}$

14 $23\frac{4}{5}$

15 $9\frac{1}{2}$

16 $9\frac{1}{3}$

17 $6\frac{2}{3}$

18 $6\frac{2}{5}$

19 $21\frac{1}{2}$

20 33

21 34

22 $6\frac{3}{4}$

23 $22\frac{2}{3}$

24 $10\frac{1}{2}$

25 $7\frac{1}{3}$

11쪽 3. (자연수)×(진분수) 계산하기

01 $1\frac{3}{5}$

02 $1\frac{1}{7}$

03 $1\frac{7}{8}$

04 $3\frac{8}{9}$

05 $1\frac{7}{11}$

06 $3\frac{3}{4}$

07 $9\frac{4}{5}$

08 $19\frac{3}{7}$

09 10

10 40

11 $19\frac{1}{5}$

12 $42\frac{3}{4}$

13 $11\frac{1}{4}$

14 $3\frac{1}{3}$

12쪽 4. (자연수)×(대분수) 계산하기

01 9, 9, 27, $6\frac{3}{4}$

02 7, 7, 14, $2\frac{4}{5}$

03 18, 18, 54, $7\frac{5}{7}$

04 11, 11, 66, 33, $8\frac{1}{4}$

05 26, 26, 156, 52, $17\frac{1}{3}$

06 4, 4, 8, $7\frac{3}{5}$

07 5, 5, 35, $12\frac{5}{6}$

08 5, 5, $2\frac{1}{2}$, $14\frac{1}{2}$

09 7, 7, 28, $33\frac{1}{3}$

13쪽 4. (자연수)×(대분수) 계산하기

10 $5\frac{1}{3}$

11 $5\frac{1}{4}$

12 $3\frac{1}{5}$

13 $6\frac{6}{7}$

14 $5\frac{2}{5}$

15 $12\frac{1}{2}$

16 $5\frac{1}{2}$

17 $37\frac{1}{2}$

18 50

19 $15\frac{5}{6}$

20 $36\frac{2}{3}$

21 $15\frac{1}{2}$

22 $17\frac{1}{3}$

23 $14\frac{1}{4}$

24 35

25 $48\frac{1}{3}$

14쪽 5. (단위분수)×(단위분수), (진분수)×(단위분수) 계산하기

01 $\dfrac{1}{10}$

02 $\dfrac{1}{12}$

03 $\dfrac{1}{21}$

04 $\dfrac{1}{45}$

05 $\dfrac{1}{24}$

06 $\dfrac{1}{16}$

07 $\dfrac{1}{81}$

08 $\dfrac{2}{15}$

09 $\dfrac{3}{16}$

10 $\dfrac{5}{42}$

11 $\dfrac{3}{56}$

12 $\dfrac{7}{72}$

13 $\dfrac{5}{42}$

14 $\dfrac{2}{63}$

15 $\dfrac{1}{5}$

16 $\dfrac{1}{10}$

17 $\dfrac{1}{8}$

18 $\dfrac{1}{10}$

19 $\dfrac{2}{21}$

20 $\dfrac{1}{16}$

21 $\dfrac{1}{18}$

15쪽 6. (진분수)×(진분수) 계산하기

01 $\dfrac{4}{9}$

02 $\dfrac{9}{20}$

03 $\dfrac{8}{25}$

04 $\dfrac{8}{45}$

05 $\dfrac{35}{48}$

06 $\dfrac{25}{42}$

07 $\dfrac{15}{56}$

08 $\dfrac{9}{40}$

09 $\dfrac{35}{72}$

10 $\dfrac{21}{40}$

11 $\dfrac{56}{81}$

12 $\dfrac{9}{40}$

13 $\dfrac{3}{10}$

14 $\dfrac{5}{16}$

15 $\dfrac{5}{21}$

16 $\dfrac{9}{35}$

17 $\dfrac{4}{5}$

18 $\dfrac{1}{6}$

19 $\dfrac{10}{27}$

20 $\dfrac{11}{32}$

21 $\dfrac{9}{49}$

16쪽 7. 세 분수의 곱셈 계산하기

01 $\dfrac{1}{30}$

02 $\dfrac{1}{24}$

03 $\dfrac{8}{105}$

04 $\dfrac{21}{160}$

05 $\dfrac{9}{280}$

06 $\dfrac{175}{432}$

07 $\dfrac{80}{147}$

08 $\dfrac{1}{7}$

09 $\dfrac{1}{35}$

10 $\dfrac{1}{8}$

11 $\dfrac{3}{14}$

12 $\dfrac{9}{25}$

13 $\dfrac{7}{45}$

14 $\dfrac{5}{252}$

17쪽 8. (대분수)×(진분수), (진분수)×(대분수) 계산하기

01 $\dfrac{14}{15}$

02 $\dfrac{15}{16}$

03 $2\dfrac{2}{15}$

04 $1\dfrac{23}{42}$

05 $2\dfrac{6}{7}$

06 $3\dfrac{1}{3}$

07 $3\dfrac{3}{4}$

08 $\dfrac{20}{21}$

09 $1\dfrac{7}{20}$

10 $\dfrac{32}{35}$

11 $2\dfrac{2}{3}$

12 $3\dfrac{3}{4}$

13 $1\dfrac{19}{21}$

14 $\dfrac{35}{36}$

18쪽 9. (대분수)×(대분수) 계산하기

01 $5, 5, 35, 2\dfrac{11}{12}$

02 $11, 11, 77, 3\dfrac{5}{24}$

03 $10, 5, 15, 7\dfrac{1}{2}$

04 $11, 11, 77, 5\dfrac{2}{15}$

05 $1\dfrac{1}{2}, 3, 4\dfrac{3}{8}$

06 $13, 13, 91, 6\dfrac{1}{15}$

07 $13, 13, 143, 5\dfrac{23}{24}$

08 $10, 5, 15, 3\dfrac{3}{4}$

09 $15, 5, 20, 6\dfrac{2}{3}$

10 $1\dfrac{1}{7}, 2, 7\dfrac{31}{42}$

19쪽 9. (대분수)×(대분수) 계산하기

11 $3\dfrac{4}{15}$

12 $5\dfrac{3}{28}$

13 $9\dfrac{9}{20}$

14 $11\dfrac{31}{42}$

15 $8\dfrac{49}{72}$

16 $2\dfrac{5}{8}$

17 $7\dfrac{1}{2}$

18 $4\dfrac{2}{5}$

19 $5\dfrac{4}{5}$

20 $8\dfrac{1}{3}$

21 $3\dfrac{5}{6}$

22 $4\dfrac{1}{2}$

23 $2\dfrac{2}{3}$

24 $1\dfrac{23}{42}$

25 10

26 $12\dfrac{1}{7}$

④ 소수의 곱셈

20쪽 1. (1보다 작은 소수)×(자연수) 계산하기

01	1.2	06	0.96	11	6.3
02	4.2	07	1.75	12	7.7
03	2.5	08	3.28	13	24.8
04	2.4	09	0.51	14	12.88
05	5.4	10	1.32	15	5.78

21쪽 2. (1보다 큰 소수)×(자연수) 계산하기

01	2.8	06	31.65	11	137.7
02	20.3	07	13.55	12	277.2
03	31.5	08	39.42	13	82.16
04	25.6	09	18.48	14	112.48
05	14.4	10	48.24	15	126.48

22쪽 3. (자연수)×(1보다 작은 소수) 계산하기

01	5.6	06	2.25	11	6.6
02	5.4	07	0.52	12	9.6
03	2.4	08	1.28	13	0.72
04	2.7	09	3.24	14	6.29
05	3.5	10	3.52	15	40.32

23쪽 4. (자연수)×(1보다 큰 소수) 계산하기

01	6.4	06	5.52	11	75.6
02	18.4	07	23.04	12	36.4
03	17	08	14.68	13	49.88
04	17.4	09	24.22	14	145.8
05	31.2	10	36.16	15	66.15

24쪽 5. (1보다 작은 소수)×(1보다 작은 소수) 계산하기

01	0.21	06	0.18	11	0.28
02	0.15	07	0.16	12	0.16
03	0.56	08	0.24	13	0.48
04	0.24	09	0.36	14	0.35
05	0.32	10	0.36	15	0.81

25쪽 5. (1보다 작은 소수)×(1보다 작은 소수) 계산하기

16	0.027	22	0.266	28	0.112
17	0.028	23	0.594	29	0.385
18	0.064	24	0.225	30	0.2835
19	0.012	25	0.138	31	0.4756
20	0.072	26	0.104	32	0.0378
21	0.042	27	0.252	33	0.09

26쪽 6. (1보다 큰 소수)×(1보다 큰 소수) 계산하기

01	10.81	05	4.608	09	4.828
02	16.12	06	10.976	10	22.173
03	6.46	07	26.313	11	35.526
04	11.25	08	22.792	12	6.2568

27쪽 7. 자연수와 소수의 곱셈에서 곱의 소수점 위치 알아보기

01	1008, 10080	06	5.52, 0.552
02	1484, 14840	07	33.12, 3.312
03	816, 8160	08	12.06, 1.206
04	1325, 13250	09	6.44, 0.644
05	1974, 19740	10	10.66, 1.066

28쪽 8. 소수끼리의 곱셈에서 곱의 소수점 위치 알아보기

01	10.92, 1.092	06	12.96, 1.296
02	19.98, 1.998	07	0.576, 5.76
03	9.45, 0.945	08	0.686, 0.686
04	0.924, 0.924	09	2.331, 0.2331
05	1.026, 10.26	10	8.5, 0.085

개념 해결의 법칙

연산의 법칙

수학

5·2